1.1 控制线及建筑退界

1.1.1 控制线

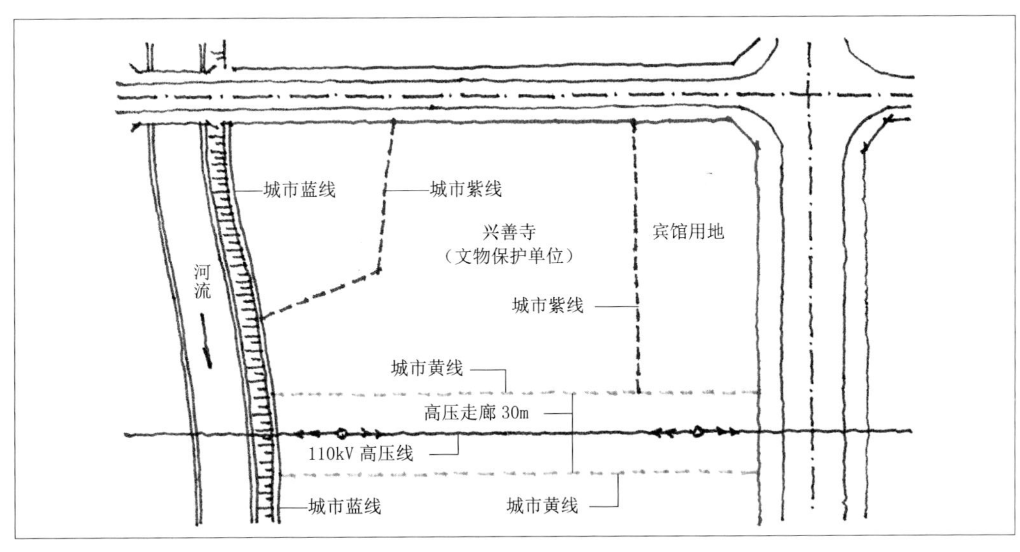

图 1.1–1

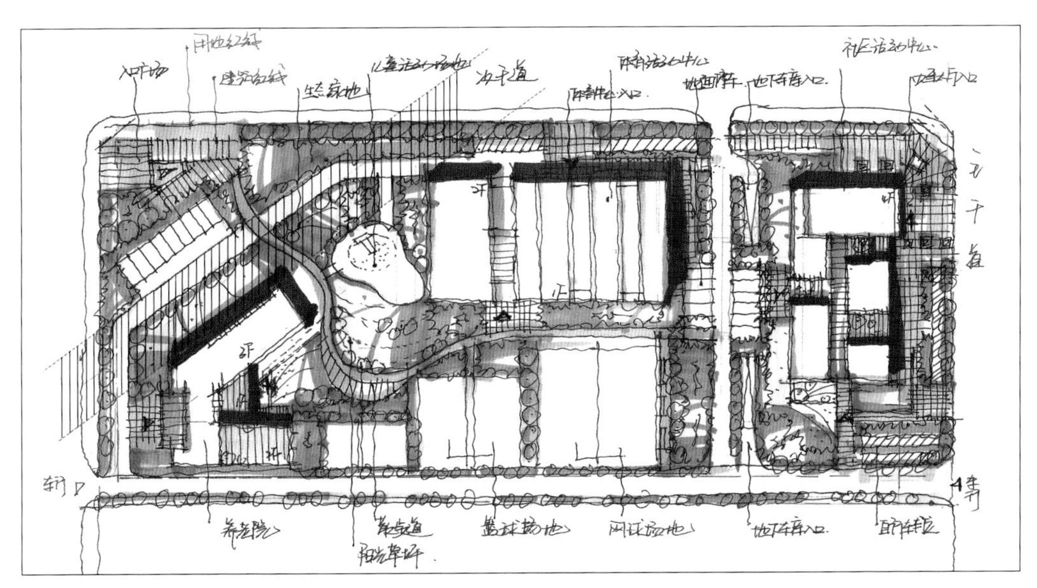

图 1.1–2

图 1.1–3

红线（图 1.1–1）

红线一般是指各种用地的边界线，主要有以下几类

1）道路红线：规划的城市道路（含居住区级道路）用地的边界线。

2）用地红线：是指各类建筑工程项目用地的使用权属范围的边界线，又称用地界线。用地界线是由道路红线、城市绿线、紫线、黄线、用地分界线等组成的闭合线。

3）建筑红线：又称建筑控制线，是有关法规或详细规划确定的建筑物、构筑物的基地位置不得超出的界线。[1]

其他控制线（图 1.1–2）

1）城市绿线：指城市各类绿地范围的控制线。

2）城市紫线：指国家历史文化名城内的历史文化街区和省、自治区、直辖市人民政府公布的历史文化街区的保护范围界线，以及历史文化街区外经县级以上人民政府公布保护的历史建筑的保护范围界线。

3）城市蓝线：指城市规划确定的江、河、湖、库、渠和湿地等城市地表水体保护和控制的地域界线。

4）城市黄线：指对城市发展全局有影响的、城市规划中确定的、必须控制的城市基础设施用地的控制界线。[1]

示　例

图 1.1–3：根据该题目要求，城市黄线内（即图中阴影部分）不得建造建筑物和构筑物，也不得布置活动场地，因此可通过适当的道路及绿化设计，对该区域进行充分利用。

1.1.2 建筑退界

建筑退让按照建筑最凸出部分的外缘垂直投影线起算，建（构）筑物后退城市规划道路红线的距离（图 1.1-4、表 1.1-1）按照下列要求确定：

1）高度 100m 以下的建筑，其后退距离不少于表 1.1-1 的规定。

2）影剧院、游乐场、体育馆、展览馆、大型商场等有大量人流、车流集散的建筑，其后退距离不少于 25m，并且应当留出临时停车或回车场地。

3）建筑后退城市规划道路交叉口的距离，自城市规划道路红线直线段与曲线段切点的连线算起，高度 20m 以下的不少于 20m，20m 以上的不少于 30m。

4）建筑后退城市公园绿地的距离不少于 10m。当建筑位于公园绿地的北侧时，后退距离可适当减少，但最小不少于 5m，并同时满足消防要求。

5）建筑后退城市规划道路沿线绿化控制带的距离不少于 5m。

6）建筑后退山体保护绿线的距离不少于 20m。[2]

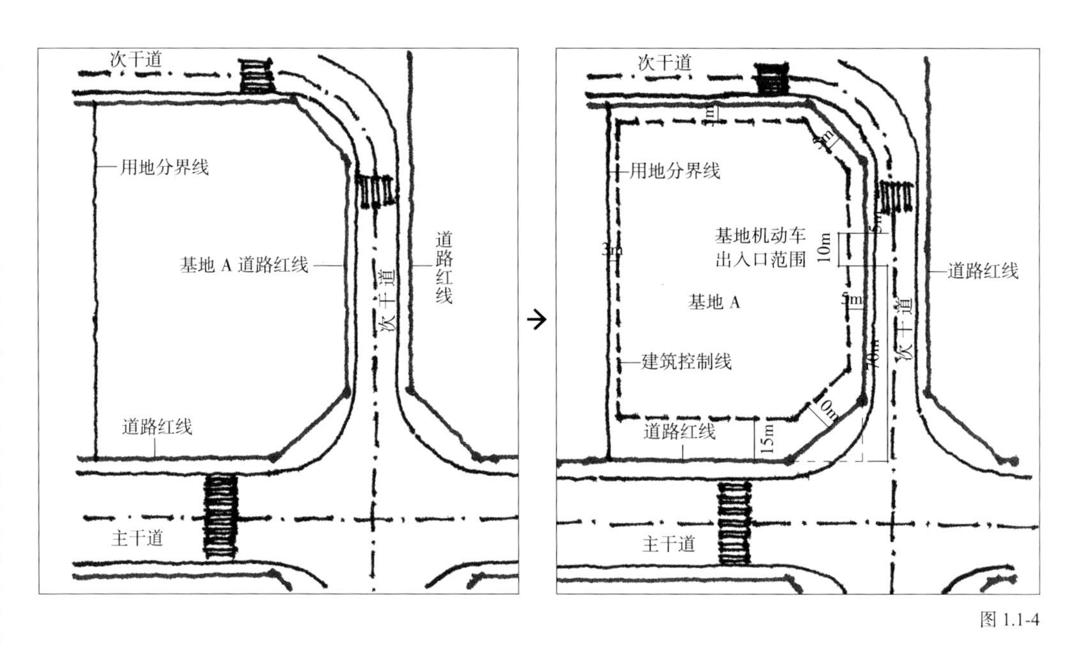

图 1.1-4

不同道路宽度两侧的建筑后退距离 表 1.1-1

道路宽度 / 后退距离 / 建筑高度	L ≥ 40m	40m > L ≥ 25m	25m > L ≥ 15m	L < 15m
H ≤ 20m	15m	10m	8m	5m
20m < H ≤ 60m	20m	15m	12m	8m
60m < H ≤ 100m	25m	20m	15m	10m

表格来源：建筑退让规定 [EB/OL].https://wenku.baidu.com/view/ef8dccdcd0d233d4b14e6968.html?sxts=1532496189227,2018-07-15

示 例

图 1.1-5：高层建筑需按照规定后退城市主干道一定的距离，留出的这段距离可根据需求进行场地设计，如停车、道路、景观等。

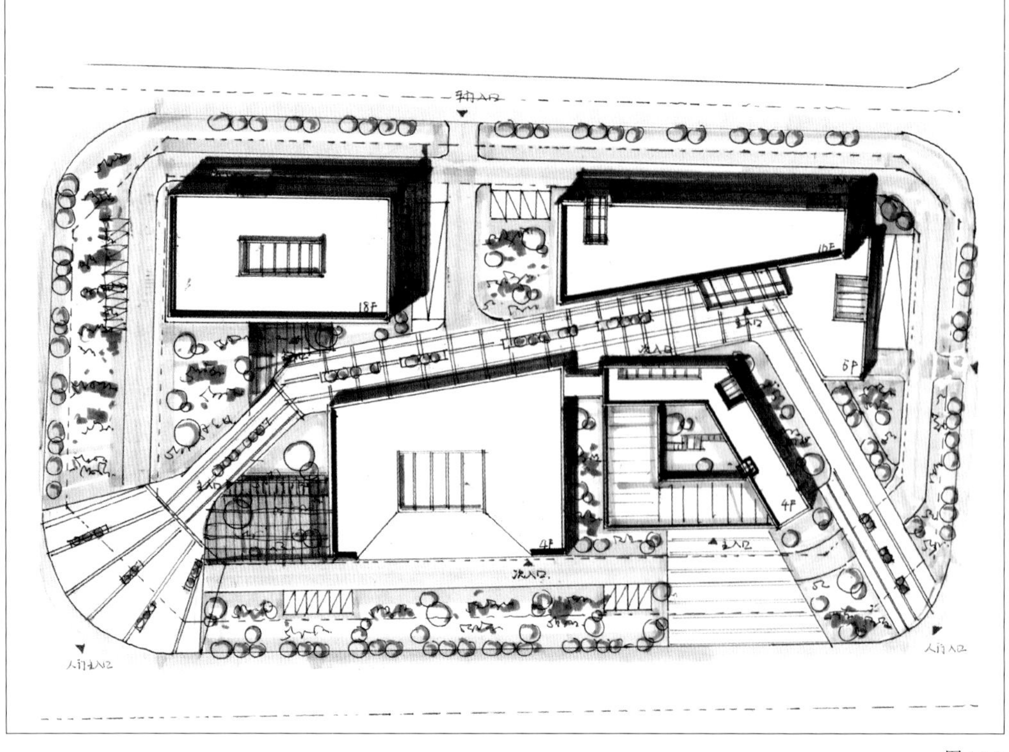

图 1.1-5

1.2 场地出入口设置

1.2.1 基地出入口设置

基地

道路红线

通路

图 1.2–1 设专门的通路与道路红线相连

建筑面积＜ 3000m²

基地

通路宽度＞ 4m

道路红线

图 1.2–2 基地内建筑面积小于 3000m²

建筑面积＞ 3000m²

基地

通路宽度＞ 7m

道路红线

图 1.2–3 基地内建筑面积大于 3000m²

基地

基地边界

建筑

建筑控制线

道路红线

城市道路

图 1.2–4 基地边界与道路红线重合

按照城市规划的地块划分，一般情况下基地应与城市道路相接，以满足基地的交通组织与出行要求，如果不能直接与道路红线连接，应设专门的通路（图 1.2–1），通路的宽度与基地内建筑规模有关：

1）若基地内建筑面积小于 3000m² 时（图 1.2–2），基地通路的宽度不应小于 4m。

2）若基地内建筑面积大于 3000m²，且只有一条基地道路与道路红线连接时（图 1.2–3），基地道路的宽度不应小于 7m。

3）若有两条以上基地道路与道路红线连接时，基地道路宽度不应小于 4m。

4）基地边界与道路红线重合时（图 1.2–4），可以将道路红线作为建筑控制线。但一般情况下，根据城市规划要求，应另设建筑控制线，建筑物一般不得超出建筑控制线。[3]

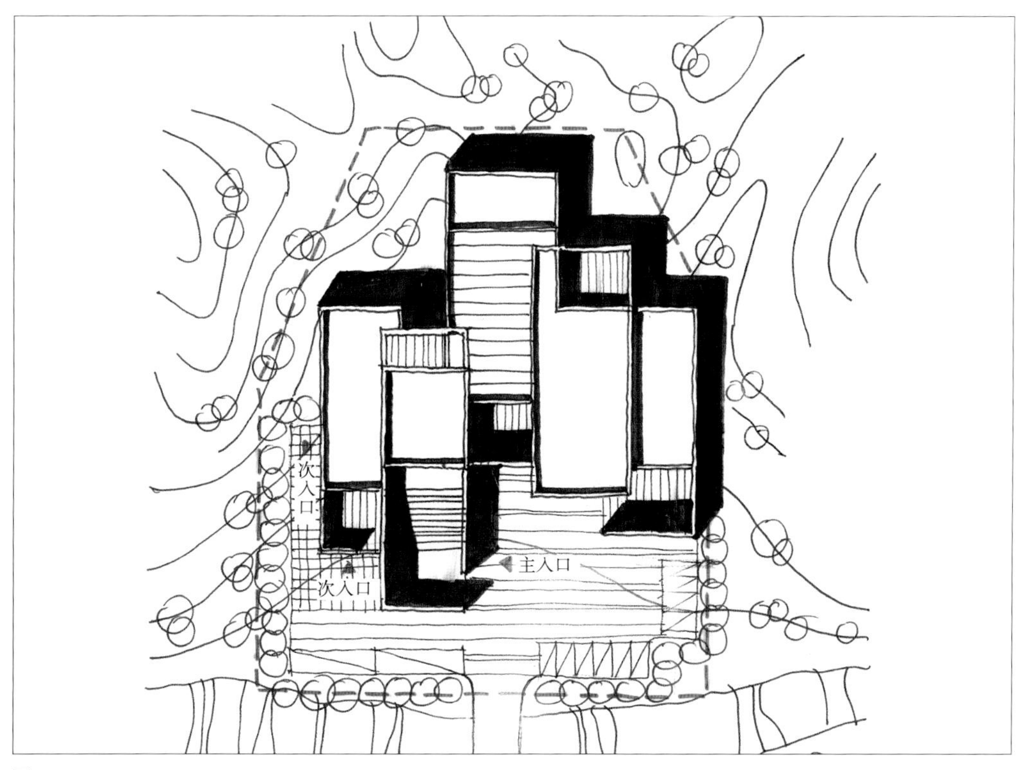

图 1.2-5

示 例

图 1.2–5 基地背靠山地，场地中只能开设一个出入口，此时应注意建筑主、次入口以及停车场的设置，防止人车流线的交叉。

1.2.2 人员密集建筑基地出入口设置

人员密集的大型及特大型建筑，如电影院、剧场、文化娱乐中心、会堂、博览建筑物、商业中心等基地，在执行当地规划部门的条例和有关建筑设计规范时，应符合下列规定：

1）基地应至少一面直接连接城市道路，该城市道路应有足够的宽度，以减少人员疏散时对城市正常交通的影响（图 1.2–6）。

2）基地沿城市道路的长度应按建筑规模或疏散人数确定，并且不小于基地周长的 1/6。

3）基地应至少有两个或两个以上不同方向通向城市道路的（包括与基地道路连接的）出口（图 1.2–7）。

4）基地或建筑物的主要出入口，不得和快速道路直接连接，也不得正对城市主要干道的交叉口（图 1.2–8、图 1.2–9）。

5）建筑物主要出入口前应有供人员集散用的空地，其面积和长宽尺寸应根据使用性质和人数确定。[3]

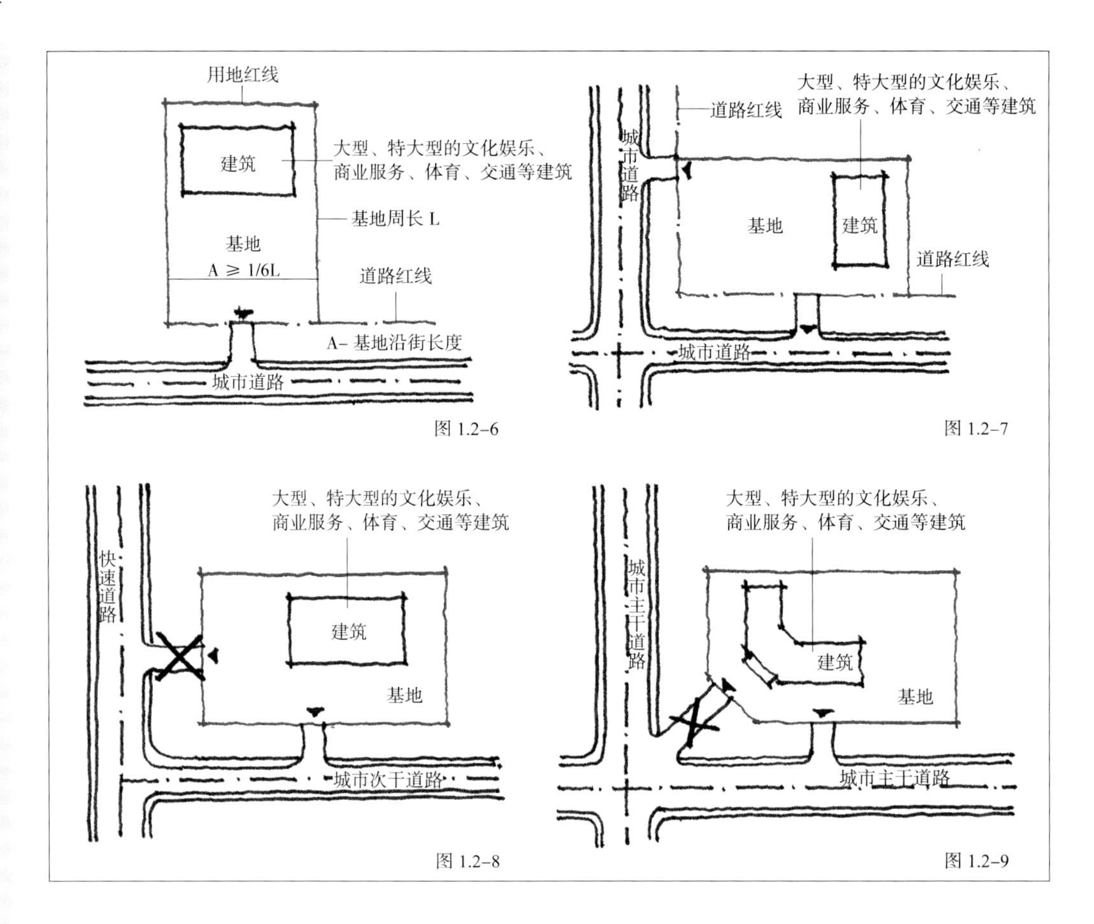

图 1.2–6　图 1.2–7　图 1.2–8　图 1.2–9

示　例

图 1.2–10：

1）道路转角等人流量较大的地方，通常作为人行入口。

2）基地内车流量较大，通常采用环路设计。

3）根据基地具体情况，半环路亦可满足要求，其余区域可进行景观设计。

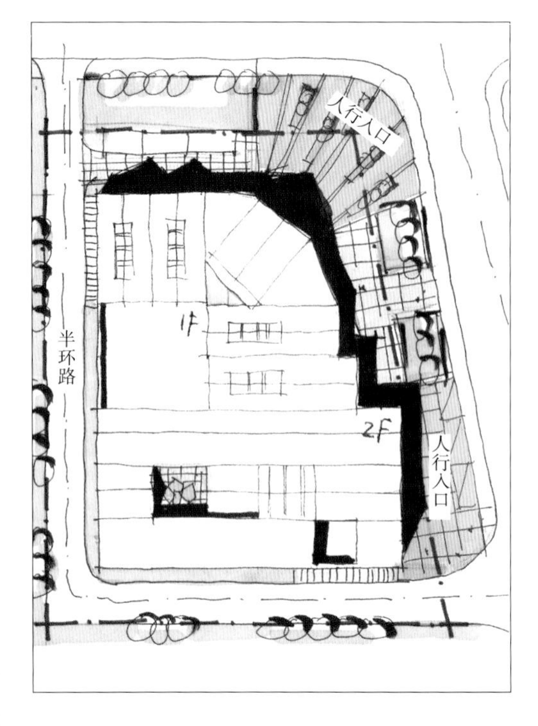

图 1.2–10

1.2.3 其他建筑基地出入口设置

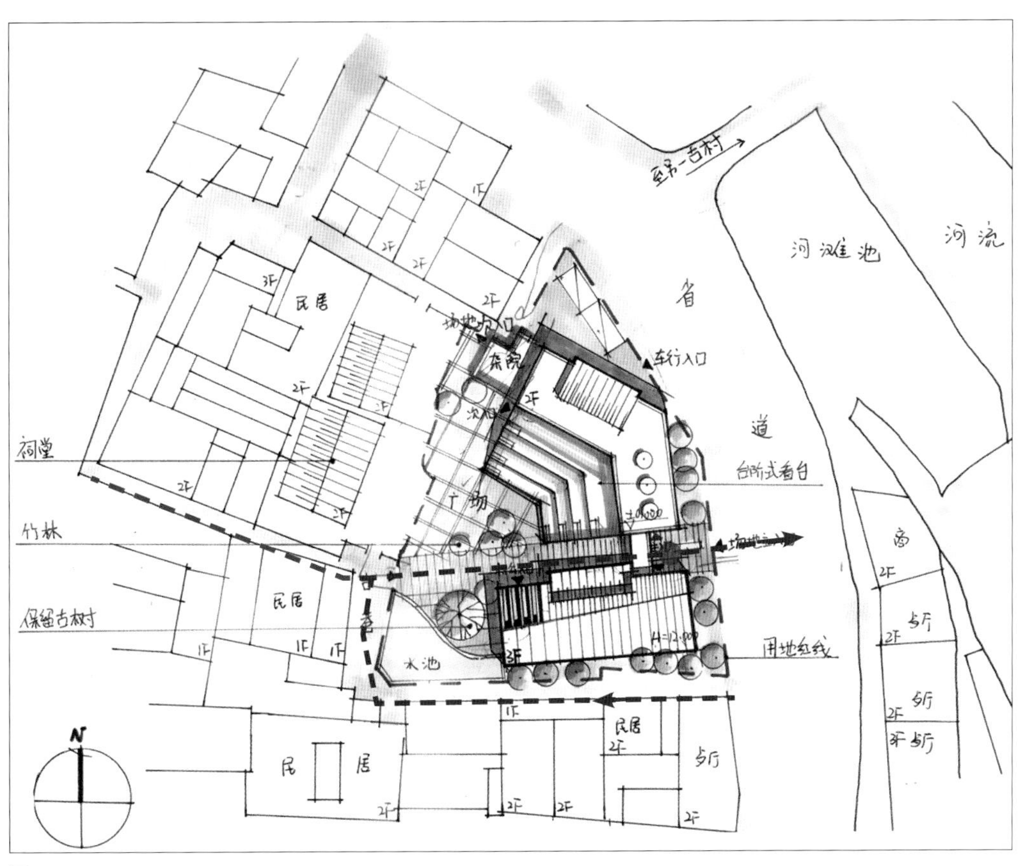

图 1.2–11

复杂人流的建筑基地出入口

图 1.2–11：基地位于历史街区中，观光人流主要有两股，一股来自西侧的古镇，一股来自东侧的省道，因此需将两股人流同时汇集至主入口。

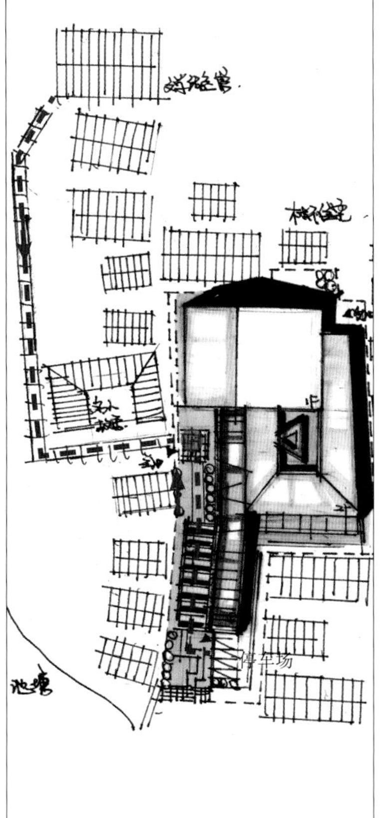

图 1.2–12

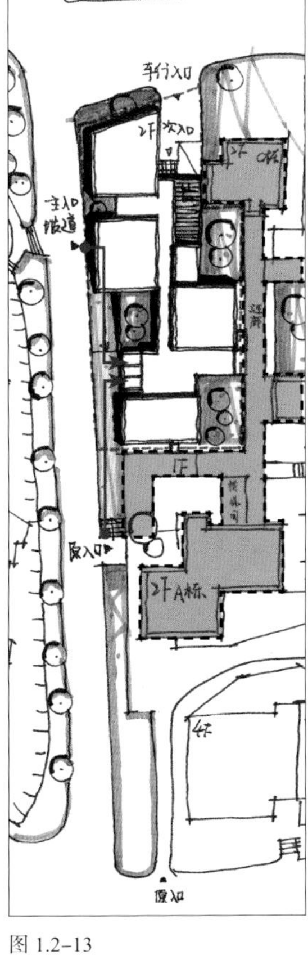

图 1.2–13

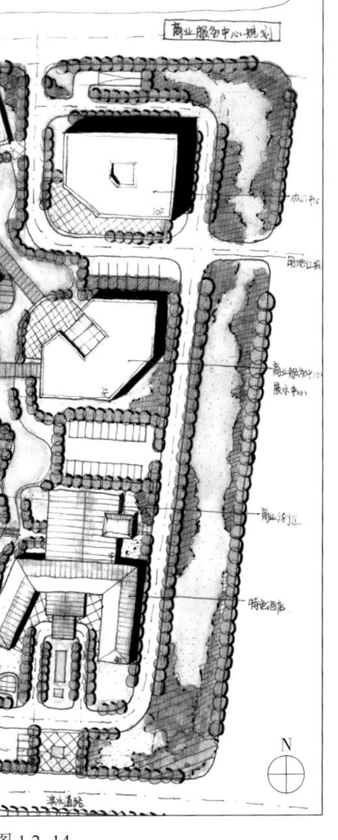

图 1.2–14

图 1.2–12：基地位于乡村中，观光人流主要有两股，一股从文学路会馆，途径名人故居到达建筑基地，另一股从停车场到达建筑，两股人流需汇集到建筑主入口，因此将主入口沿西侧设置。

图 1.2–13：坡地老年人活动中心建筑扩建综合考虑新旧连接、无障碍设计等各种因素，将新加建的出入口邻近原有入口，形成新旧形式、空间、流线融合的关系。

濒临绿化带的基地出入口

图 1.2–14：基地东侧为城市公园，西侧为住宅区，北侧为大型商业综合体，南侧紧邻城市景观湖面，其中，东侧主干道需退距 30m 做城市绿化带。在进行基地车入口设置时，濒临绿化带的一侧可局部开设入口及广场，便于组织人流、车流。

1.2.4 基地机动车出入口设置

场地机动车出入口位置应符合下列规定：

1）基地车行主入口设置应避开城市主要交通干道。

2）距大中城市主干路交叉口的距离不小于 70m（图 1.2-15a）。

3）距大中城市次干路交叉口的距离不小于 50m。

4）距人行横道线、人行过街天桥、人行地道（包括引道、引桥）最边缘线不小于 5m（图 1.2-15b）。[3]

5）距公园、学校、儿童及残疾人使用的建筑物等场地出入口不小于 20m。

6）距地铁出入口及公共交通站台边缘不小于 15m（图 1.2-15c）。

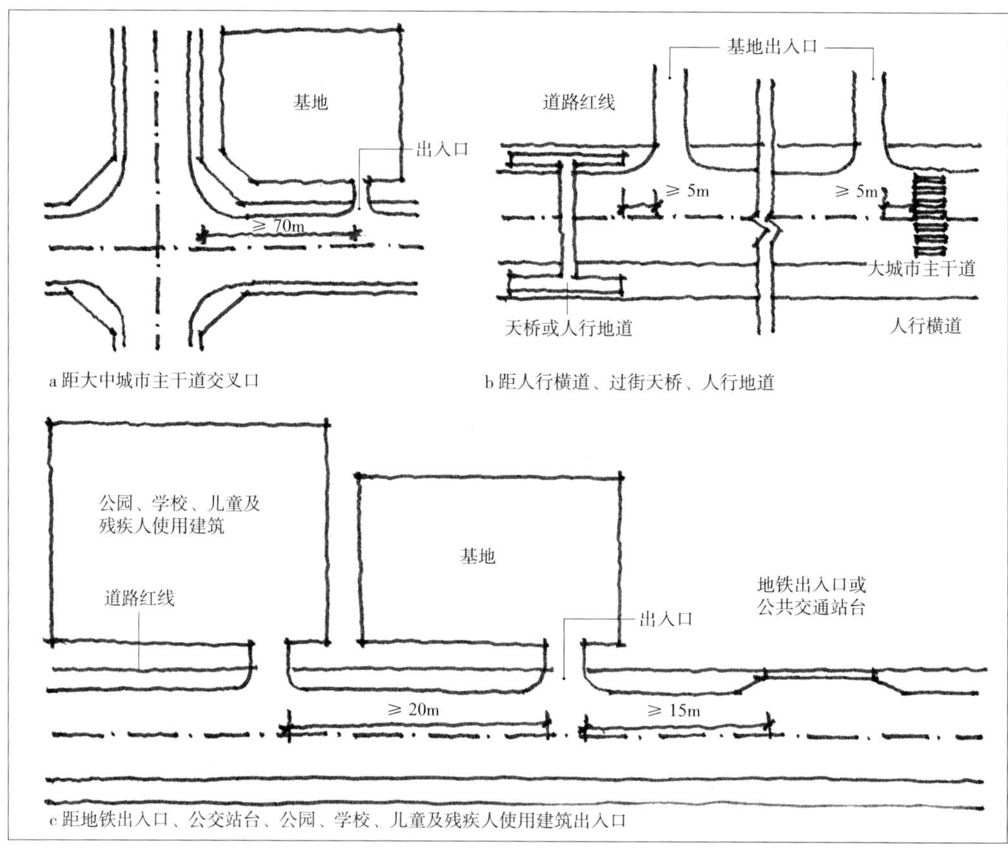

图 1.2-15

示 例

图 1.2-16：该基地位于城市十字路口转角处，因此车行出入口与城市主干道交叉口的距离应该≥ 70m。

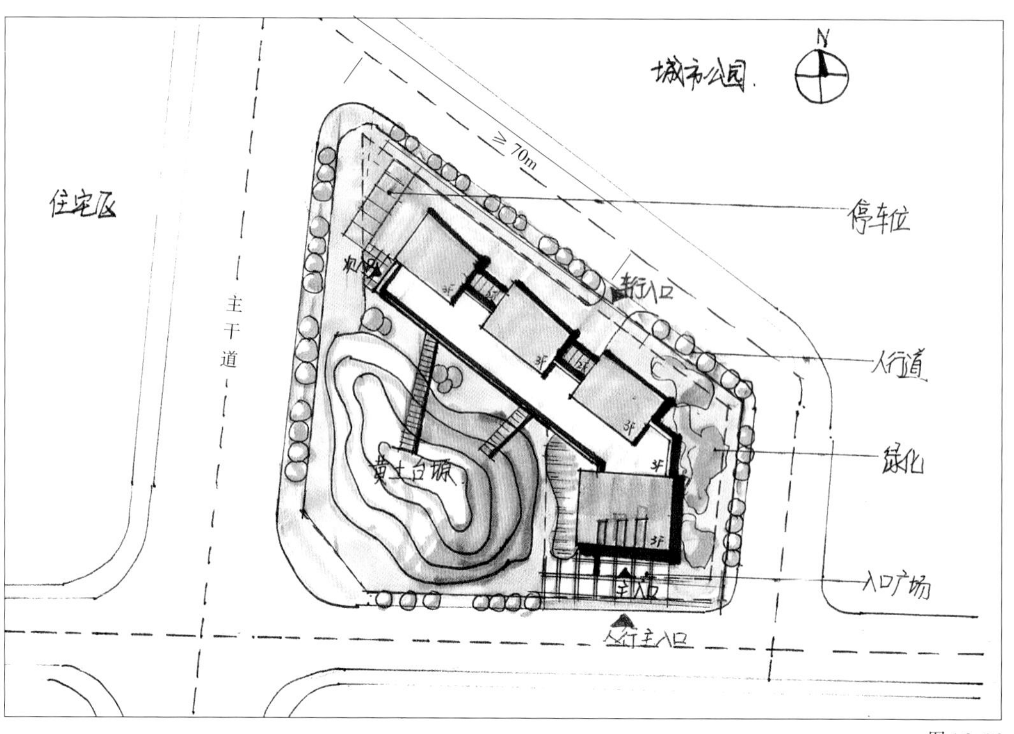

图 1.2-16

1.3 道路及停车场设置

1.3.1 场地道路分级

场地道路一般可根据其功能划分为主路、次路、支路、引道、人行道，各级道路的路面宽度如表 1.3-1 所示。

一般场地道路分级　　表 1.3-1

道路分级	特征	路面宽度
主路	场地道路主骨架，连接场地主要出入口，交通量较大	不宜小于 7m
次路	配合主干道，连接场地次要出入口及各组成部分，交通量一般	7m 左右
支路	通向场地内次要组成部分，交通量较小	不小于 3m
引道	通向建筑物、构筑物入口，并与主路、次路、支路相连	不宜小于 2.5m
人行道	供行人通行	不宜小于 1.5m

表格来源：中国建筑学会等主编，建筑设计资料集（第三版）第 1 分册 建筑总论 [M]. 北京：中国建筑工业出版社，2017:104

图 1.3-1：住区道路可分为居住区道路、小区路、组团路、宅间小路。

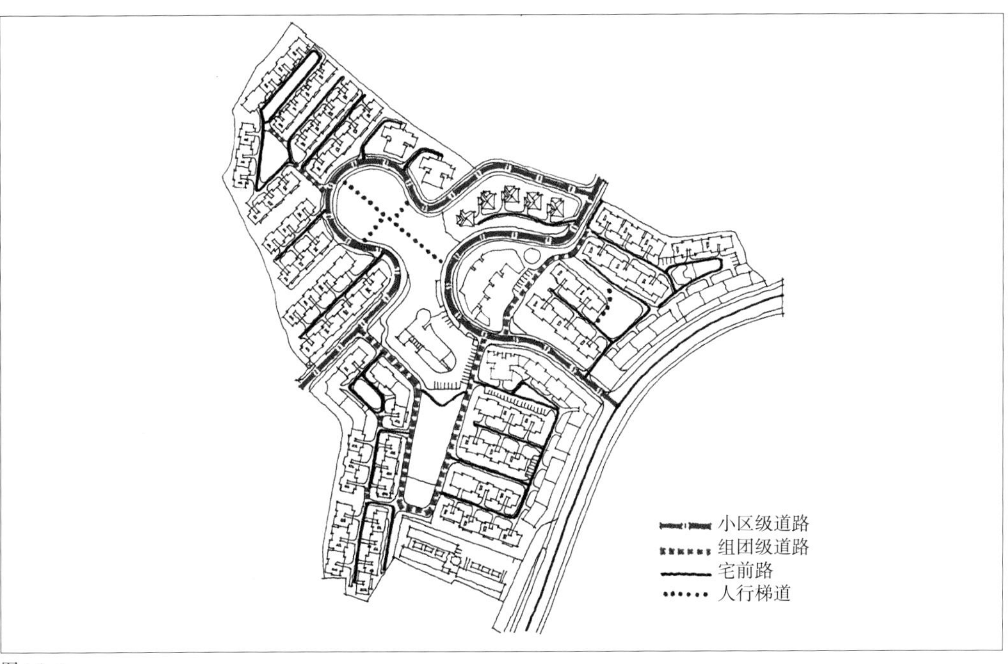

图 1.3-1

图 1.3-2：在总平面设计中，场地道路一般多级并存，以承担不同的流线功能，并结合轴线、景观节点等共同构成场地内部交通骨架。

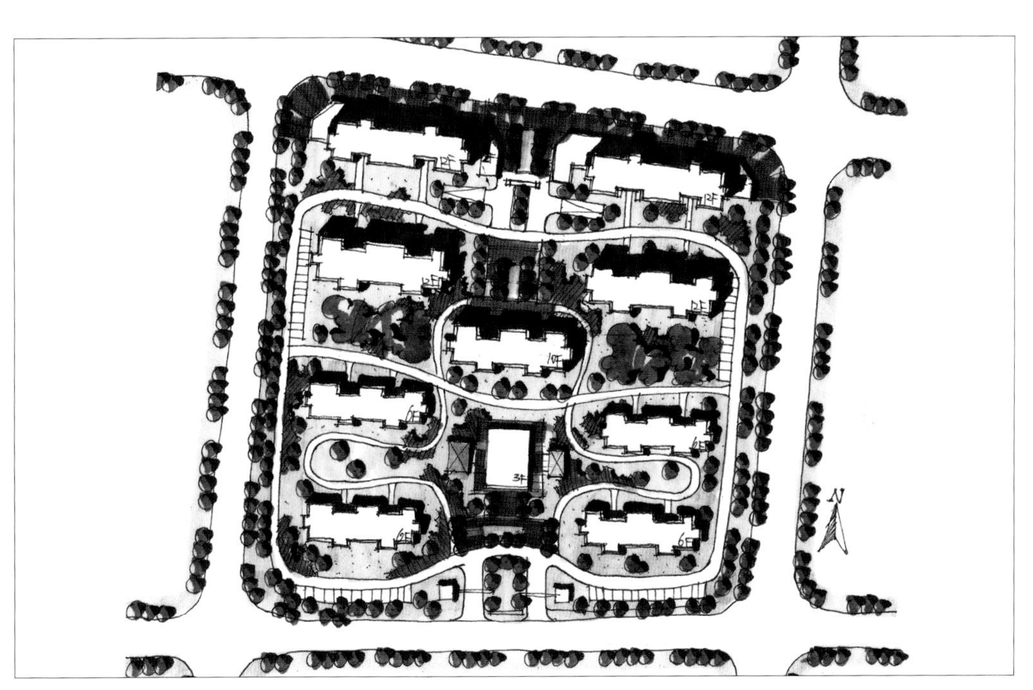

图 1.3-2

1.3.2 消防车道设置

消防车道的设置（图 1.3–3）应符合以下要求：

1）超过 3000 个座位的体育馆，超过 2000 个座位的会堂，以及占地面积超过 $3000m^2$ 的展览馆等公共建筑，宜设置环形消防车道，或利用道路和广场结合设计，形成人流和车流的环通。

2）高层建筑周围应设环形消防车道，当设置环形消防车道有困难时，可沿高层建筑的两个长边设置消防车道。

3）消防车道距高层建筑外墙大于 5m。

4）建筑物的封闭内院消防车道设置：

有封闭内院或天井的建筑物，当其短边长度大于 24m 时，宜设置进入内院或天井的消防车道。

5）有封闭内院或天井的建筑物临街时，应设置连通街道和内院的人行通道（可利用楼梯间），其间距不宜大于 80m。

6）消防车道的宽度不应小于 4m。尽头式消防车道应设回车道或面积不小于 12m × 12m 的场地，消防车通路应按消防车最小转弯半径要求设置。

7）消防车道宜利用交通道路。[4] 288

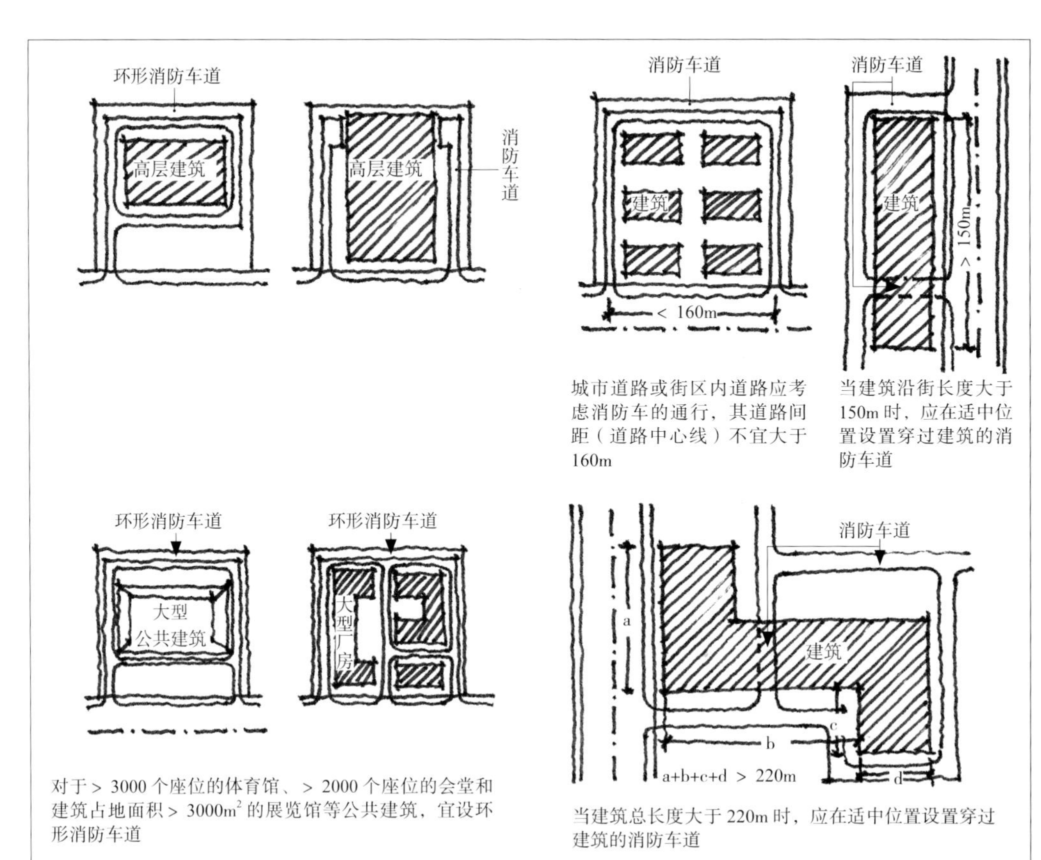
环形消防车道
高层建筑
高层建筑
消防车道
消防车道
建筑
< 160m
城市道路或街区内道路应考虑消防车的通行，其道路间距（道路中心线）不宜大于160m
消防车道
建筑
> 150m
当建筑沿街长度大于150m 时，应在适中位置设置穿过建筑的消防车道
环形消防车道
大型
公共建筑
环形消防车道
大型厂房
对于 > 3000 个座位的体育馆、> 2000 个座位的会堂和建筑占地面积 > $3000m^2$ 的展览馆等公共建筑，宜设环形消防车道
消防车道
a
建筑
b
c
d
a+b+c+d > 220m
当建筑总长度大于 220m 时，应在适中位置设置穿过建筑的消防车道

图 1.3–3

对于高层建筑（图 1.3–4a）及大型展览馆（图 1.3–4b），建筑周围消防环道与道路和广场结合设计，形成人流和车流的环通，以便连接建筑的各个出入口和停车场。

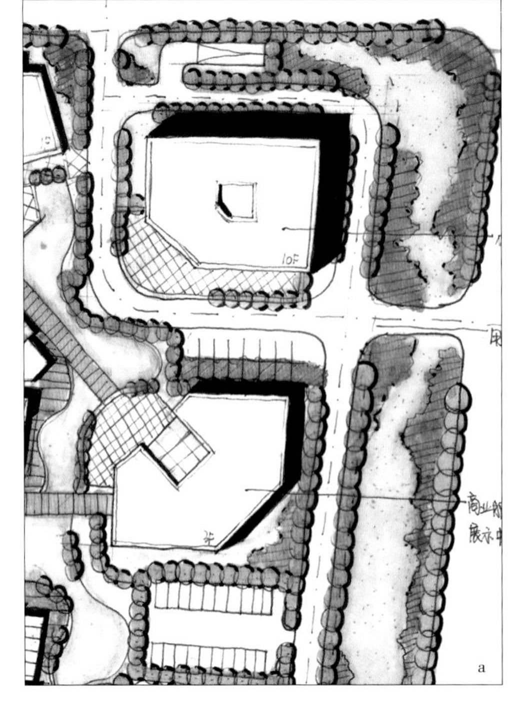
10F
a

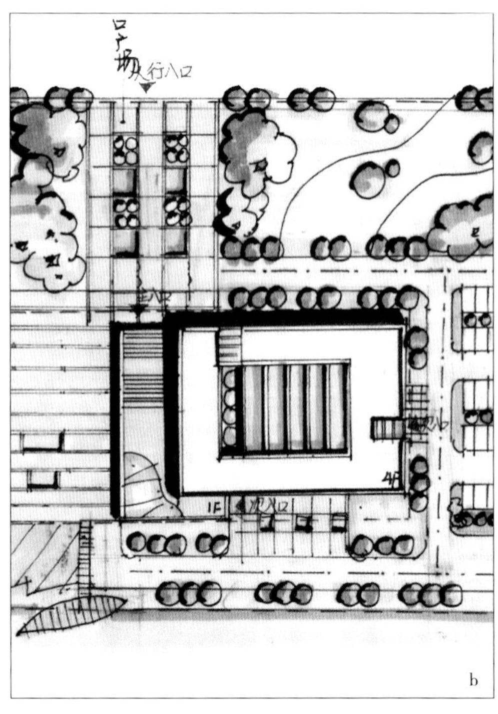
广场
人行入口
b

图 1.3–4

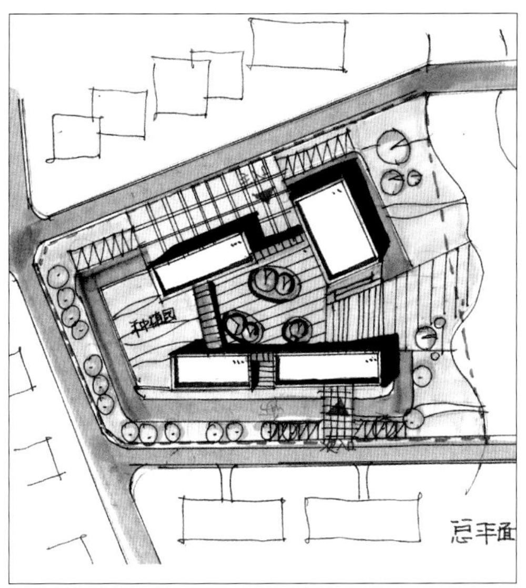

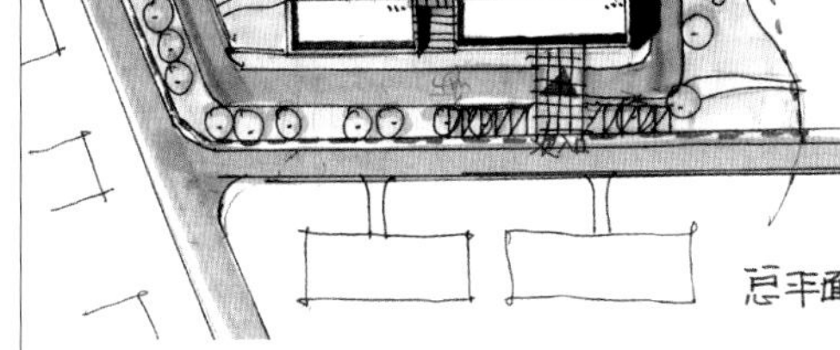

图 1.3-5

图 1.3-5：建筑周围道路不完全环通，道路和广场相结合，解决人流和车流交通。

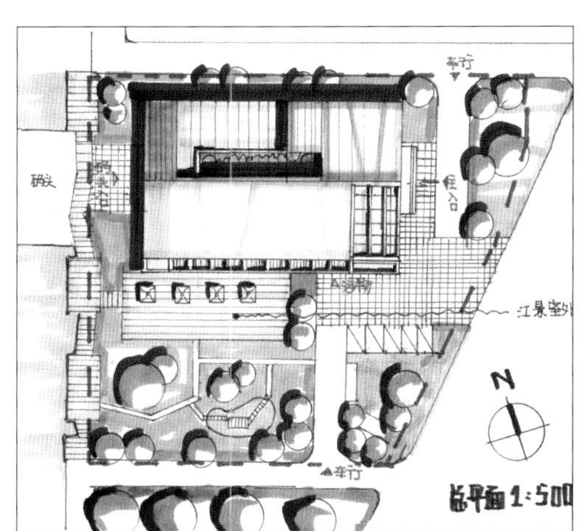

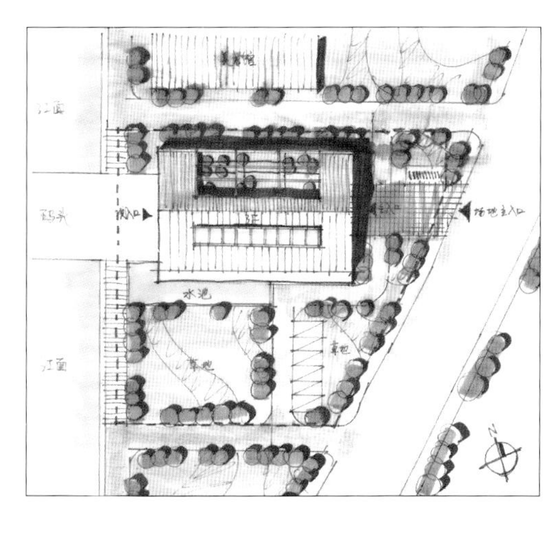

图 1.3-6

图 1.3-6：建筑周围道路不完全环通，在建筑主要交通方向布置广场、道路等，解决人流和车流交通，靠近滨水区设置景观步行道。

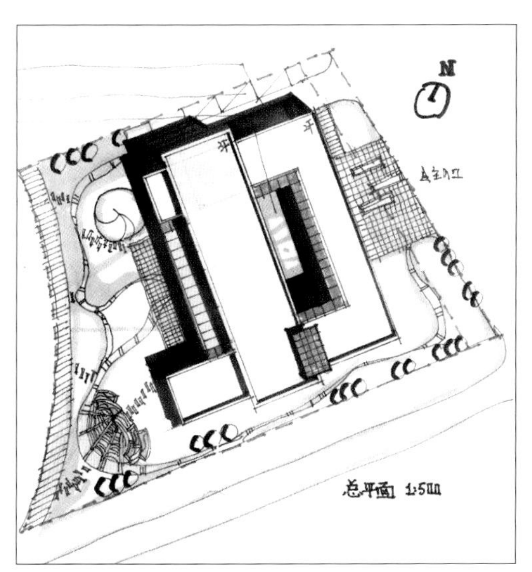

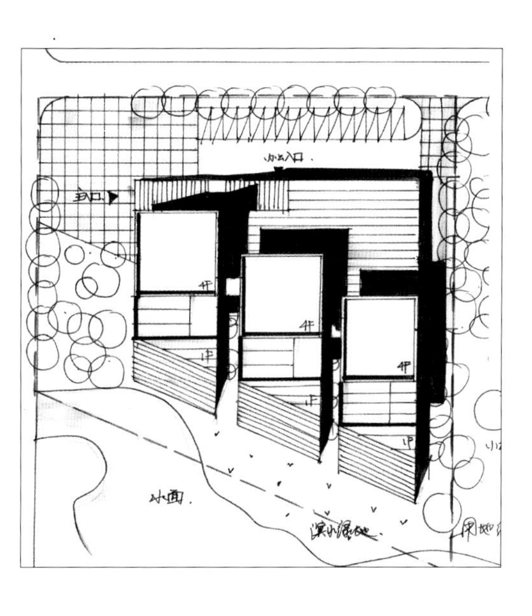

图 1.3-7

图 1.3-7：建筑周围道路不环通，在建筑主要交通方向布置广场、道路等，解决人流和车流交通，在景观面布置绿化景观。

1.3.3 停车场出入口设置

停车场出入口设置（图 1.3–8）应符合以下要求：

1）当车位大于 50 辆时，停车场出入口数量不得少于 2 个；车位大于 500 辆时，出入口不得少于 3 个，出入口间距须大于 15m，出入口宽度不得小于 7m。

2）停车场出入口不宜设在主干路上，可设在次干路或支路上并远离交叉口。

3）出入口距大中城市干道交叉口的距离，自道路红线交点量起，不应小于 80m；距人行天桥、地道和桥梁、隧道引道应大于 50m；距非道路交叉口的过街人行道最边缘不应小于 5m；距公交站台边缘不应小于 10m。

4）停车场出入口距学校、幼儿园等建筑物应留有一定距离，必要时应设置隔声措施。[4]197

P 停车数量 ≤ 50 辆　≥ 7m

P 停车数量 > 50 辆　双向 ≥ 7m ≥ 7m　> 15m　单向 ≥ 5m ≥ 5m

P 停车数量 > 500 辆　双向 ≥ 7m ≥ 7m ≥ 7m　> 15m > 15m　单向 ≥ 5m ≥ 5m ≥ 5m

P　主干道

a

停车场（库）出入口不宜设在主干路上，可设在次干路或支路上并远离交叉口

P　≥ 80m　主干道　机动车出入口　≥ 70m　基地

b

停车场（库）出入口距离交叉路口距离必须≥ 80m，基地机动车出入口与主干道交叉口的距离不应＜ 70m

天桥等过街设施　道路　≥ 5m　≥ 50m　机动车出入口　基地　P

c

停车场（库）出入口距离过街天桥等设施距离必须≥ 50m，基地机动车出入口与非道路交叉口的过街人行道等距离不应小于 5m

P　铁路　≥ 30m

d

停车场（库）出入口的缘石转弯线切点距铁路道口的最外侧钢轨外缘应≥ 30m

图 1.3–8

图 1.3–9：两个方案中停车位均小于 50 辆，仅需设置一个出入口，均设置在次干路上，并根据停放车辆类型，结合周围环境，进行停车场布置。

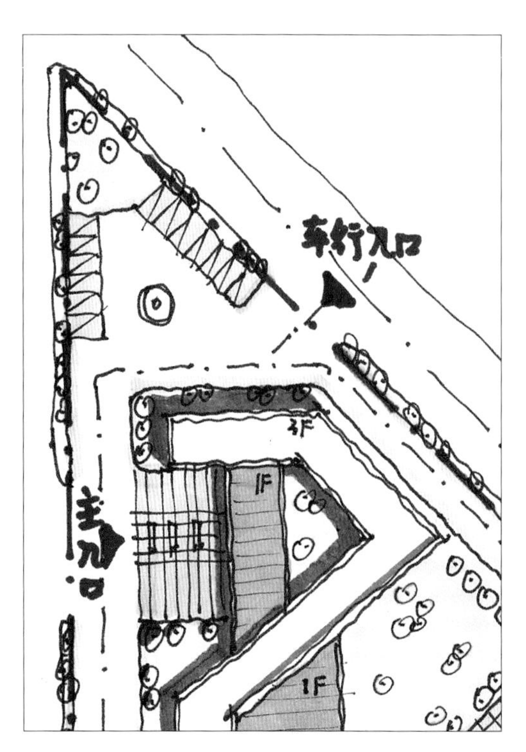

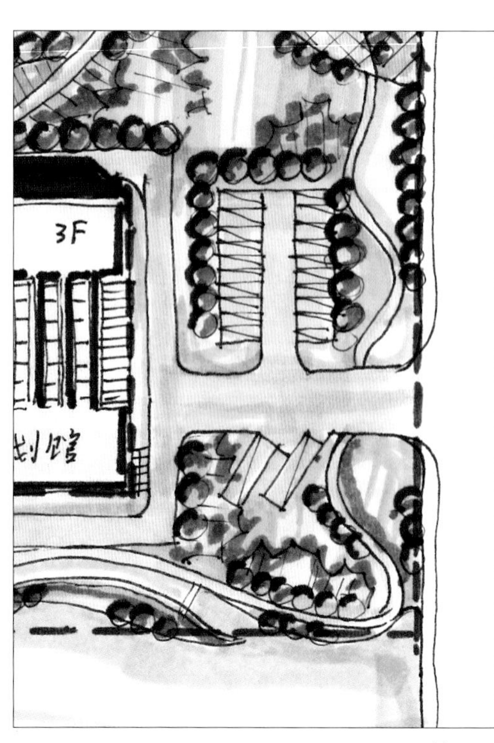

图 1.3–9

1.3.4 地下停车库

基地内地下车库的出入口设置（图 1.3-10）应符合下列要求：

1）基地内车库（含地下车库）出入口距基地道路的交叉路口或高架路的起坡点不应小于 7.5m。

2）基地内车库（含地下车库）出入口与道路垂直时，出入口与道路红线应保持不小于 7.5m 安全距离。

3）基地内车库（含地下车库）出入口与道路平行时，应经不小于 7.5m 长的缓冲车道汇入基地道路。

4）基地内车库（含地下车库）出入口在距出入口边线内 2m 处作视点的 120° 范围内至边线外 7.5m 以上不应有遮挡视线障碍物。

5）特大、大、中型地下车库出入口应设于城市次干道，不应直接与主干道连。

6）地下车库出入口类型可分为单车道与双车道，宽度分别为 4m 与 7m，在快速设计中，出入口露出地面的长度不小于 22m 即可。

7）最大坡度不超过 15%，在地上和地下部分的连接处的 3.6m 范围内不超过最大坡度的一半，即 7.5%，汽车坡道最小净高规定不小于 2.2m。[3]

图 1.3-10

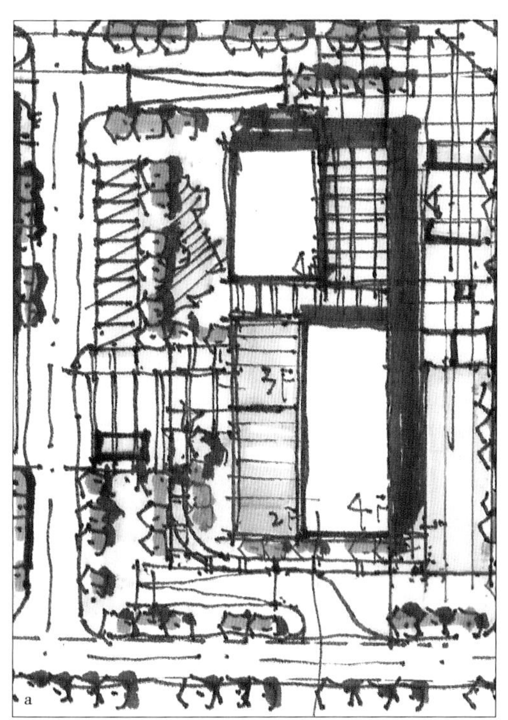

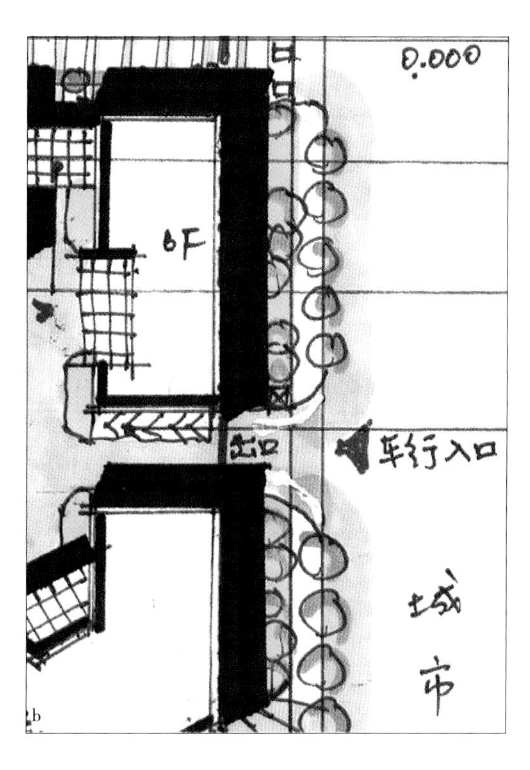

图 1.3-11

图 1.3-11a：当地下车库出入口与道路平行时，应经过不小于 7.5m 长的缓冲车道汇入基地道路。

图 1.3-11b：当地下车库出入口与道路垂直时，出入口与道路红线应保持不小于 7.5m 的安全视距。

1.3.5 车辆停放方式

停车场车辆停放方式（图 1.3-12）一般有以下 3 种：

1）平行式：平行于通道，适宜停放不同类型、不同车身长度的车辆；但前后两车要求净距大，单位停车面积大。

2）斜列式：与通道斜交成一定角度停车排列形式，其斜度通常为 30°、45°、60°，对场地形状适应性强，出入方便，但每车位占地面积大。

3）垂直式：垂直于通道，车辆出入便利，但停车带宽度和所需通道宽度大。

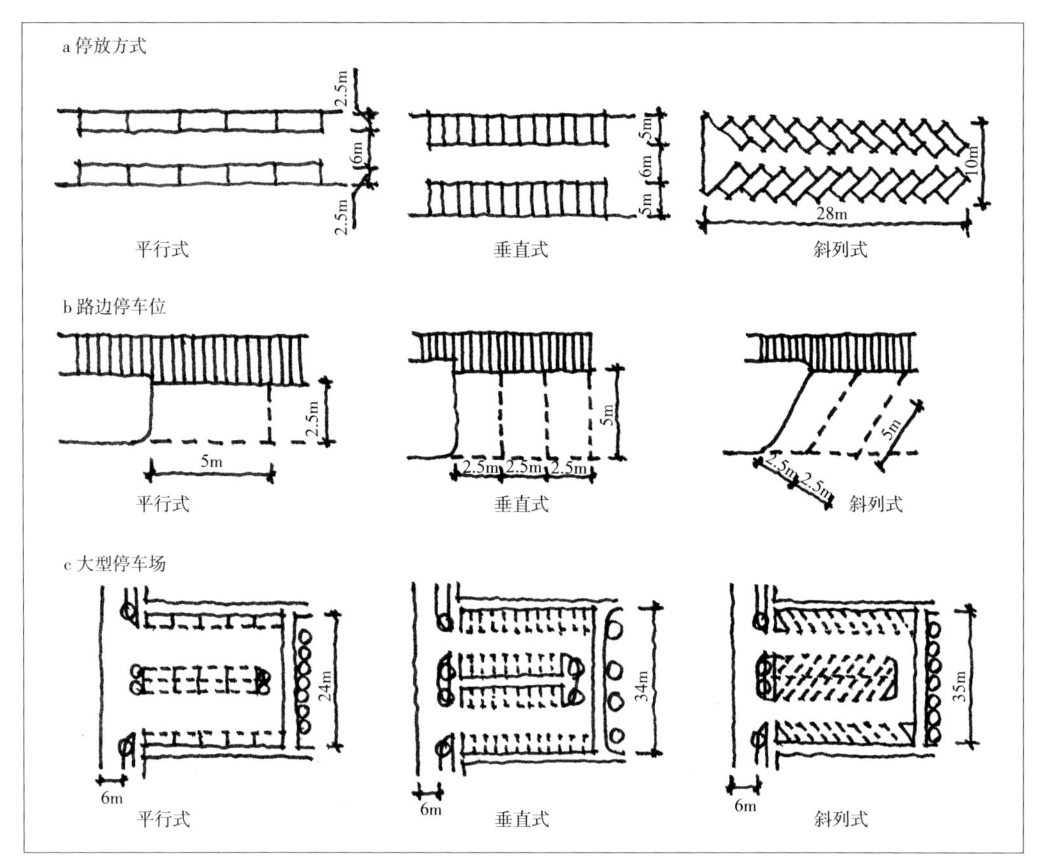

图 1.3-12

图 1.3-13：在快速设计中，车辆停放方式与基地面积密切相关，多采用垂直式和斜列式。停车位置根据基地环境灵活选择，可采用分组停放、集中停放、路边停放等。

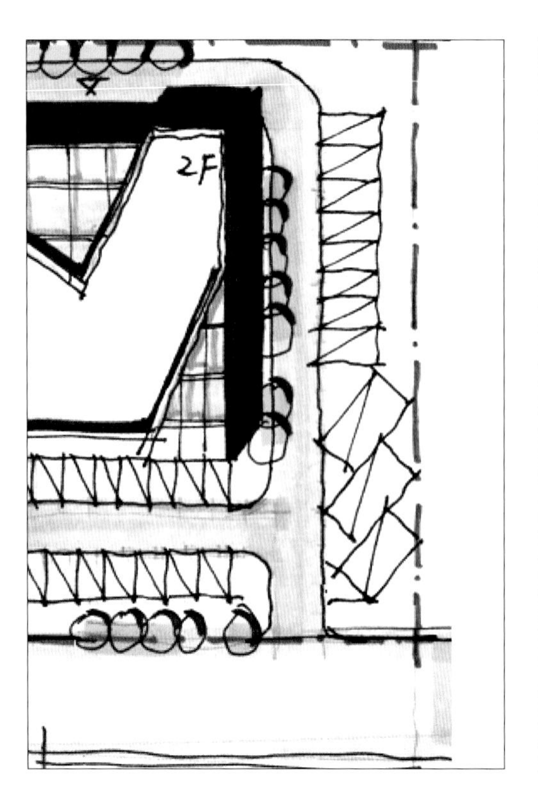

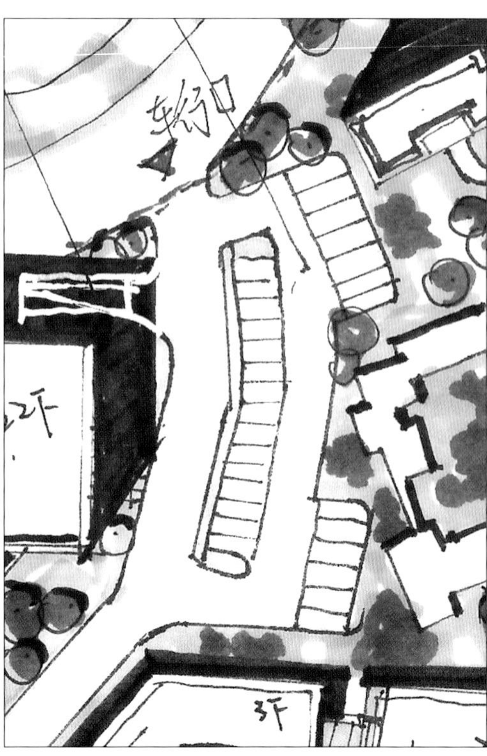

图 1.3-13

1.3.6 车辆停放位置

公共建筑

P

a

公共建筑

P

b

P

公共建筑

c

公共建筑

P

P

场（库）不宜对称设置在建筑前场两侧

d

图 1.3-14

一般建筑的停车场（图 1.3-14）

停车场应根据四周交通情况，结合建筑平面和建筑出入口位置，集中设置比较好。可在建筑的前场地一侧设置，或者建筑侧面设置。也可以在建筑后部设置，避免停车场对建筑主要的场地产生干扰和影响。

停车场不宜在建筑前场地广场两侧对称布置，这种布置方式容易产生车流和人流的交叉。

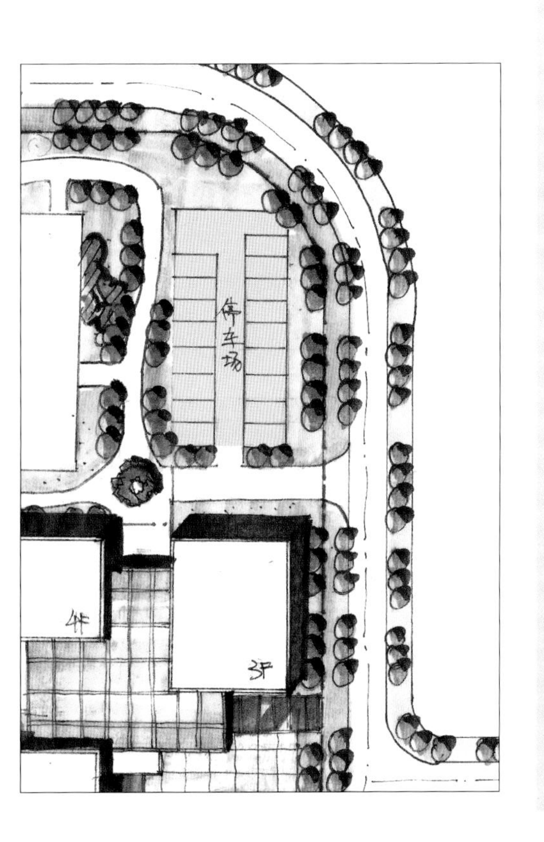

图 1.3-15

图 1.3-15：将停车场集中设置在场地的一侧，不易对建筑主体产生干扰。

大型建筑的停车场

图 1.3–16a：对于大型商业建筑群，应提供充足的停车设施满足顾客的停车需要，可在商业建筑群区域内分散设置停车设施的同时，在区域边缘设置集中停车布局，增强汽车可达性，并减少进入商业区域的交通量。

图 1.3–16b、c：对于体育馆等大型建筑，应考虑出现停车位使用高峰时汽车存放量，避免车流和人流的交叉。若停车场设置在广场两侧，车流和人流容易交叉，可将停车场设置在场地中央。

图 1.3–16d：对于展览馆等建筑，前广场有休闲、纪念、集会等功能时，应在满足这些广场性质的同时设置停车场。

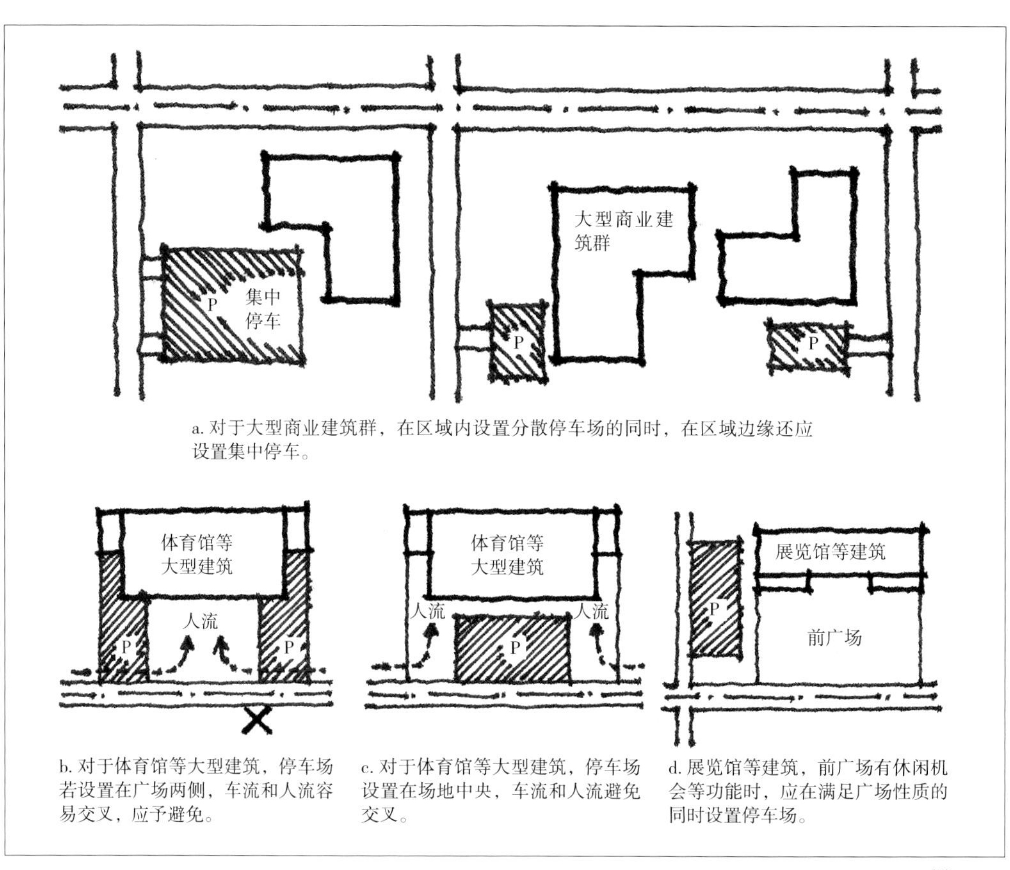

P
集中
停车
大型商业建
筑群
P
P
a. 对于大型商业建筑群，在区域内设置分散停车场的同时，在区域边缘还应设置集中停车。
体育馆等
大型建筑
人流
P
P
体育馆等
大型建筑
人流
人流
P
展览馆等建筑
P
前广场
b. 对于体育馆等大型建筑，停车场若设置在广场两侧，车流和人流容易交叉，应予避免。
c. 对于体育馆等大型建筑，停车场设置在场地中央，车流和人流避免交叉。
d. 展览馆等建筑，前广场有休闲机会等功能时，应在满足广场性质的同时设置停车场。

图 1.3–16

图 1.3–17：对于大型商业建筑群，在不同的场地入口就近设置地下车库入口，并在场地边缘设置集中停车，增强汽车可达性，并减少进入商业区域的交通量。

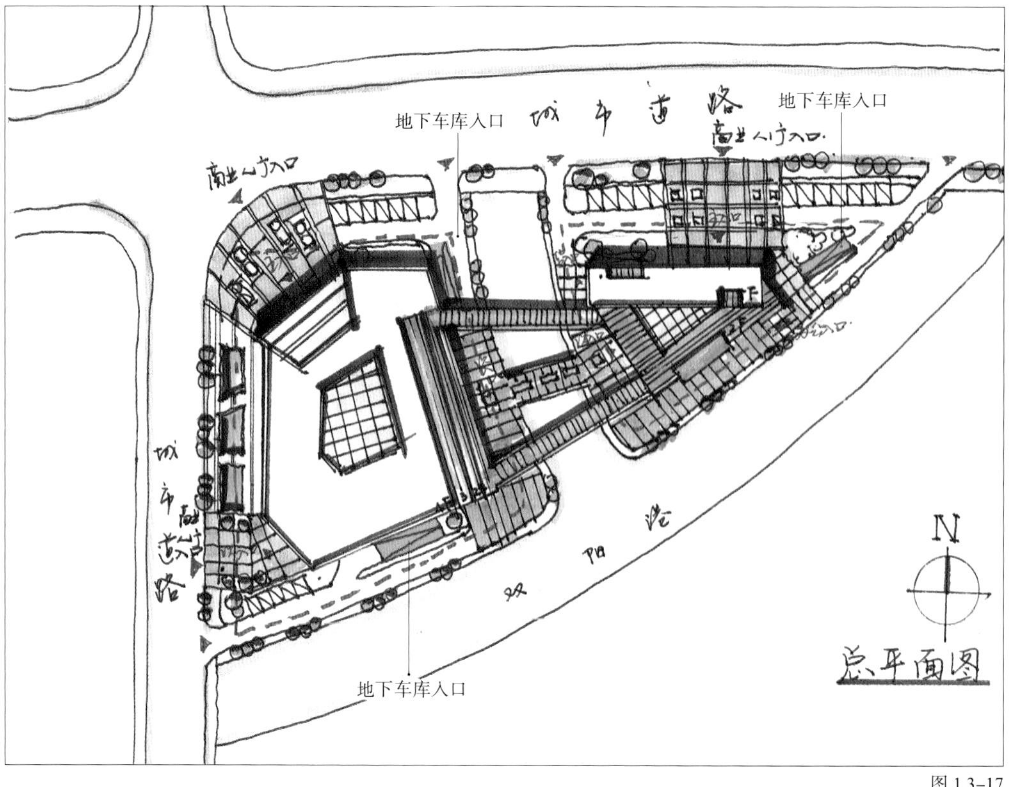

图 1.3–17

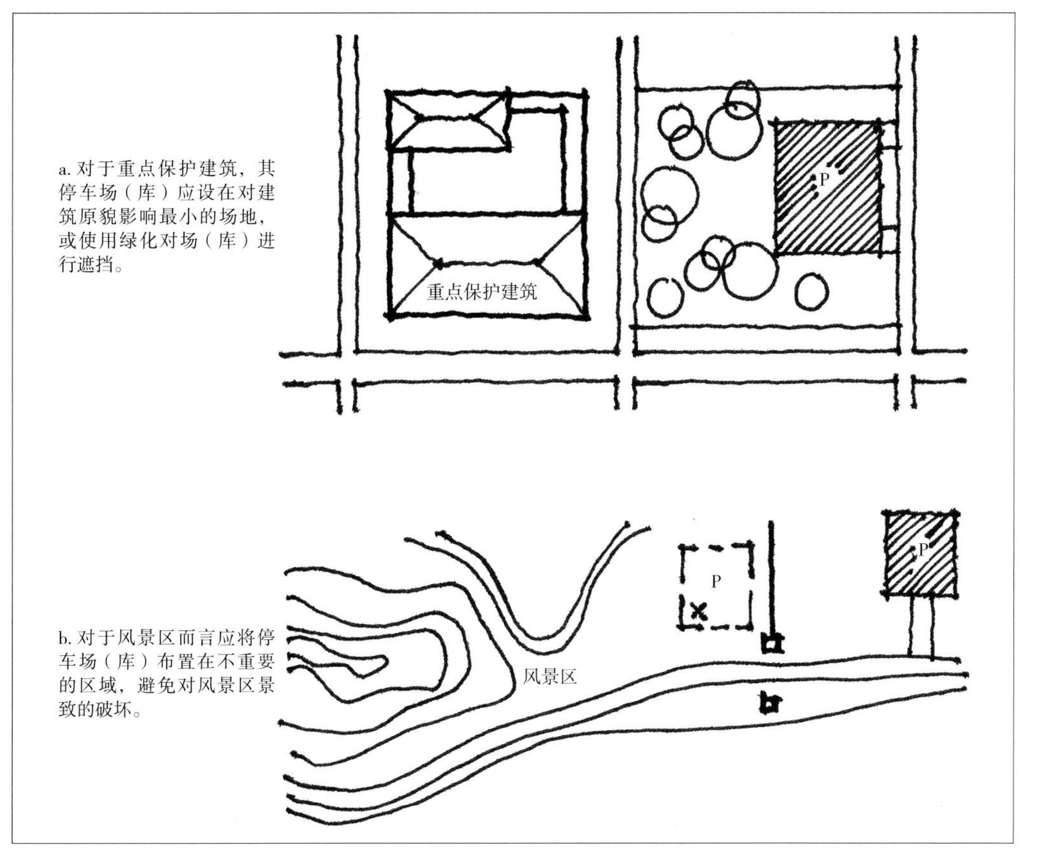

a. 对于重点保护建筑，其停车场（库）应设在对建筑原貌影响最小的场地，或使用绿化对场（库）进行遮挡。
重点保护建筑
P
b. 对于风景区而言应将停车场（库）布置在不重要的区域，避免对风景区景致的破坏。
风景区
P
P

图 1.3–18

特殊建筑的停车场

对于特殊建筑的停车设置，首先应考虑避免停车场对被保护建筑和区域的干扰和破坏，如古建筑、风景区等。

如图 1.3–18a 所示，对于古建筑，尤其是重点保护建筑，其停车场设置在最小影响古建筑原貌的场地，或者对停车场进行绿化遮挡等手段，尽量减少对古建筑的破坏。

如图 1.3–18b 所示，对于风景区而言，应避免把停车场设置在风景区的观赏区域，应布置在不重要的区域，并考虑游客下车后步行的方便性。

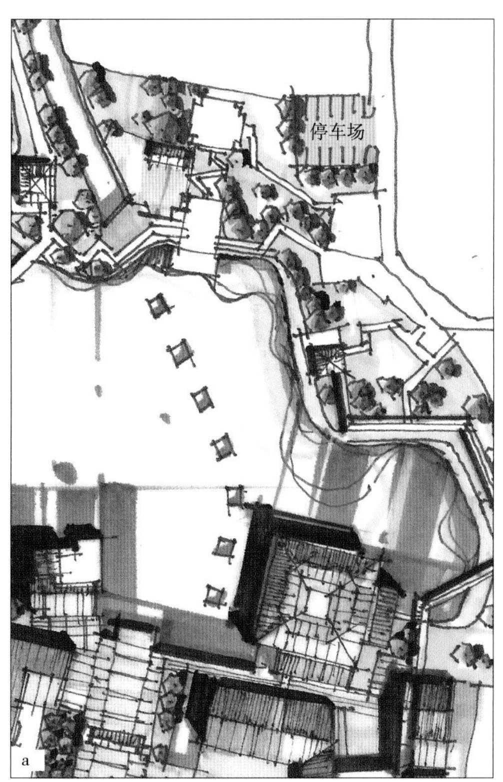

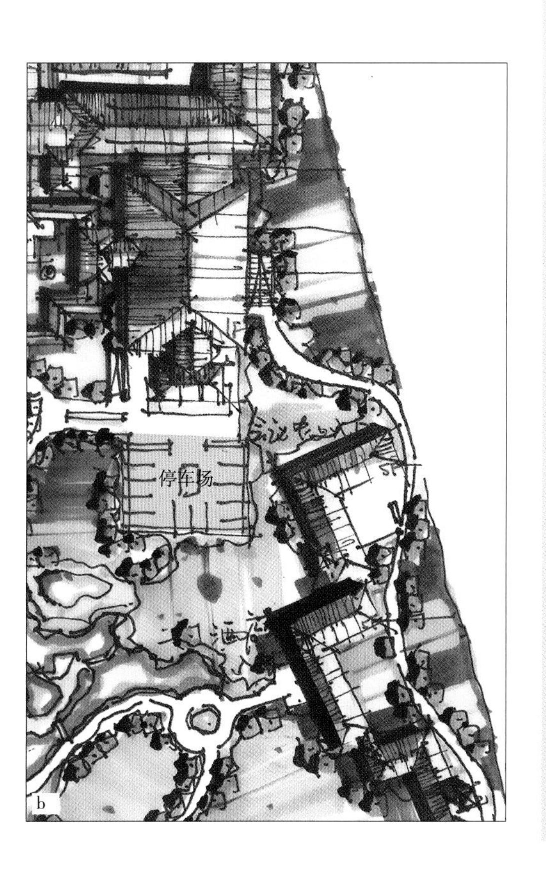

图 1.3–19

图 1.3–19a：将停车场布置在靠近道路的一侧，避免对人工湖的景观产生遮挡。

图 1.3–19b：对于保护建筑，将停车场布置在位置不重要的一侧，并用绿化进行遮挡，避免对保护建筑产生破坏。

1.3.7 停车场绿化

停车场绿化设计应从有利于汽车集散、人车分隔、保障安全、不影响夜间照明等方面考虑，并应考虑改善环境，为车辆遮阳等。

如图 1.3–20 所示，停车场绿化布置可利用双排背对车位的尾距间隔种植乔木，在有些大型车平行式停车方式中，长度方向平行相邻车位之间以绿化带为分隔，可种植高大树种，为车辆提供防晒遮阳。

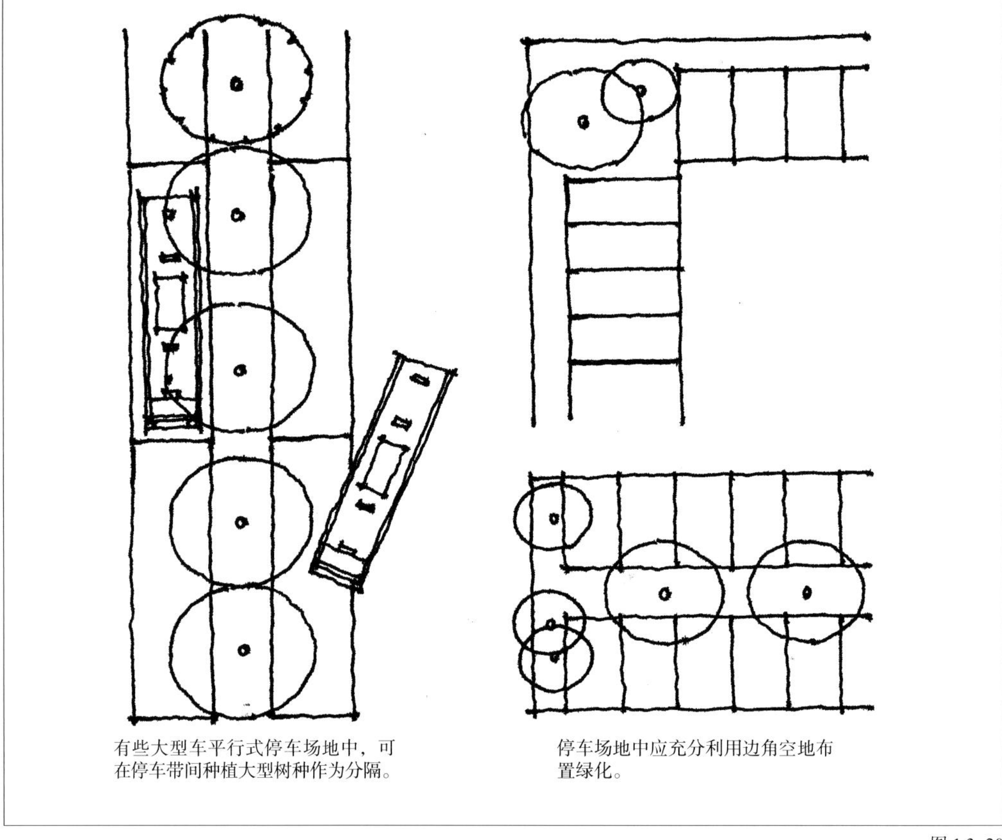

有些大型车平行式停车场地中，可在停车带间种植大型树种作为分隔。

停车场地中应充分利用边角空地布置绿化。

图 1.3–20

图 1.3–21：在双排车间距种植树木，并充分利用边角空地布置绿化。

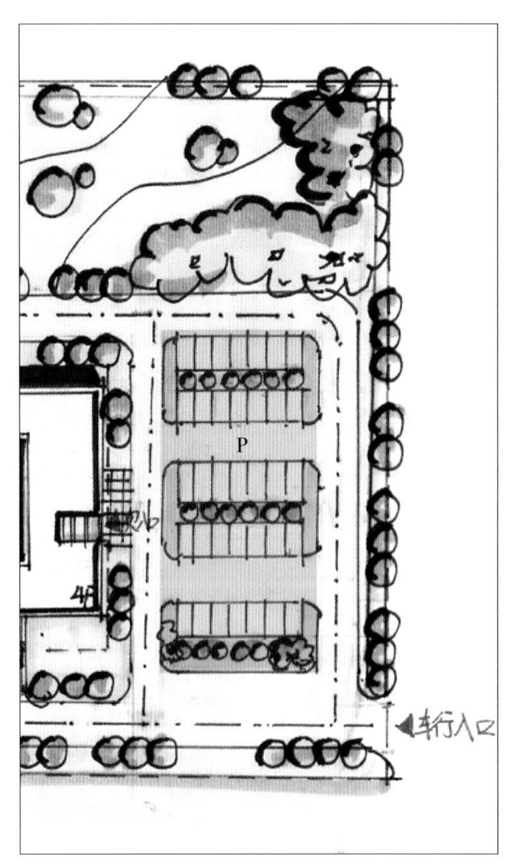

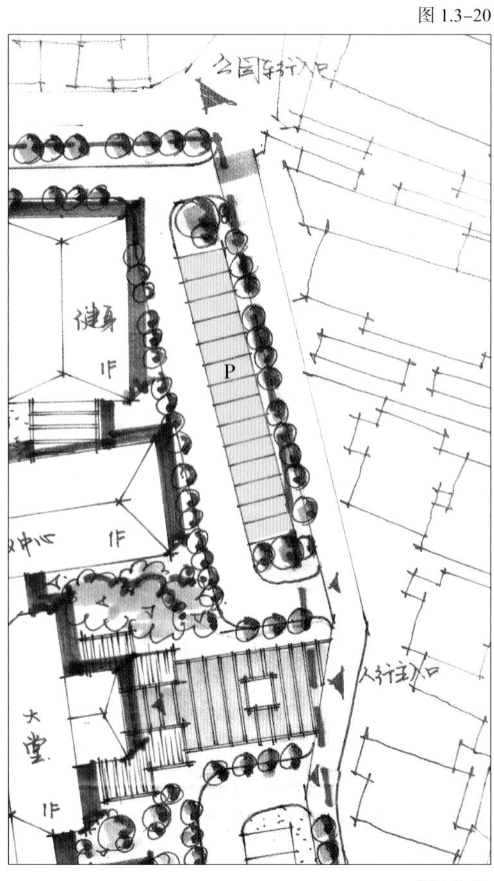

图 1.3–21

1.3.8 大、中型车停车场

在快速设计中，很多停车场需考虑大、中型车的停放问题。中型车车身长度一般约为 9m，大型客车车身长度约为 12m，车身宽度均为 2.5m。

如图 1.3–22 所示，停车方式一般采用平行式、斜列式。

若为平行式停车，车位宽度为 3.5m，长度为 14.4 ~ 17m；

若为斜列式停车，宽度需为 4m 以上。[4]211

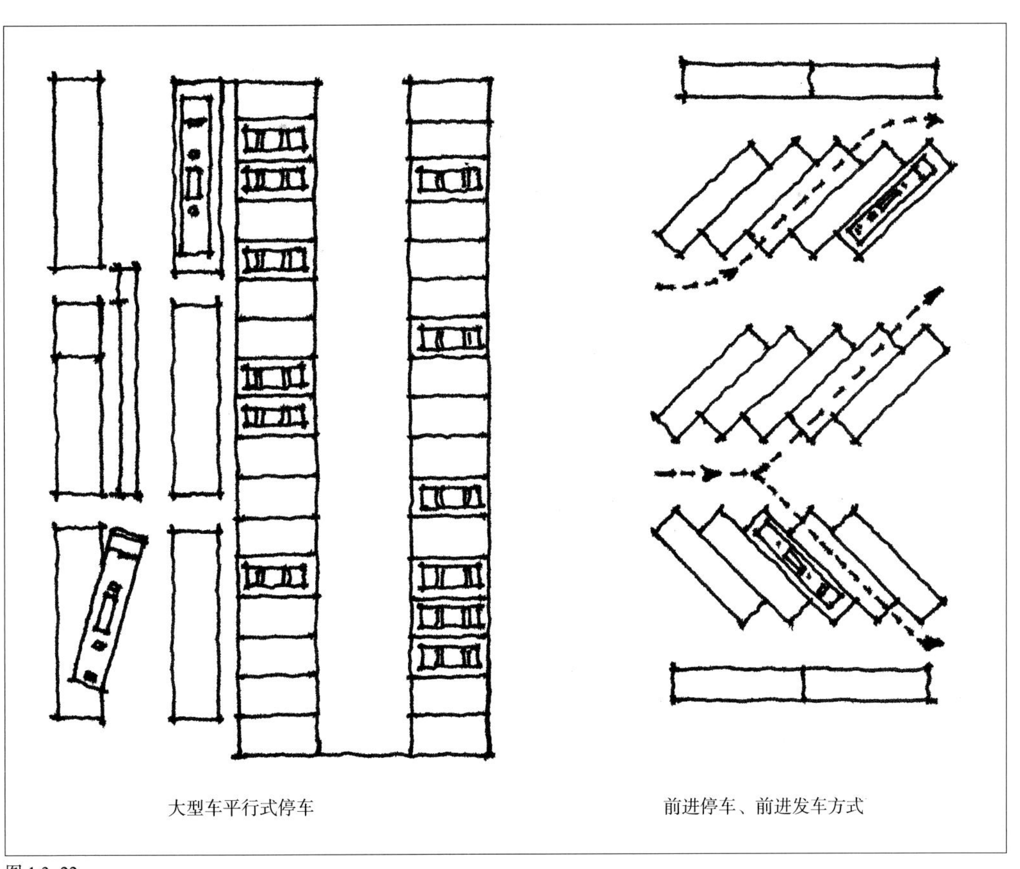

大型车平行式停车　　　　前进停车、前进发车方式

图 1.3–22

前进停车、前进发车方式需要在停车位前后的设置通车道，可采用通车道共用的措施，也使单位停车面积大大减少。利于中、大型车的停发。

图 1.3–23：大型车平行式和斜列式停车。

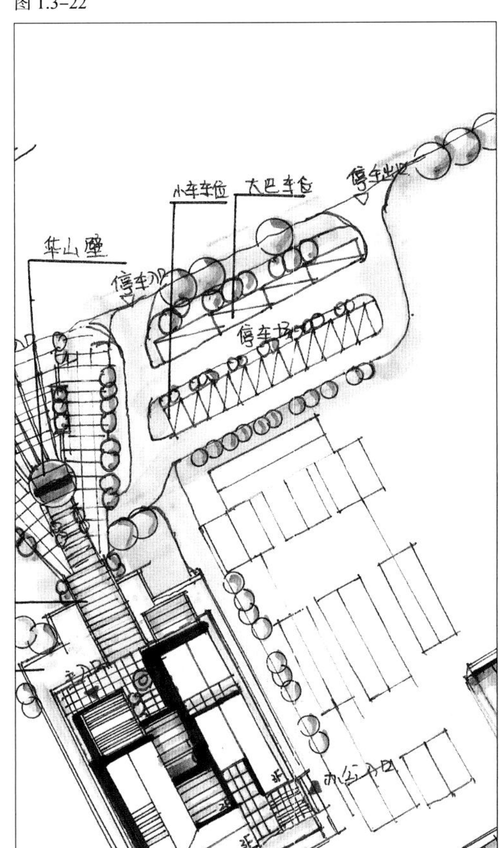

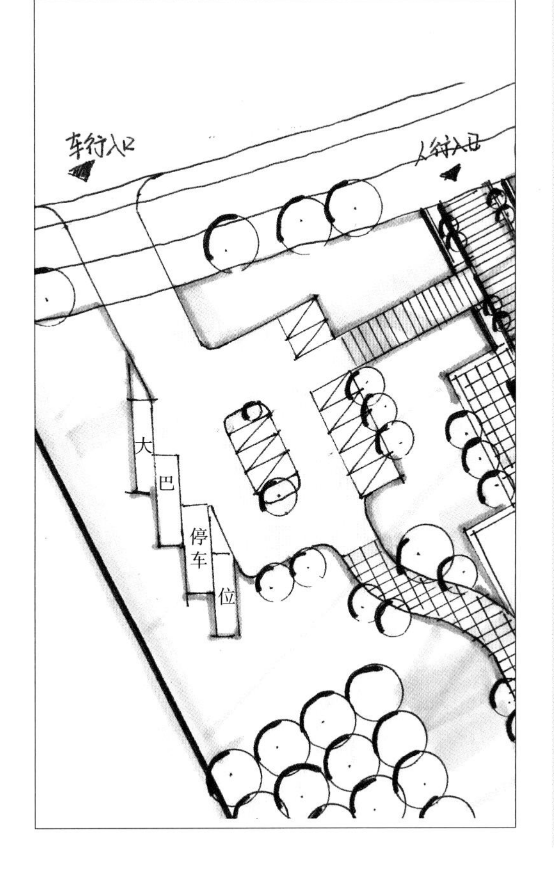

图 1.3–23

1.3.9 自行车停车场

自行车停车场的设置应满足以下要求：

1）自行车停车场和机动车停车场应分别设置，机动车与自行车交通不应交叉，并应与城市道路顺向衔接。

2）自行车停放宜分段设置，每段长度 15 ~ 20m，每段应设一个出入口，其宽度不小于 3m。

3）当停车位数量 ≤ 500 辆时，应至少设置一个出入口，通道宽度不小于 2.0m。

4）当停车数为 500 ~ 1000 时，至少应设置两个出入口，通道宽度不小于 2.5m。

5）自行车停车方式以出入方便为原则，停放方式有垂直式、斜列式，其用地面积如图 1.3–24 所示，停车位的宽度和通道宽度如表 1.3–2 所示。[4]229

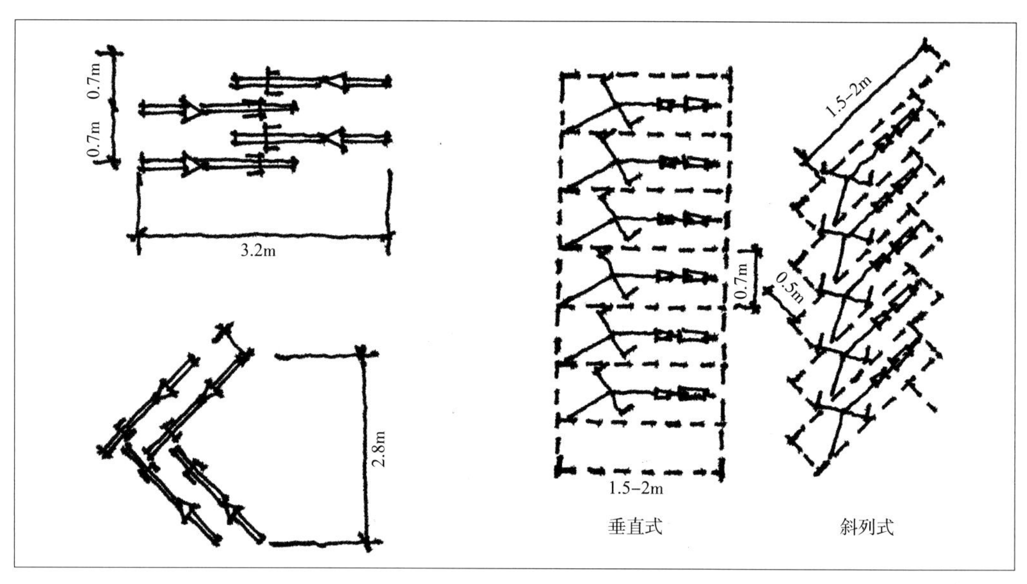

图 1.3–24

自行车停车位的宽度和通道宽度（单位：m） 表 1.3–2

停车方式		停车位宽度		车辆横向间距	通道宽度	
		单排停车	双排停车		一侧使用	两侧使用
垂直排列		2.00	3.20	0.60	1.50	2.60
斜排式	60°	1.70	3.00	0.50	1.50	2.60
	45°	1.40	2.40	0.50	1.20	2.00
	30°	1.00	1.80	0.50	1.20	2.00

表格来源：中国建筑学会等主编，建筑设计资料集（第三版）第 1 分册 建筑总论 [M]，北京：中国建筑工业出版社，2017:109

图 1.3–25：自行车停车场地一般以出入方便为原则进行布置。

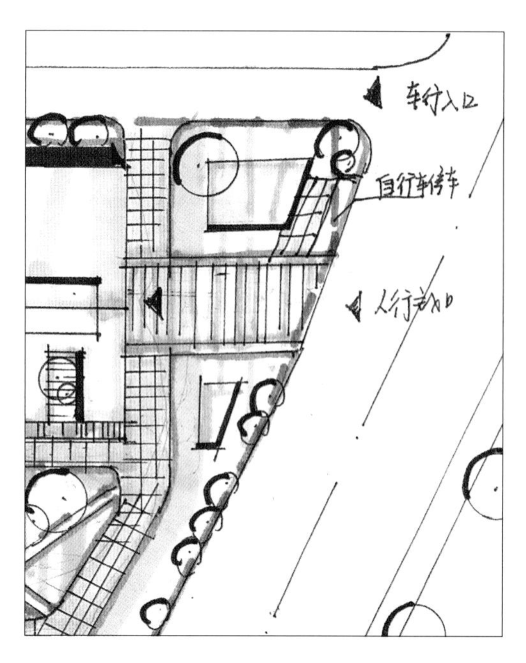

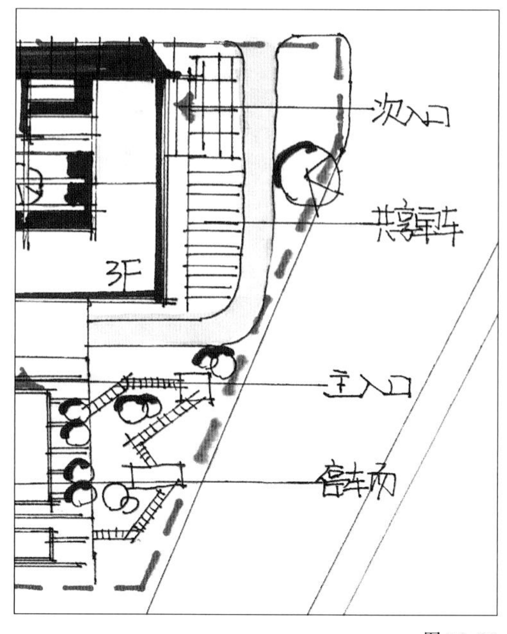

图 1.3–25

1.4 建筑控制指标

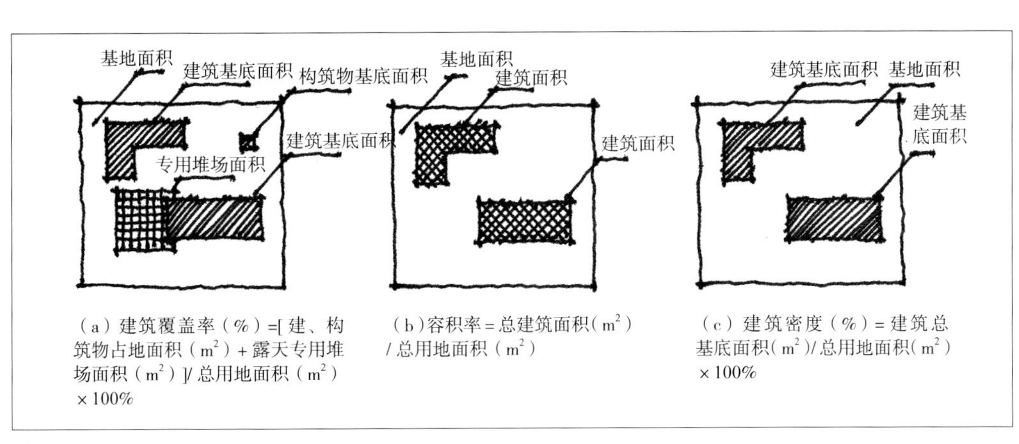

图 1.4–1

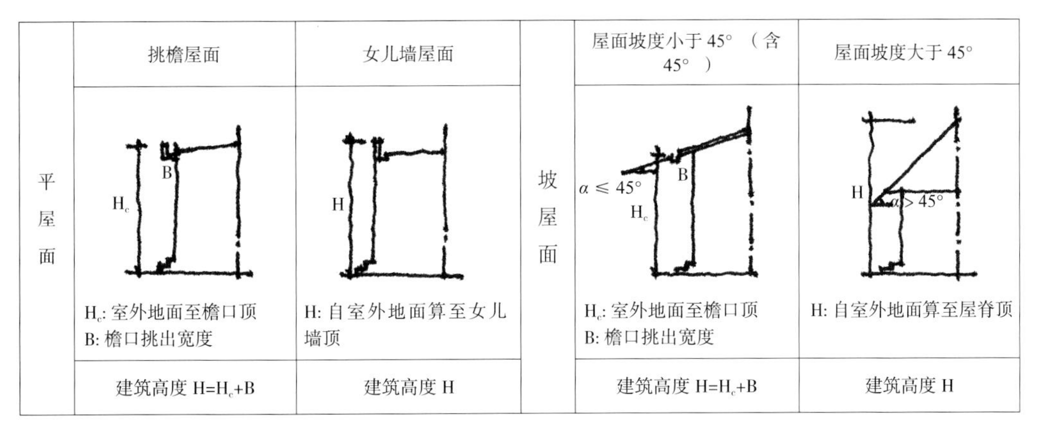

图 1.4–2

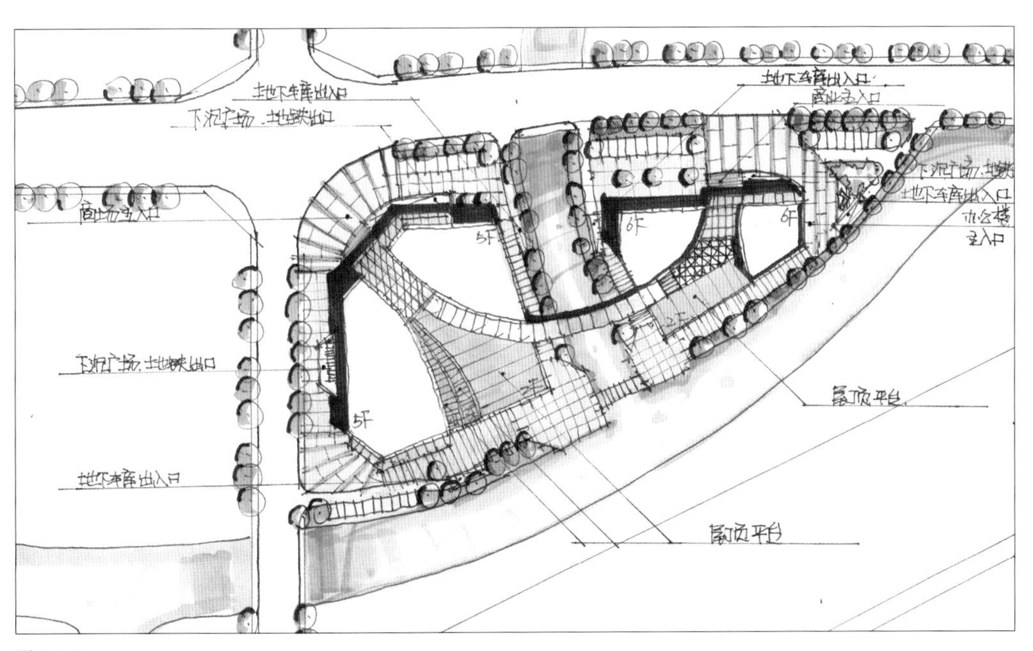

图 1.4–3

建筑控制指标包括规定性指标和指导性指标，在快速设计中，使用的建筑控制指标一般为以下几类：

1）建筑覆盖率

图 1.4–1a：指基地内被建筑物、构筑物占用的土地面积占总用地面积的百分比。

2）容积率

图 1.4–1b：指建筑基地（地块）内所有建筑物面积之和与基地总用地面积的比值。容积率为无量纲常数，无单位。

3）建筑密度

图 1.4–1c：指基地内所有建筑物基底面积之和占总用地面积的百分比。建筑密度表达了基地内建筑物直接占用土地面积的比例。

4）建筑高度

图 1.4–2：指建筑物室外设计地面到其檐口顶面或女儿墙顶面的高度。

5）建筑总面积

指建筑自然层的水平面面积（即建筑外墙外围水平面积）。

项目示例

图 1.4–3：商业办公综合体规划设计

项目背景：

本项目为长三角地区某城市地块的商业及商业办公综合体设计，地块面积约为 15360m²。基地分为东西两个地块，中间有一条河流穿过，A 地块面积约为 10000m²，B 地块面积约为 5360m²，退界尺寸见图。

设计要求：

A 地块为商业用地，建筑密度不大于 50%，地上建筑面积要求 12500m²；B 地块功能为商办用地，建筑密度不大于 35%，地上建筑面积要求为 7000m²，其中商业 3000m²，办公 4000m²。

1.5 建筑间距

建筑间距即两栋建筑物或构筑物外墙之间的水平距离，主要根据所在地区的日照、通风、采光、防止噪声和视线干扰、防火、抗震、防灾、卫生、防空、绿化、管线布置、建筑布局形式以及节地等要求，综合考虑确定。

在快速设计中，建筑间距的控制一般主要考虑以下几方面：

1）符合防火规范要求；

2）符合建筑日照标准的要求；

3）满足自然通风的要求；

4）应防止视线干扰。

防火间距如图 1.5–1a、b 所示。

如图 1.5–1c 所示，当建筑前后各自留有空地或道路，并符合防火规范有关规定时，则相邻基地边界两边的建筑可毗连建造。

如图 1.5–1d 所示，日照间距是根据当地日照标准计算太阳高度角（h）和方位角（r），以前幢建筑遮挡高度（H0）来计算的，一般采用系数法：D=H0·L，L 为日照间距系数。[4]256

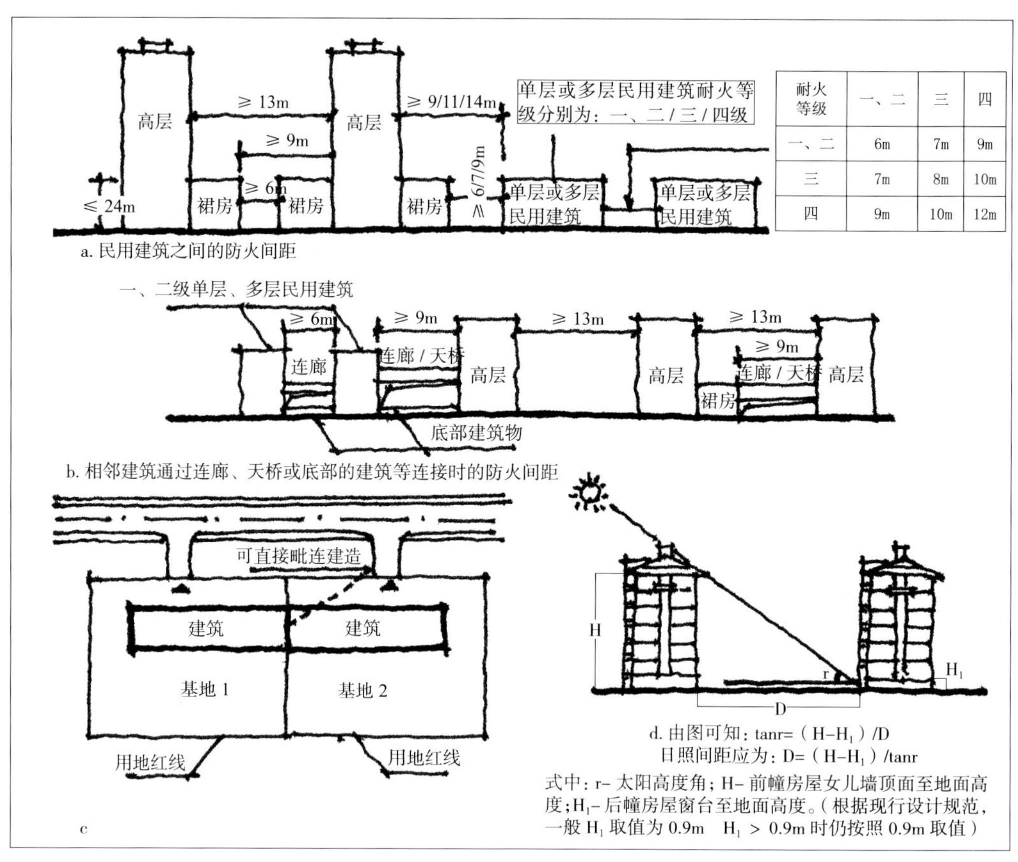

耐火等级	一、二	三	四
一、二	6m	7m	9m
三	7m	8m	10m
四	9m	10m	12m

图 1.5–1

图 1.5–2：新建建筑退相邻高层建筑 9m，退相邻低层建筑 6m，满足防火规范相关要求。

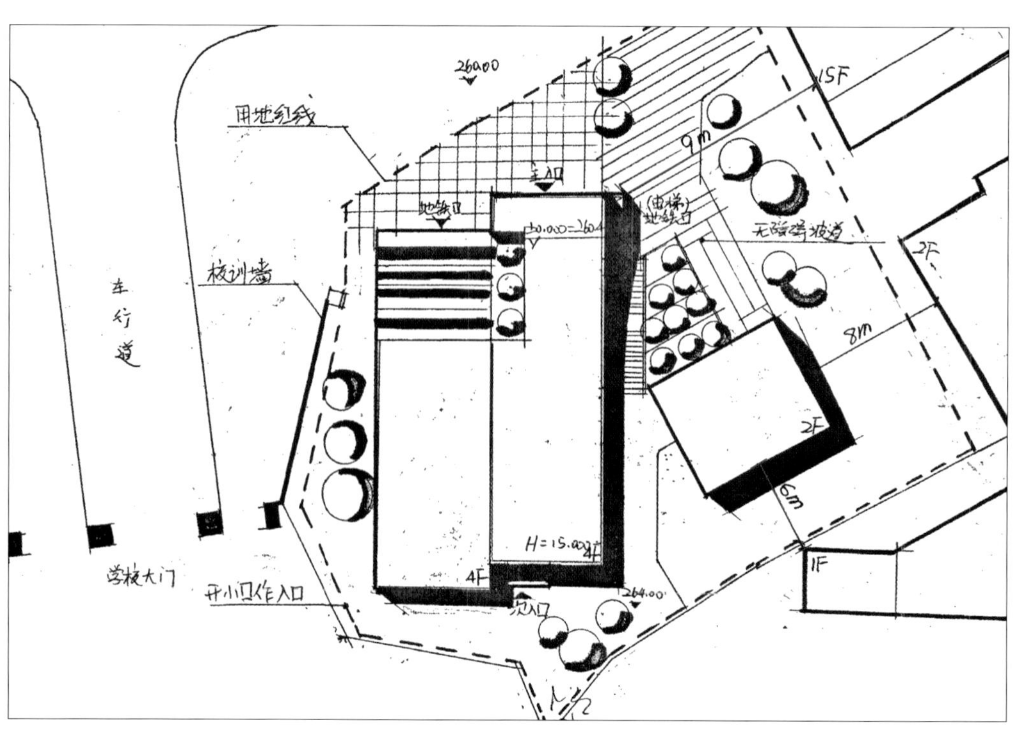

图 1.5–2

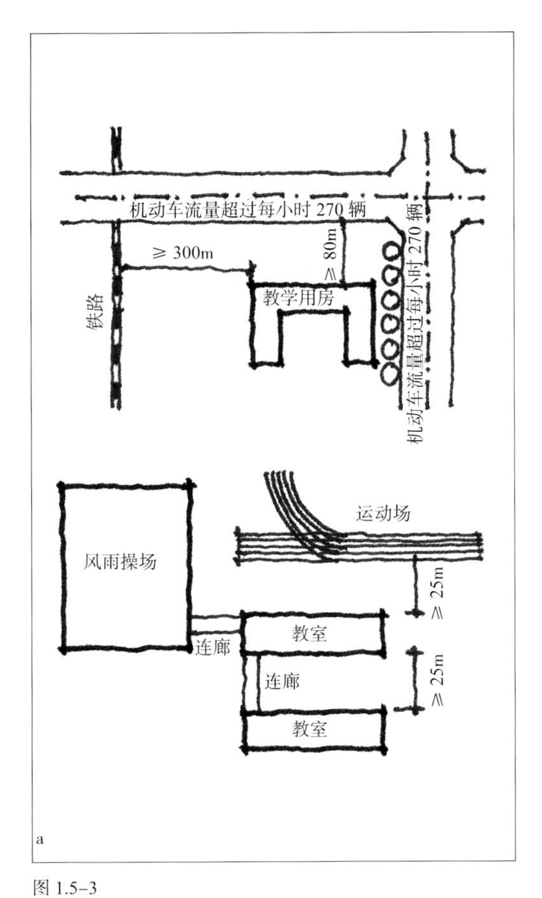

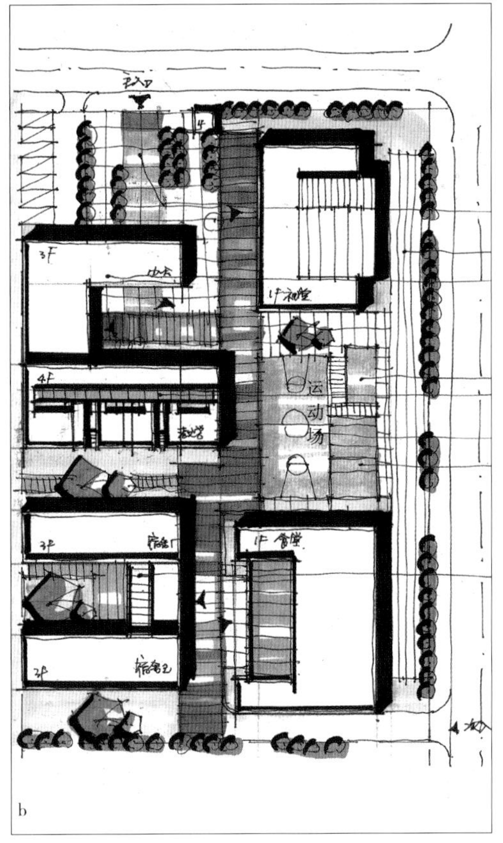

图 1.5-3

图 1.5-3a：在进行校园总平面设计时，间距控制需满足一下要求：

1）对于学校的主要教学用房，其外墙面与铁轨之间的距离不小于 300m。

2）与高速路、地上轨道、城市主干道之间的距离不小于 80m，当小于 80m 时，必须采取有效的隔声措施。

3）各类教室的外窗与相对的教学用房或室外运动场地边缘间的距离不应小于 25m。

4）南向的普通教室在冬至日这天要求底层满窗日照时间应≥ 2h。[4]293

图 1.5-3b：当场地面积受到限制时，将教学楼短边正对运动场，以降低运动场的噪声干扰。

80m

城市主干道（机动车流量超过每小时 350 辆）

图 1.5-4

图 1.5-4：基地位于城市主干道的一侧，该道路机动车流量超过每小时 350 辆，在进行设计时，主要教学用房需要后退城市主干道 80m。

图 1.5-5：基地位于历史街区中，题目中明确新建筑无需考虑自身消防要求，因此可毗邻旧建筑建造，无需退距。

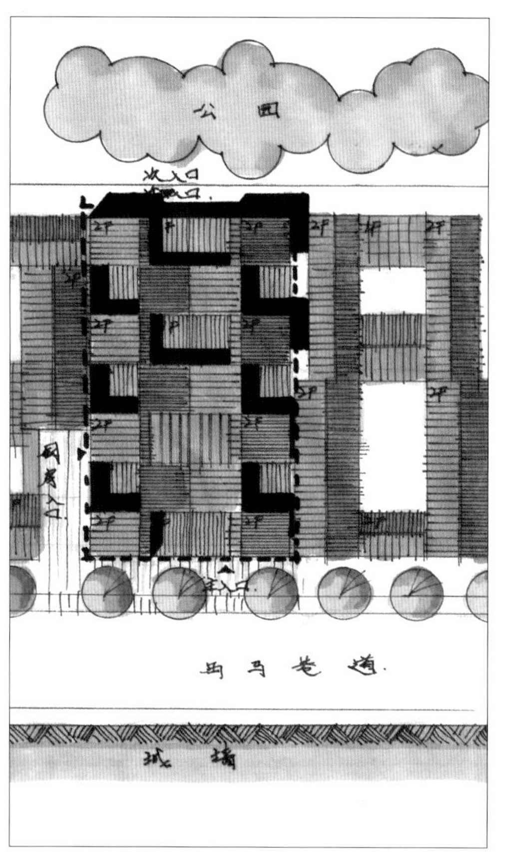

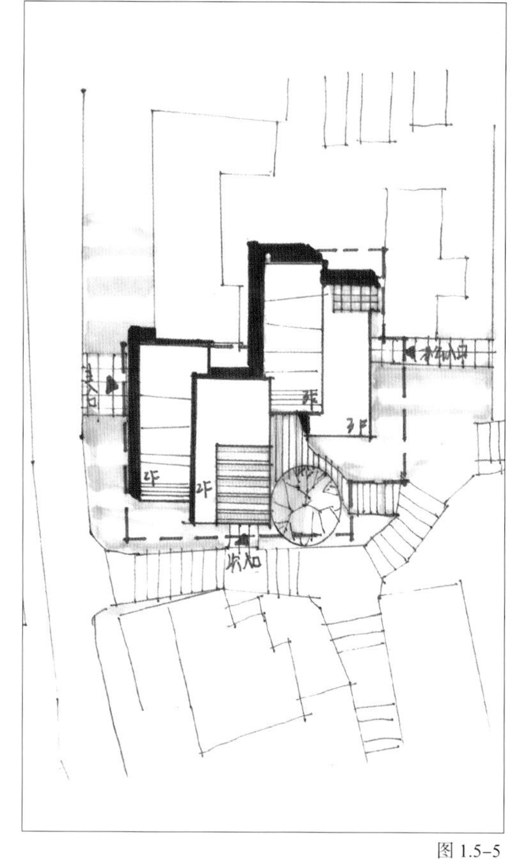

图 1.5-5

图 1.5-6：基地北侧为居住公寓，公寓与训练馆的距离需要根据北方地区规范进行退让，退让距离 D/ 训练馆高度 H ≥ 1.2。

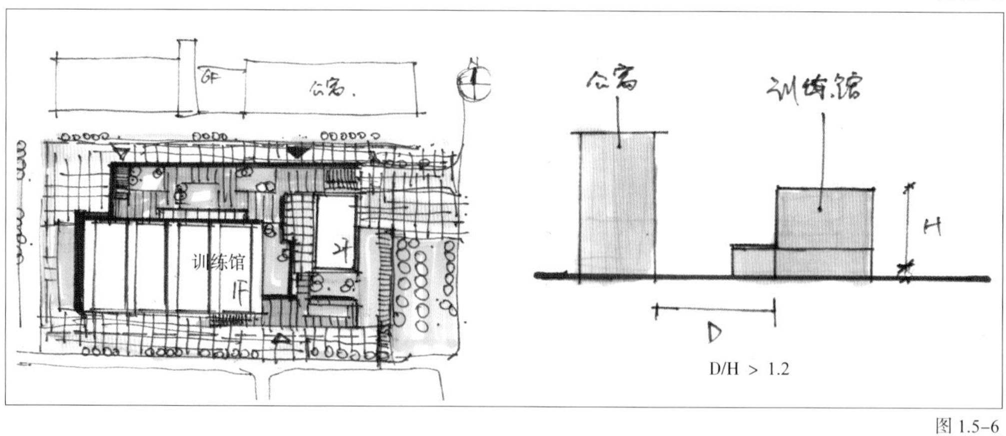

图 1.5-6

图 1.5-7：基地位于古村落中，建筑退让周围建筑 2m，可进行道路与绿化设计。

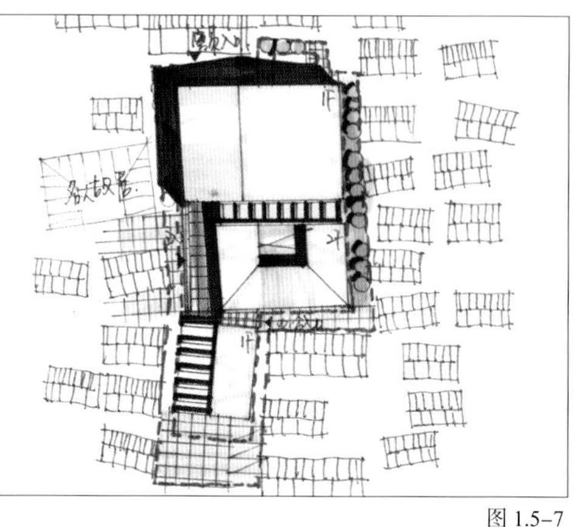
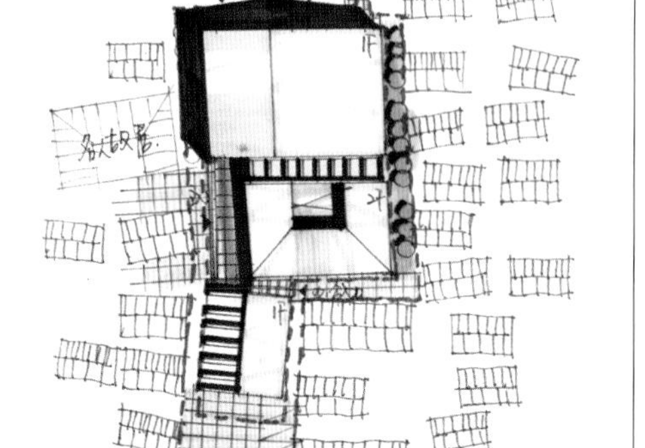

图 1.5-7

图 1.5-8：与新建建筑相邻的商业建筑外墙为防火墙，新建筑可以贴合建造。

图 1.5-8

1.6 运动场地

快速设计中出现的常用场地要素除机动车、停车场外还有运动场，因此需了解篮球场、羽毛球场、400m 标准田径场等运动场的布置要求和大致尺寸，具体尺寸如图 1.6–1 所示。

除此之外，室外运动场地布置方向（以长轴为准）应为南北向，当不能满足要求时，根据地理纬度和主导风向可略偏南北向，但不宜超过表 1.6–1 的规定。

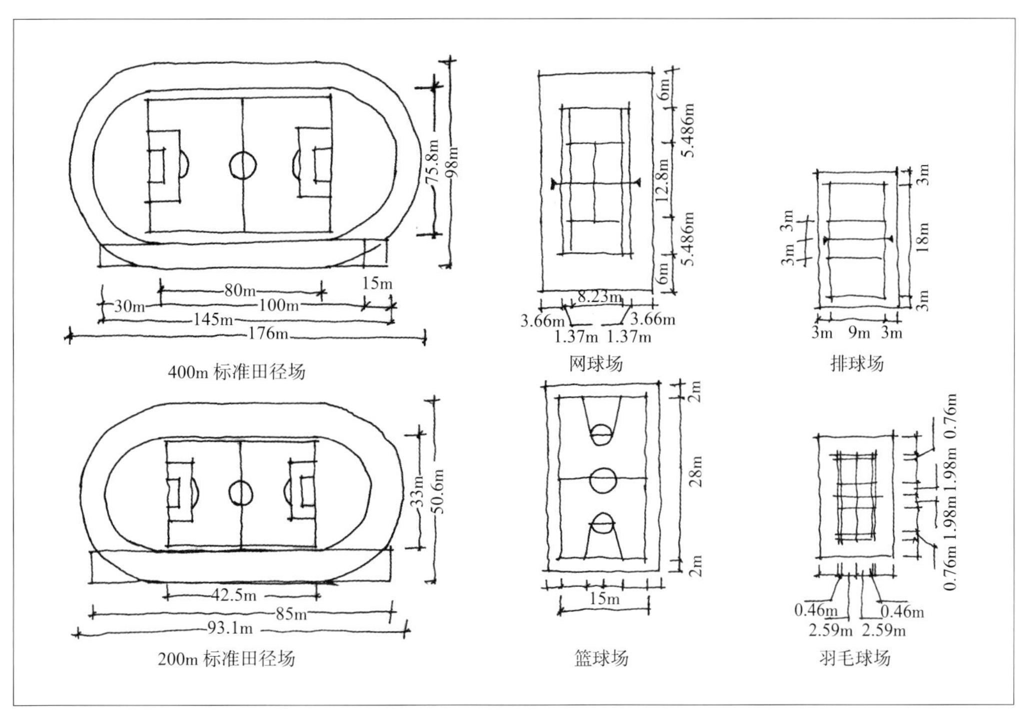

图 1.6–1

表 1.6–1

北纬	16° ~ 25°	26° ~ 35°	36° ~ 45°	46° ~ 55°
北偏东	0°	0°	5°	10°
北偏西	15°	15°	10°	5°

表格来源：JGJ31–2003，体育建筑设计规范 [S]

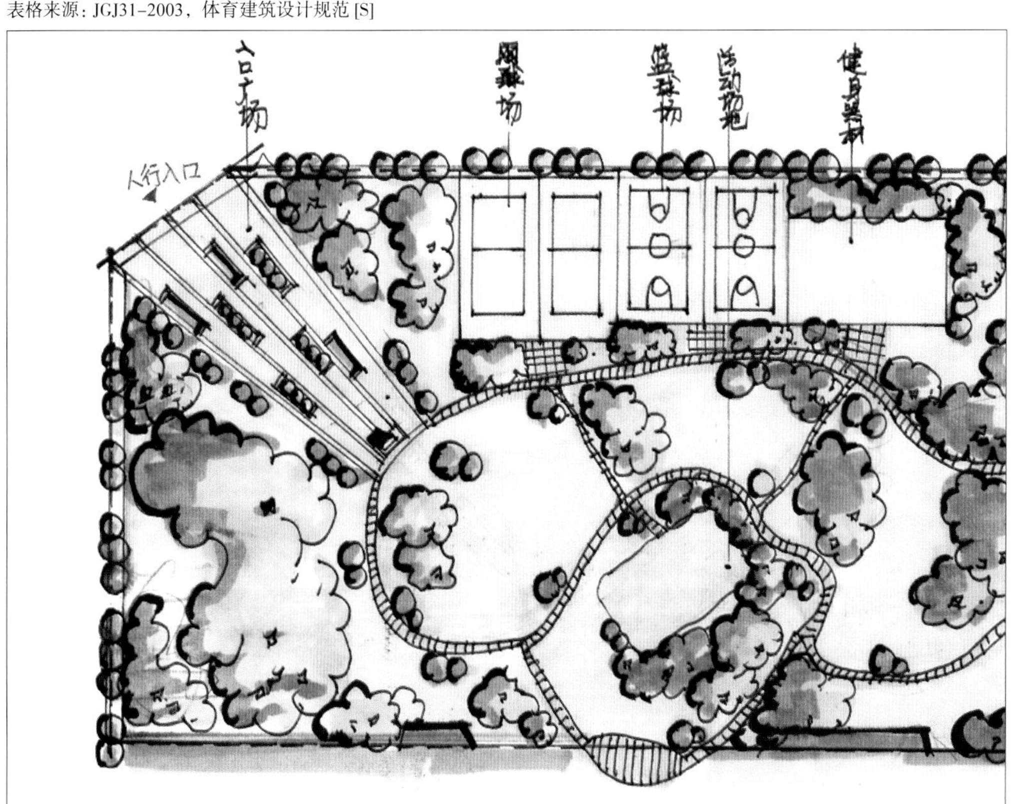

图 1.6–2

图 1.6–2：该运动场地位于城市公园中，靠近入口，南北向布置，交通便利，自成一角又与景观步道有着良好的联系。

在进行总平面布置时，田径运动场用地位置的确定是校园规划布局的关键因素之一，如图 1.6–3 所示，应满足以下要求：

1）宜布置在基地内相对平坦的地面，以减少土方量。

2）宜布置在景观要求相对不高的位置。

3）宜布置在易受噪声干扰的地方。

某学校基地

某学校基地

用地红线

某学校基地

田径运动场宜布置在学校基地内相对平坦的地面

某学校基地

某学校基地

市场、歌舞厅等产生噪声的场所

繁忙的交通道路

某学校基地

在进行总平面布置时，田径运动场用地的位置确定是首要问题

田径运动场宜布置在易受噪声干扰的地方

图 1.6–3

图 1.6–4：学校运动场地布置在主干道和次干道的转角处，处于易受噪声干扰的地方，并呈南北向布置。

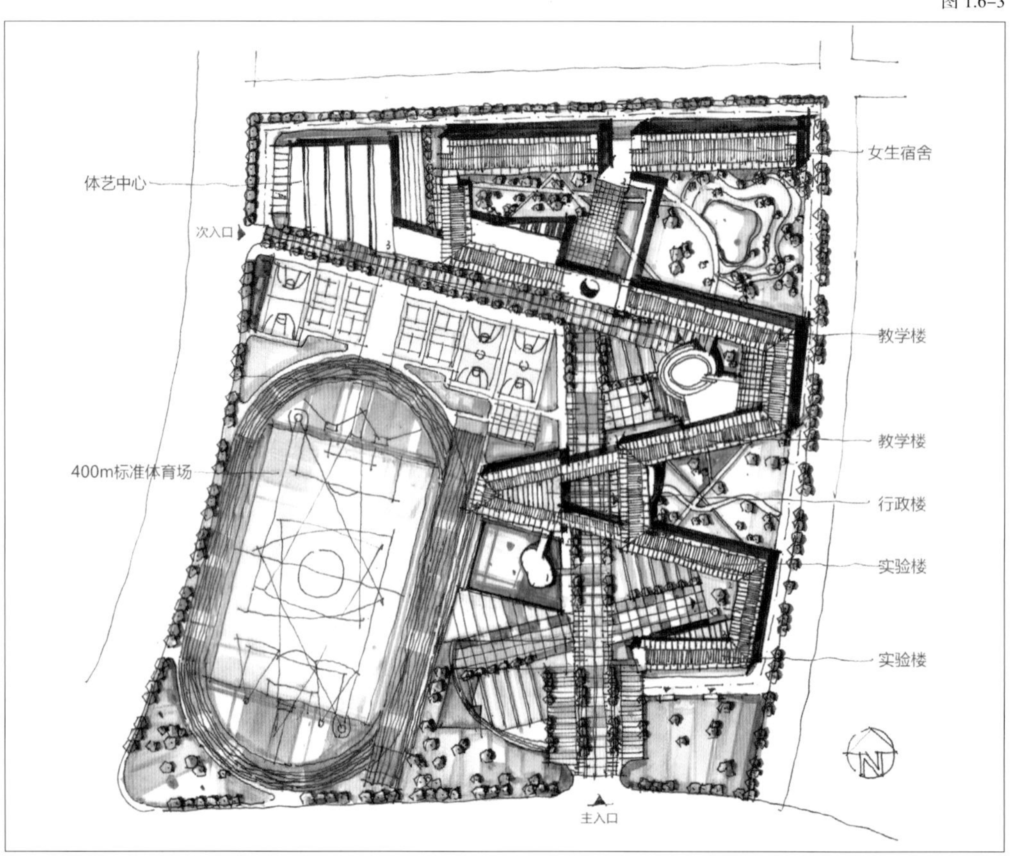

图 1.6–4

2　总平面图表达

总平面图涉及元素众多，包括周围环境、建筑形态、景观、道路、标注等，如何用图示语言更好地表达设计策略、空间层次、景观要素，使得总平面图逻辑清晰、干净整洁、图面丰富，是总平面图设计的又一关键。

本章节从铺地表达、景观表达、高程变化、总平面图标注、屋顶形式、屋顶的形态关系、建筑与环境的关系等多个角度，结合图示说明与案例分析，全面而细致地阐明了总平面图的表达方式。

2.1 铺地表达

2.1.1 景观轴线

景观轴线是对景观节点的串联和统一，在快速设计中引入轴线，串联并区分主次景观节点，可以使得景观起承转合有序地展开。

图 2.1–1：以灰色方格为底，长条点状水系为引导，结合树阵，形成具有引导性、仪式性的景观轴线。

图 2.1–2：以方格铺地为底，辅以长方形、方形花坛，并结合照壁、水池，形成具有强烈对称性、引导性、仪式性的轴线。

图 2.1–3：以方格铺地为底，辅以方形花坛、水池，指向滨水空间，形成具有引导性、仪式性的轴线。

图 2.1–4：以梯形状直线型铺地为底，辅以树列，形成具有指向性的广场轴线，连接滨水空间，使人在行进过程中感受空间收放的变化。

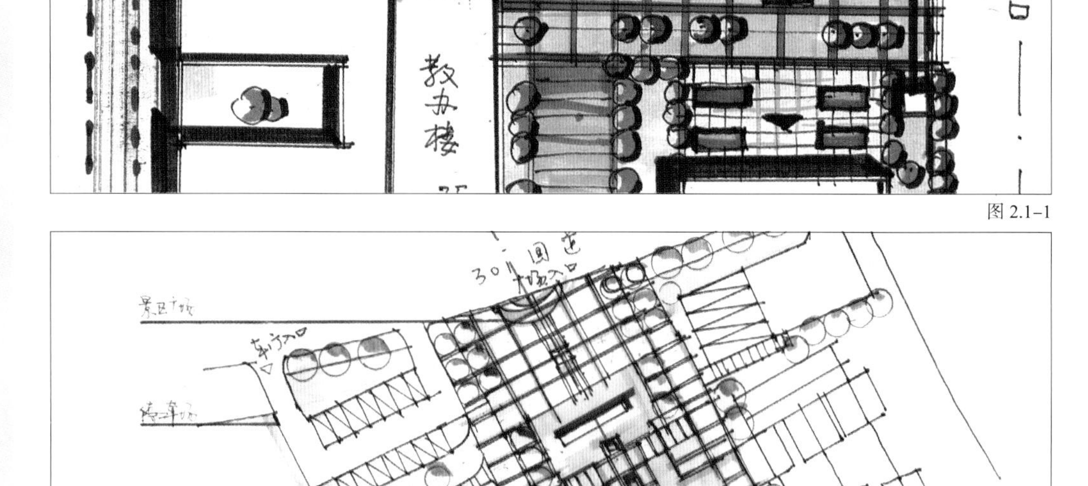

图 2.1–1

图 2.1–2

图 2.1–3

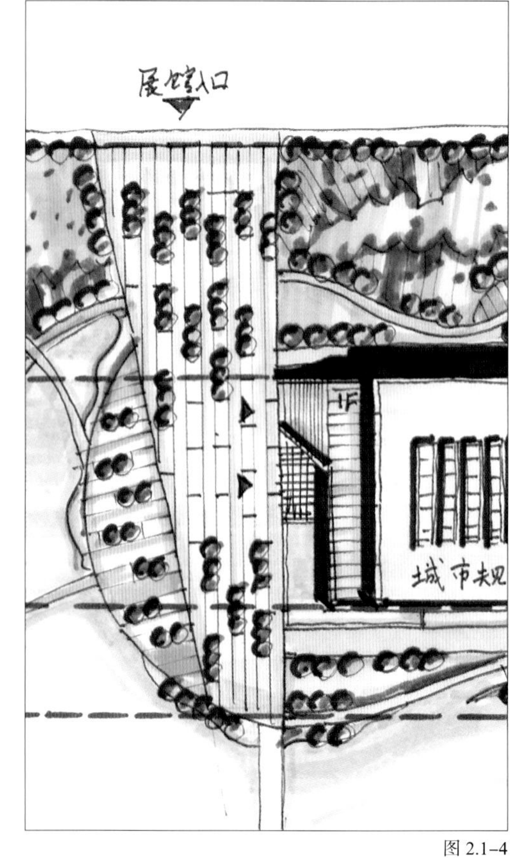

图 2.1–4

2.1.2 入口广场

广场的地面铺装应符合空间性质和广场功能。快速设计中一般通过线条和色彩的合理搭配来表达不同类型的广场，并可局部设置踏步和台阶，以起到划分空间、控制节奏的作用，常见表达方式如图 2.1–5 所示。

一般区域　一般区域　一般区域　重点区域

图 2.1–5

图 2.1–6：对于转角的放射状广场，多用双线绘制来凸显入口的重要性，可结合树列、花坛、小品、雕塑等来增强丰富性。

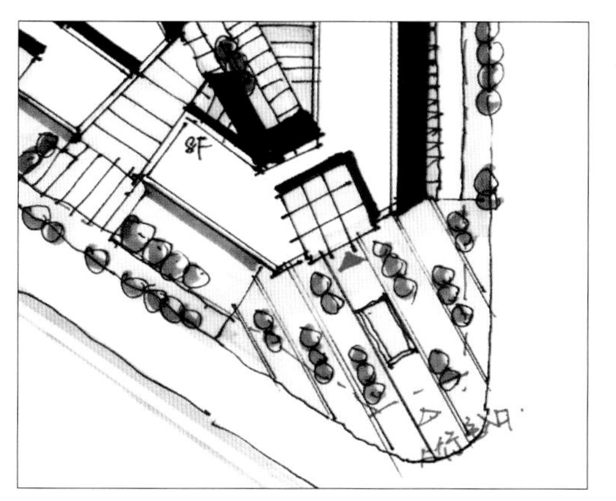

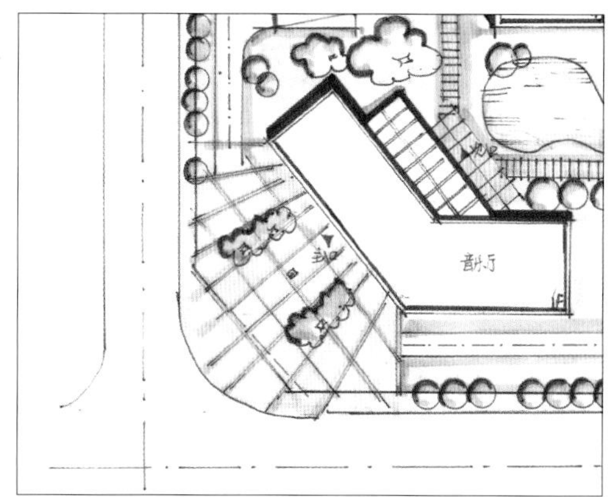

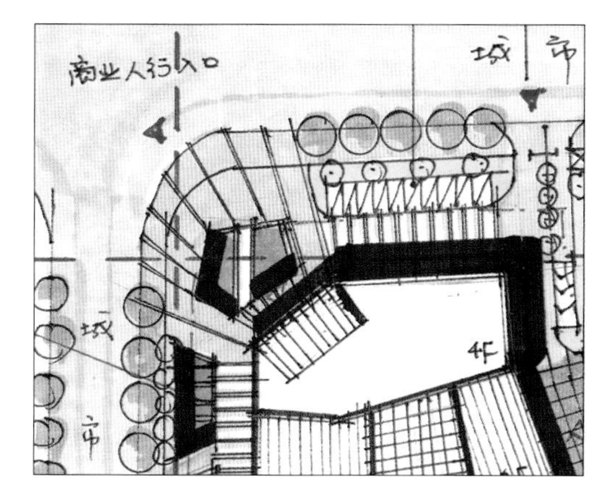

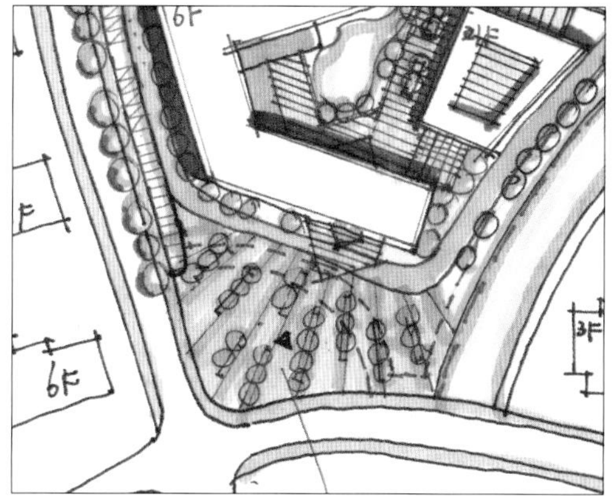

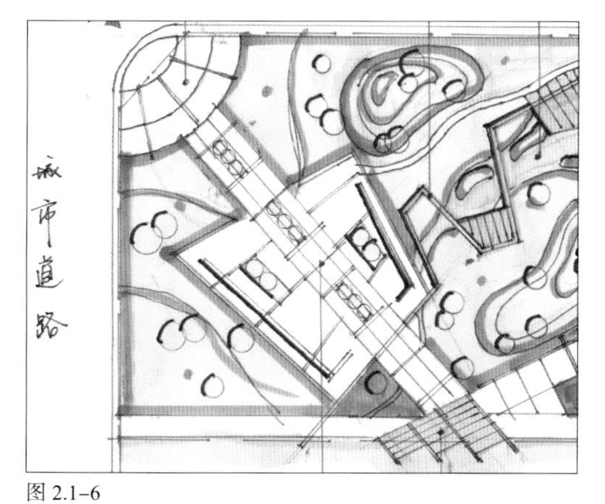

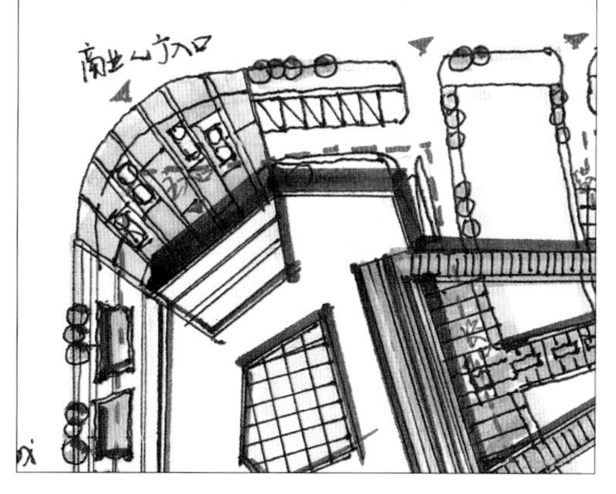

图 2.1–6

图 2.1–7：入口广场运用方形格网格，再配以绿植丰富广场空间。

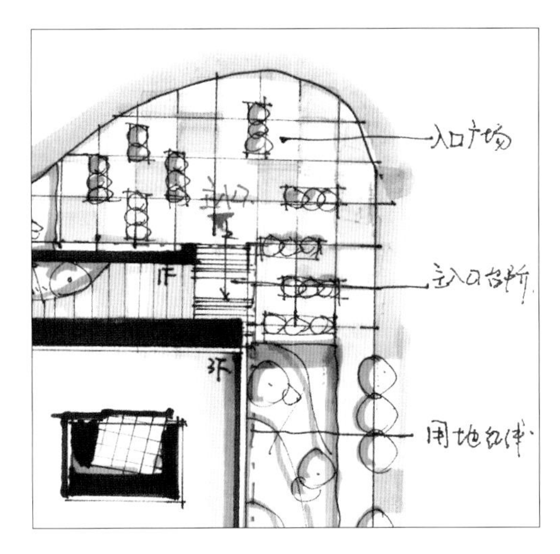

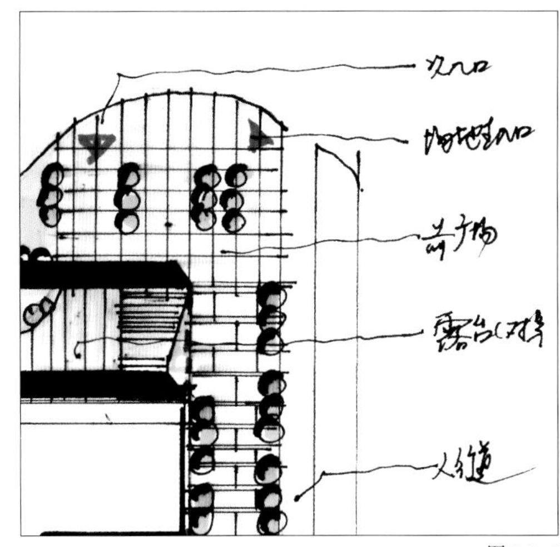

图 2.1–7

图 2.1–8：入口广场运用条形肌理表达，具有很强的方向感和秩序感。

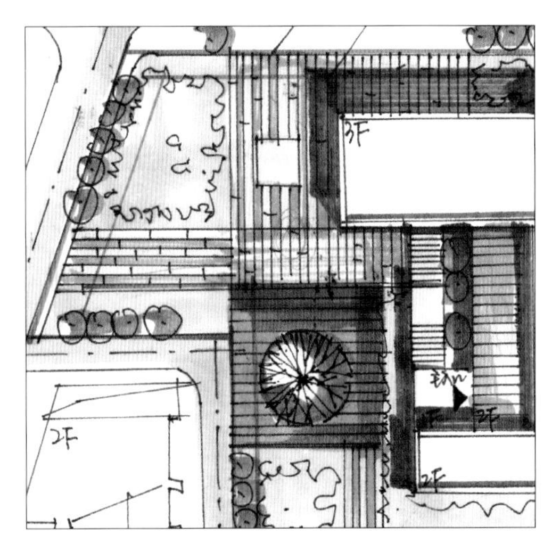

图 2.1–8

图 2.1–9：在校园宿舍园区规划中运用下沉广场进行空间分割，形成较为安静的下沉空间，解决室外演艺、休闲活动等功能，并结合地下通道连接南北两个校区。

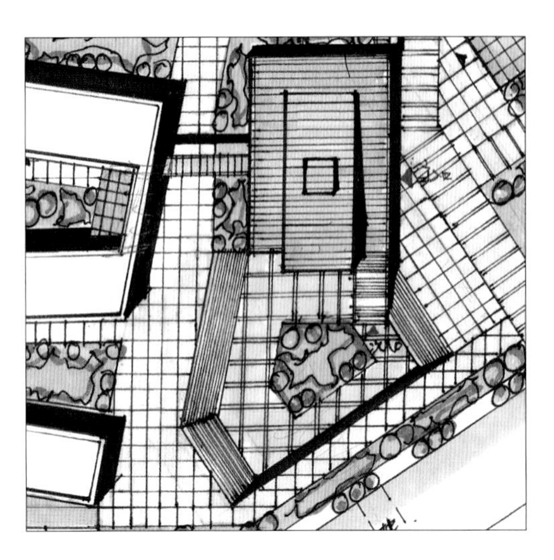

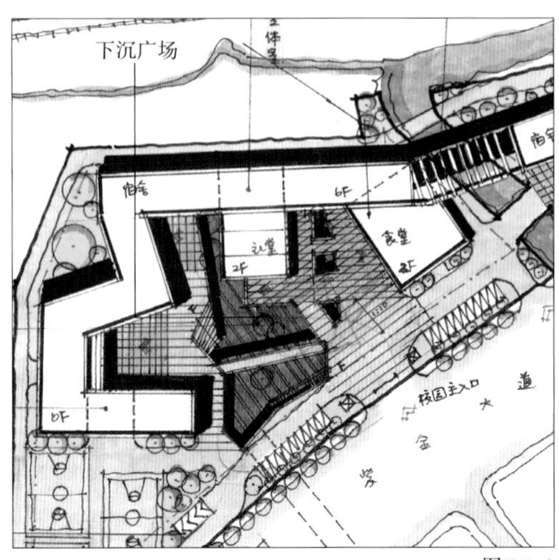

图 2.1–9

2.1.3 步行道

图 2.1-10：步行道是满足人们步行需要的道路，根据其在城市中的位置、周边环境特点以及主要功能可以分为以下 5 种类型：

1）道路人行道

2）滨水步道

3）绿地步行道

4）高架步行道

5）商业步行道

图 2.1-10

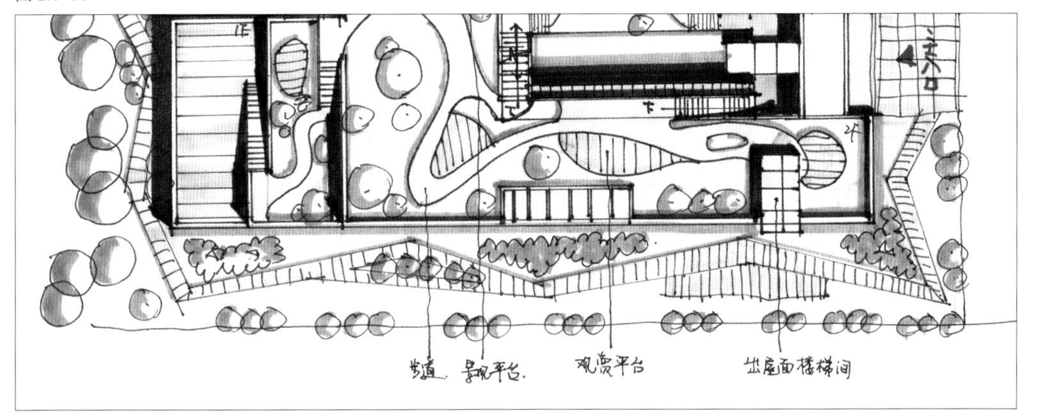

图 2.1-11

图 2.1-11：绿地步行道，在绿地内设置折线形的步行道，形态丰富，随着路径变化，景观徐徐展开。

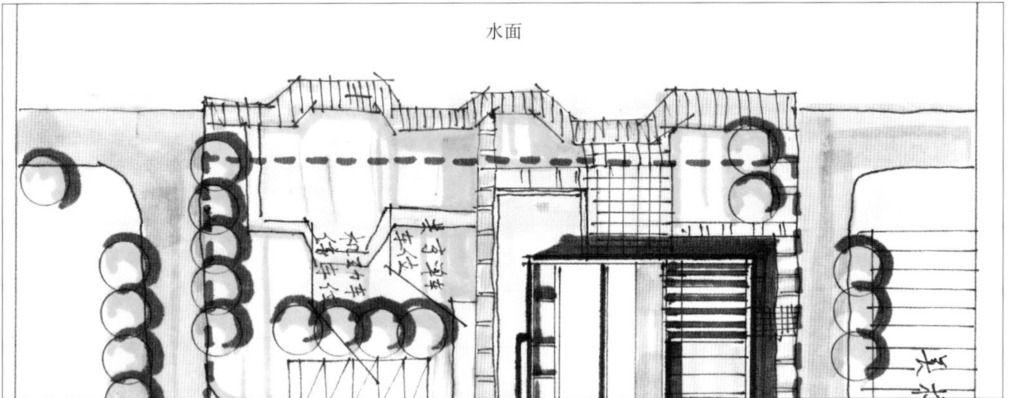

图 2.1-12

图 2.1-12：滨水步行道，一般沿滨水的堤岸设置，连接堤岸的各个景点和景观平台，同时保持良好的亲水性。

图 2.1-13

图 2.1-13：商业步行道，指在交通集中的城市中心区设置的行人专用道，步行道内设置绿地、水体和景观设施小品，形成良好的步行环境。

2.1.4 滨水空间

图 2.1-14：曲线步道结合折线步道、平台、岛屿，以丰富滨水空间。

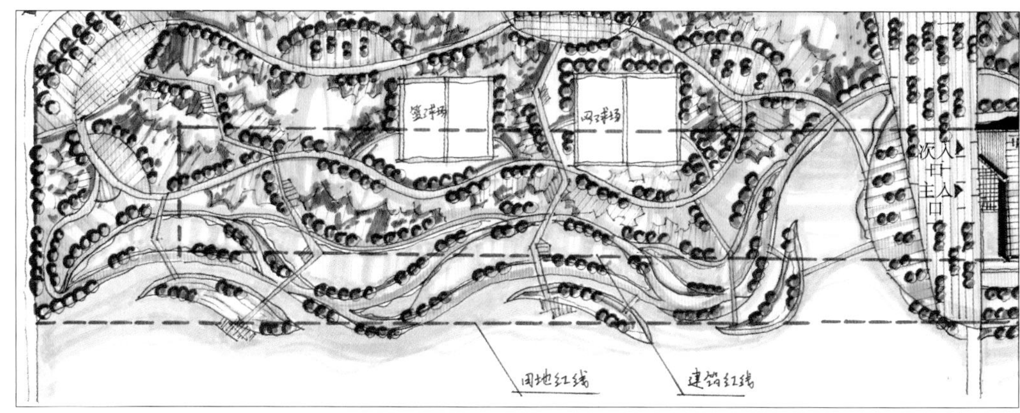

图 2.1-14

图 2.1-15：折线形木平台结合绿化布置，以丰富滨水空间。

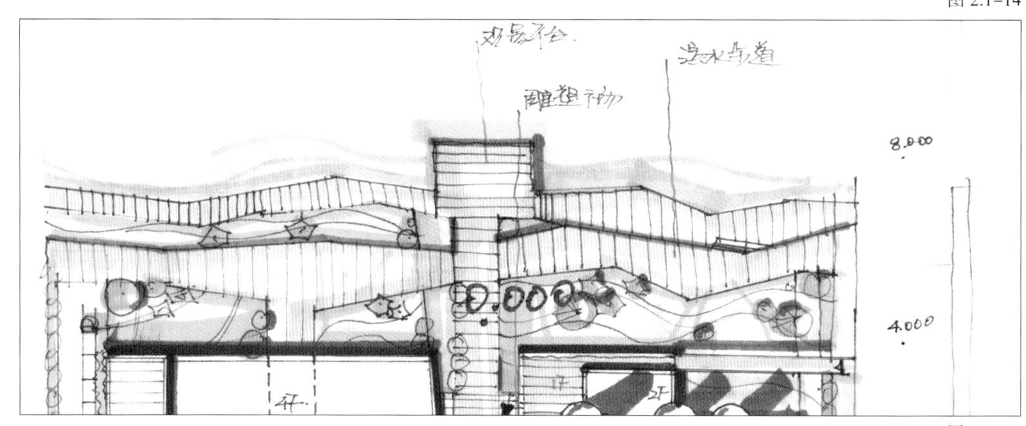

图 2.1-15

图 2.1-16：曲线步道结合亲水平台及绿化布置，以丰富滨水空间。

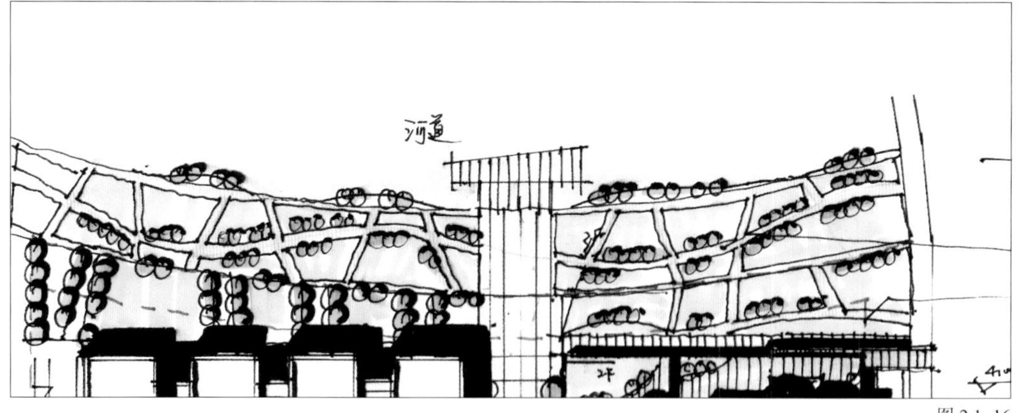

图 2.1-16

图 2.1-17：折线形步道结合亲水平台及绿化布置，以丰富滨水空间。

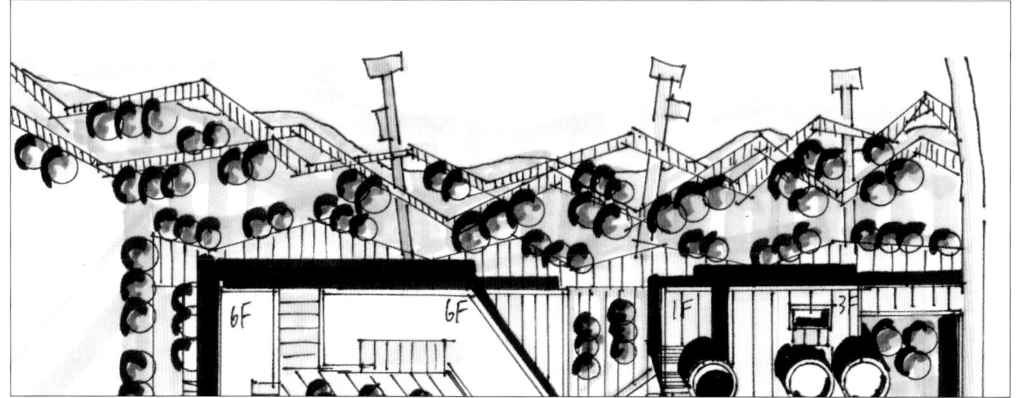

图 2.1-17

2.2 景观表达

2.2.1 建筑与绿化

绿化是建筑外部空间的软质环境要素，其功能主要为美化环境、观赏游憩或分隔空间。在快速设计中，绿化是凸显环境设计、丰富图面层次的重要元素，建筑与绿化的关系如图 2.2-1 所示。

（注：图中影音部分为建筑）

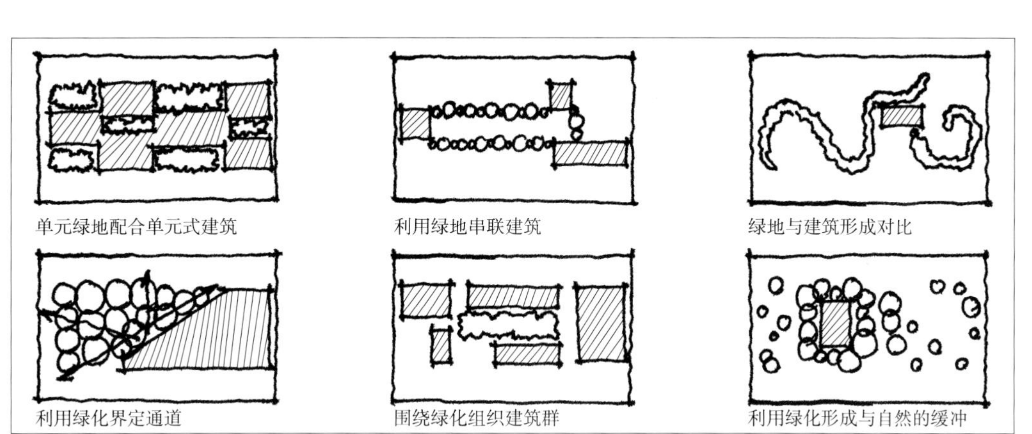

图 2.2-1

图 2.2-2：场地绿化配置包括点状绿地、线状绿地和面状绿地等形态。

（注：图中阴影部分为建筑）

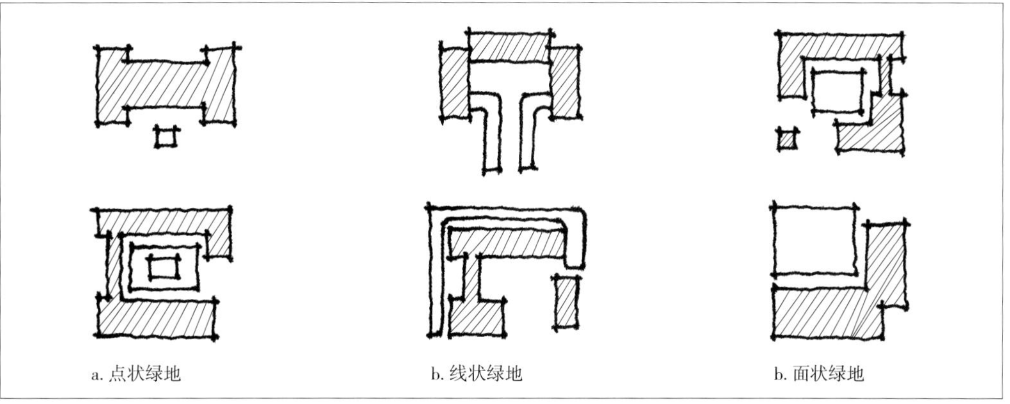

图 2.2-2

图 2.2-3：利用绿化形成与自然的缓冲与过渡，将建筑消融在场地中。

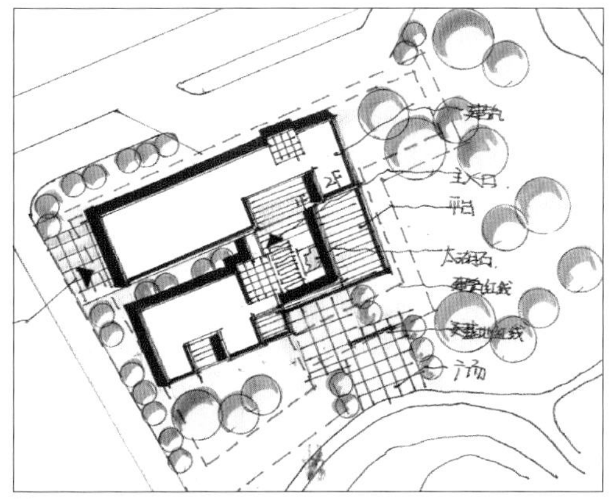

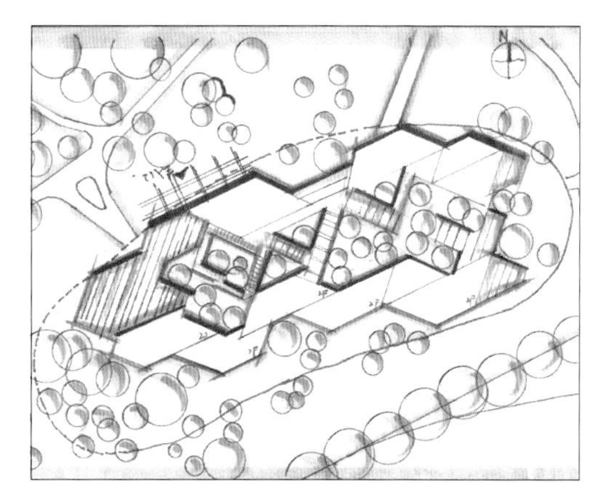

图 2.2-3

图 2.2-4a：建筑围绕绿地进行组织，形成半开放公共空间。

图 2.2-4b：利用绿化将建筑串联起来，营造出步移景异的园林空间形态。

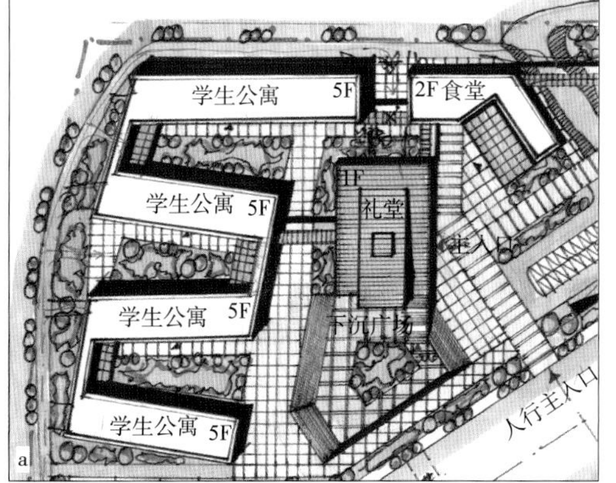

图 2.2-4

2.2.2 绿化设计

当明确绿地属性，确定绿地组织方式后，还需进行具体的绿化设计，考虑植物的选择与布置，在快速设计中，树木的具体表达方式如图 2.2–5 所示。

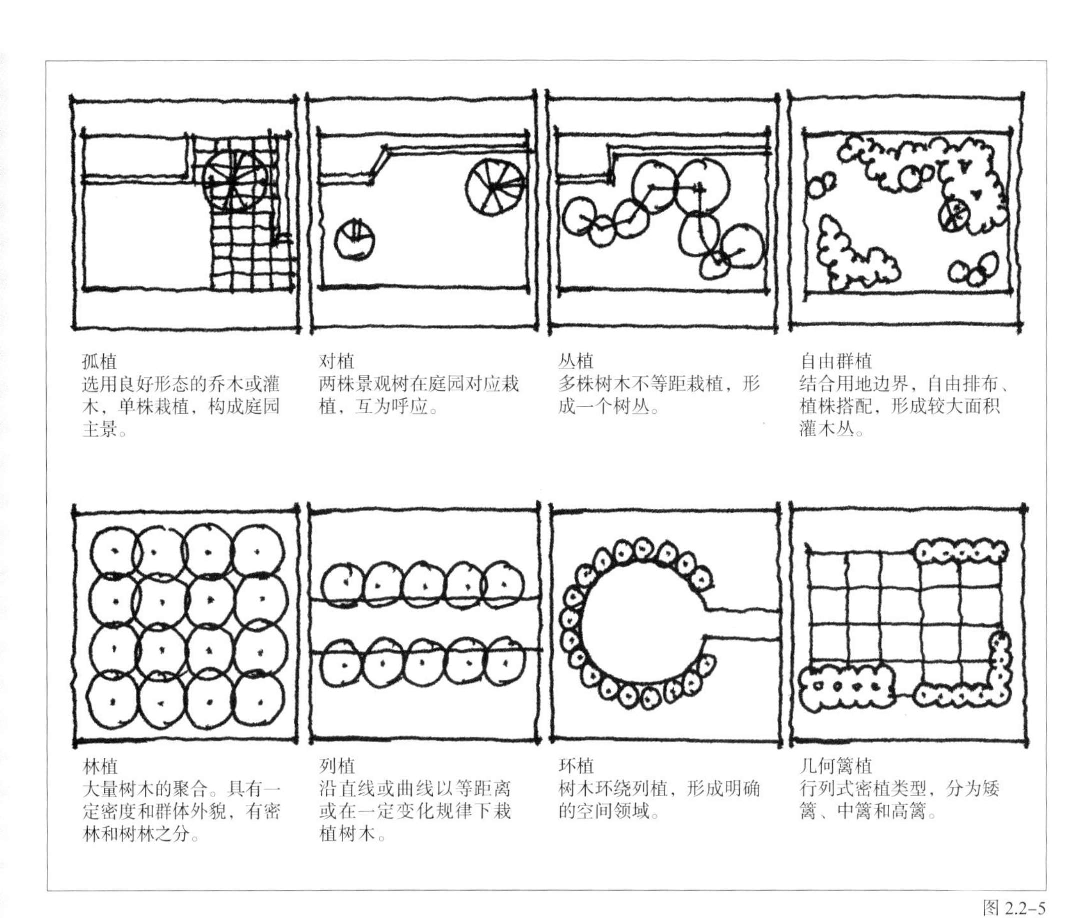

孤植
选用良好形态的乔木或灌木，单株栽植，构成庭园主景。
对植
两株景观树在庭园对应栽植，互为呼应。
丛植
多株树木不等距栽植，形成一个树丛。
自由群植
结合用地边界，自由排布、植株搭配，形成较大面积灌木丛。
林植
大量树木的聚合。具有一定密度和群体外貌，有密林和树林之分。
列植
沿直线或曲线以等距离或在一定变化规律下栽植树木。
环植
树木环绕列植，形成明确的空间领域。
几何篱植
行列式密植类型，分为矮篱、中篱和高篱。

图 2.2–5

花坛

图 2.2–6：点状布置，通常呈规律的几何形，少量布置在广场和建筑入口等位置。

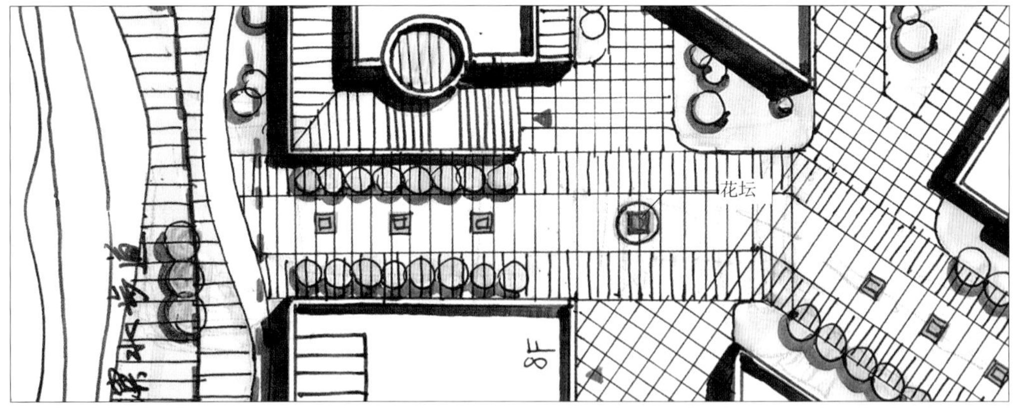

图 2.2–6

树列

图 2.2–7：通常为 1 ~ 2 列，布置在广场和宽阔的道路上作为引导。

图 2.2–7

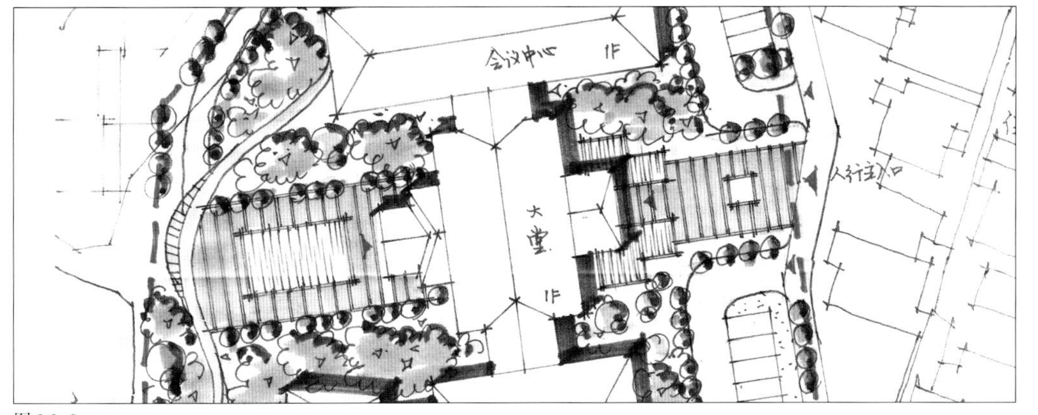

图 2.2–8

自由群植

结合用地边界，自由排布，形成面积较大的灌木丛（图 2.2–8）。

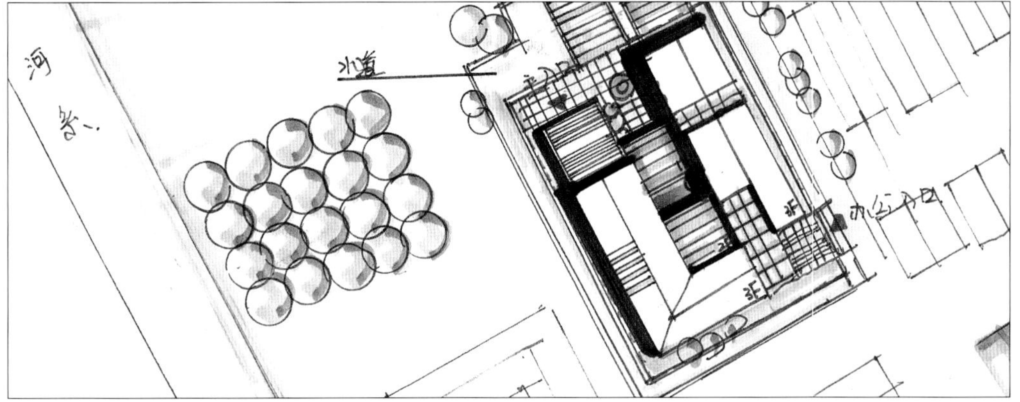

图 2.2–9

树阵

图 2.2–9：大量树木的聚合，规则排布。

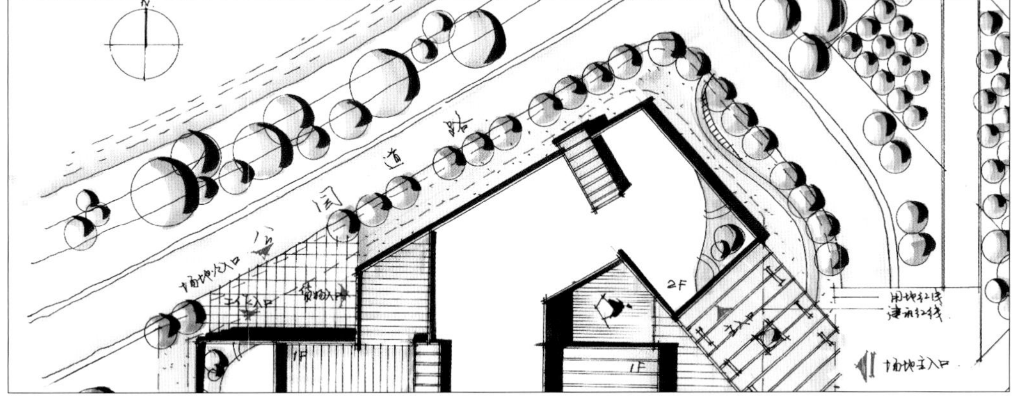

图 2.2–10

树篱

图 2.2–10：行列式密植类型，多为行道树等。

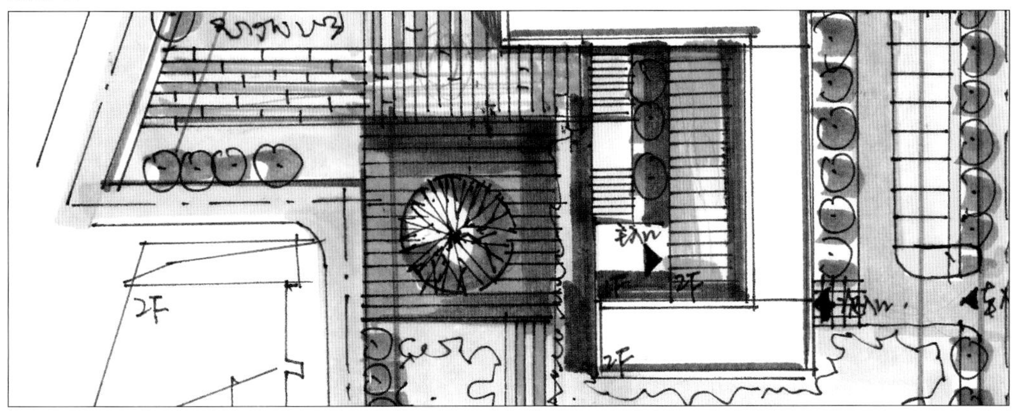

图 2.2–11

孤植

图 2.2–11：选用良好形态的灌木或者乔木，单株栽植，构成庭院主景。

2.2.3 建筑与水体

水体是外部环境设计中的重要因素之一，在平面构图中可以起到活跃画面、丰富室外空间层次与景观内容的作用，因此，常常用来组织景观、划分空间，形成环境与视觉的焦点。在快速设计中，常用的建筑与水体的关系如图 2.2-12 所示。

（注：阴影部分为水体）

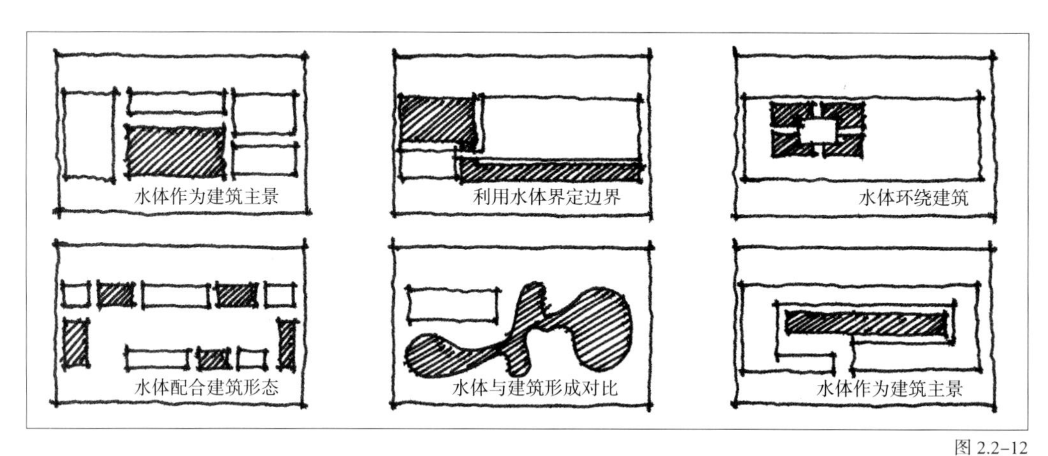

图 2.2-12

图 2.2-13：建筑与水体呈濒临关系，用水体塑造建筑环境和空间氛围。

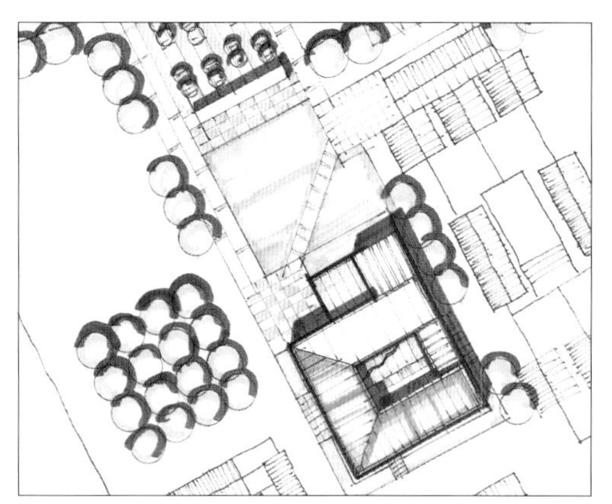

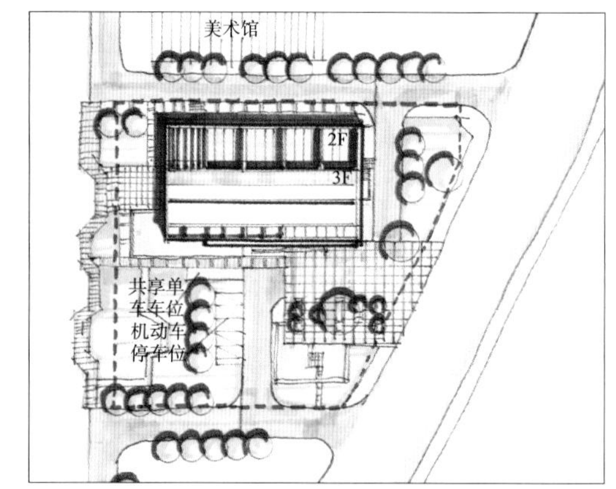

图 2.2-13

图 2.2-14：建筑与水体呈包围关系，沿建筑物边界设置水体，营造独特的意境。

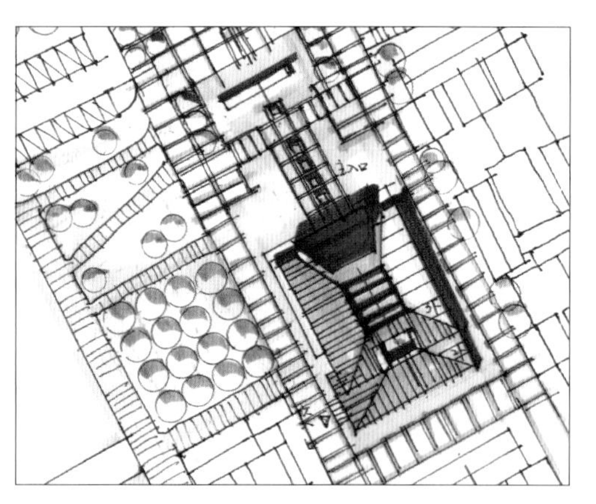

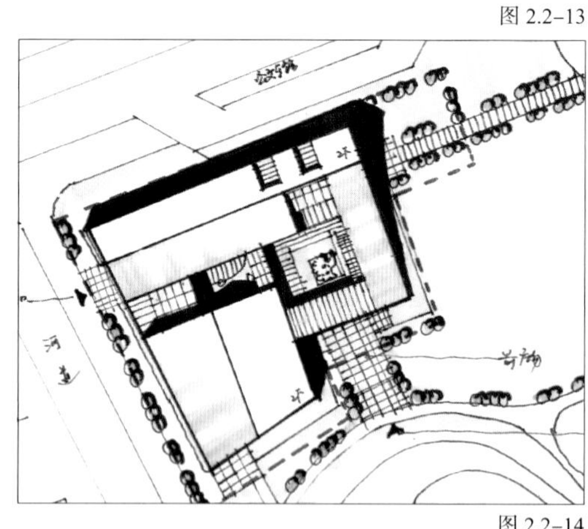

图 2.2-14

图 2.2-15：建筑与水体形态形成对比，营造活泼、灵动的外部空间氛围。

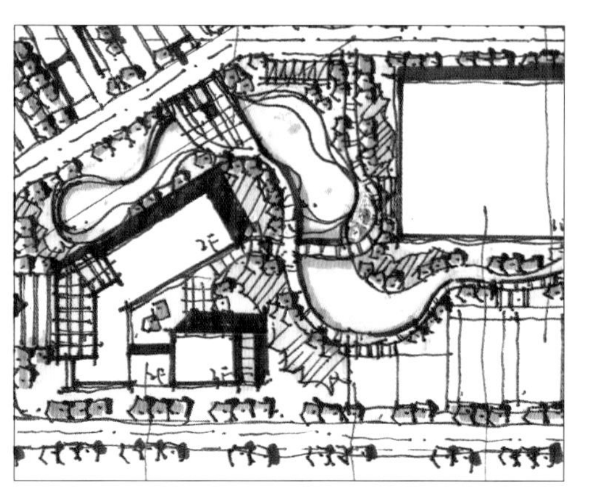

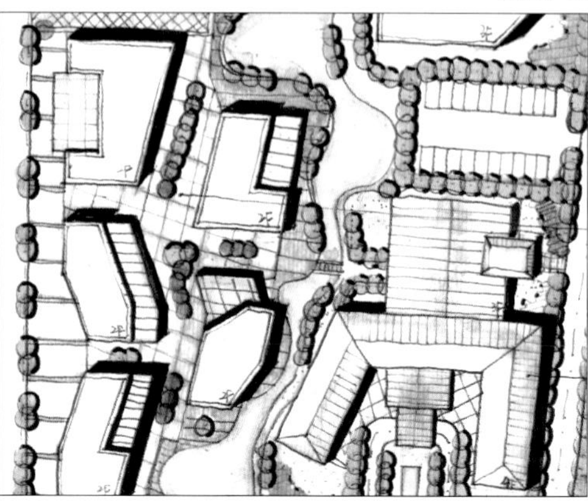

图 2.2-15

2.2.4 广场水体

广场是由建筑物、道路、绿化带围绕而成的开放空间，水景是构成广场的要素之一，并以一种独特的形态“图形”与广场组合，广场中引入水体，可以点缀环境，活跃画面。广场中水体的一般形态如图 2.2–16 所示。

线状水渠　　面状水池　　点状水池　　自由水面

图 2.2–16

图 2.2–17：线状、点状水池一般可结合景观轴线设置，具有很强的空间引导性。

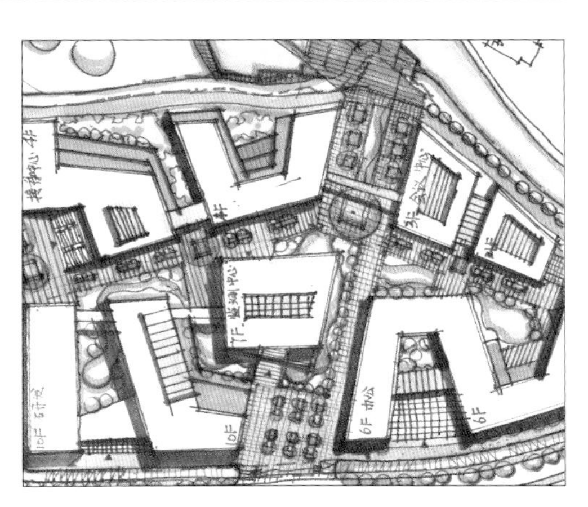

图 2.2–17

图 2.2–18：面状水池一般呈规矩的几何形，与建筑形体相呼应。

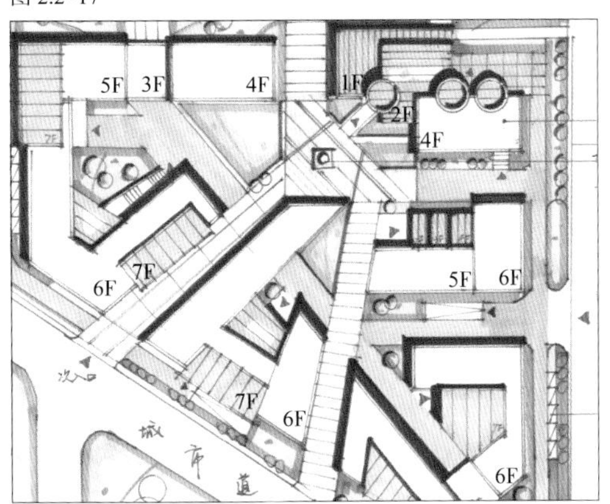

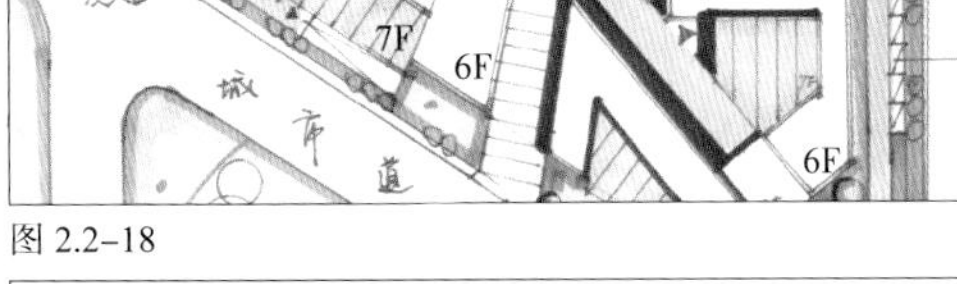

图 2.2–18

图 2.2–19：自由水面布局动态灵活，可结合平台、步道、绿植等营造自由活泼的空间氛围。

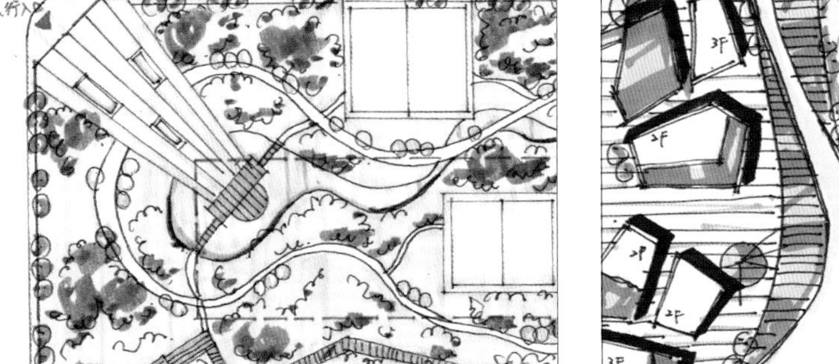

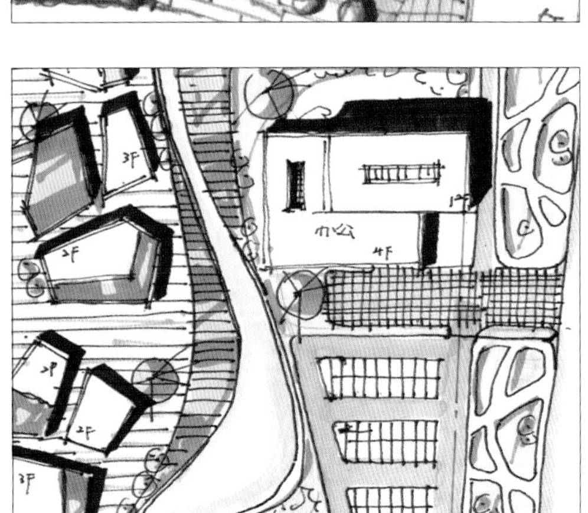

图 2.2–19

2.3 高程变化：坡地、场地高差变化

如图 2.3–1 所示，建筑物的布局与等高线的关系一般有 3 种：

1）建筑长轴平行于等高线

2）建筑长轴与等高线斜交

3）建筑长轴垂直于等高线

一般来说，平行于等高线的布置方式土方工程量较小，建筑物内部的空间组织较为容易，道路的坡度起伏较小，车辆及人员使用较为方便，工程管线的布置较为容易，技术要求较低。垂直于等高线布置则与前者相反，但因为其他因素，这种方式也较为常见。

上述 3 种形式是较基本的形式，在设计中常根据具体情况加以适当变化或将两种形式结合起来运用。

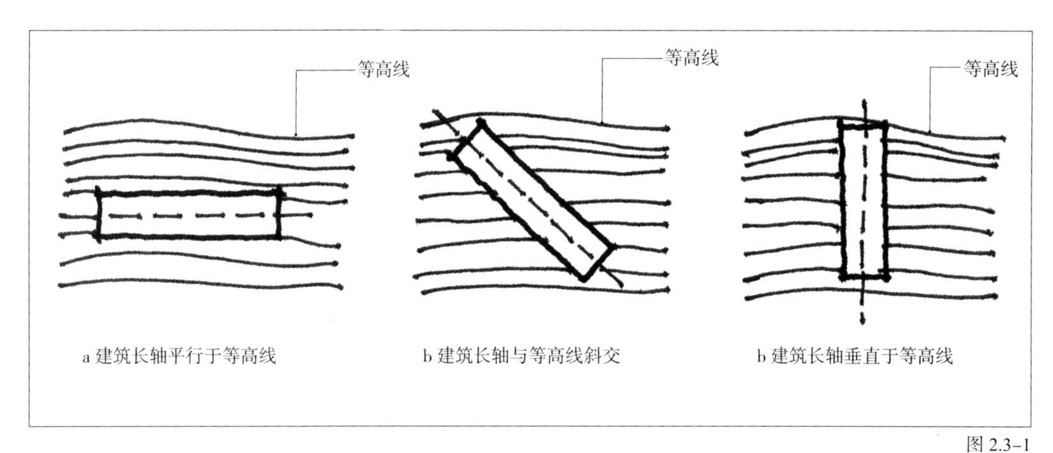

图 2.3–1

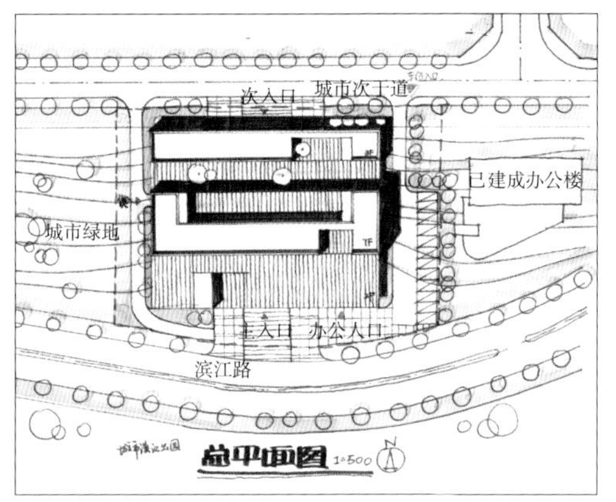

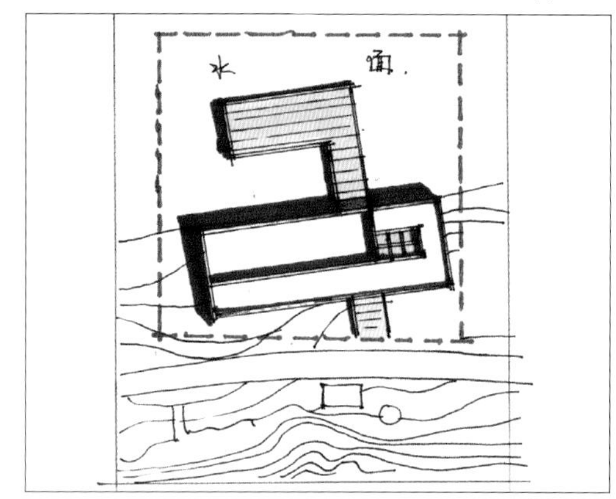

图 2.3–2

图 2.3–2：平行于等高线示例。建筑主体平行于等高线设置，利用高差生成层次丰富的平台、院落空间。

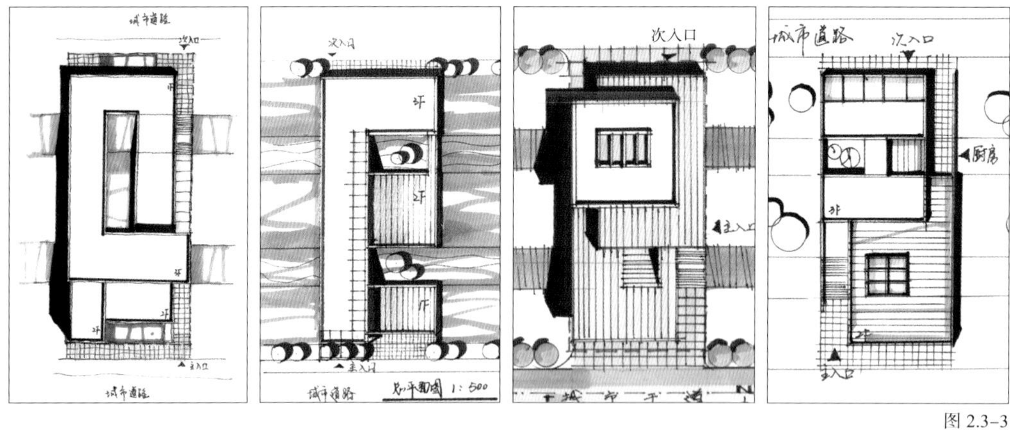

图 2.3–3

图 2.3–3：平行于等高线与垂直于等高线结合示例。可生成丰富的建筑空间和形体。

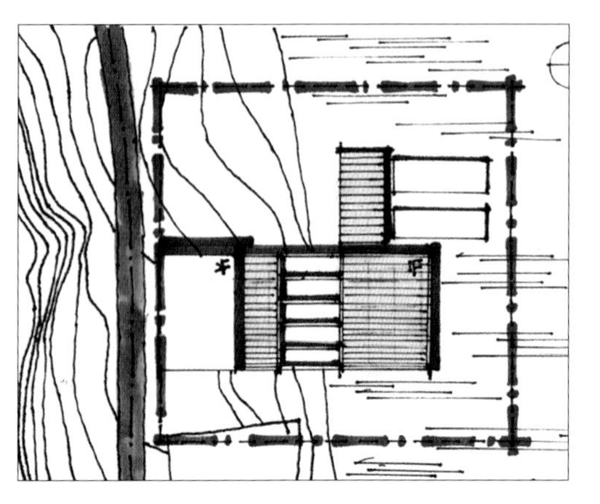

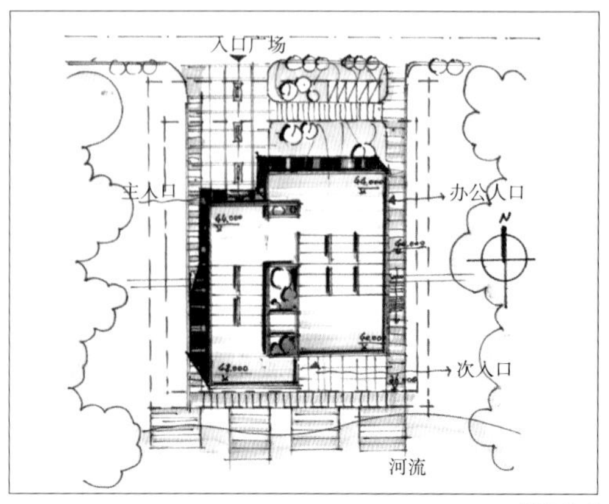

图 2.3–4

图 2.3–4：垂直于等高线示例。体块间相互错动，利用高差生成庭院或中庭空间。

2.4 总平面图标注：主次入口、阴影、层数、图名、比例、指北针

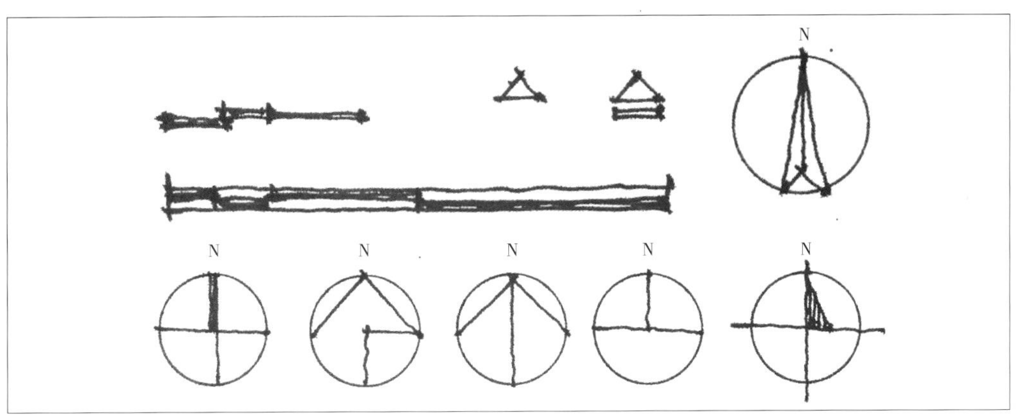

图 2.4–1

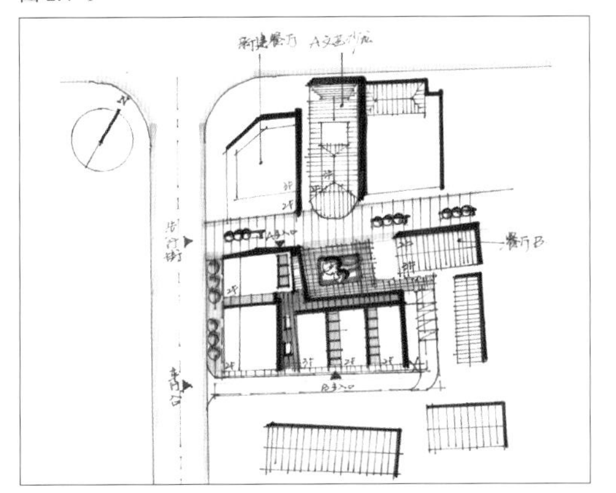

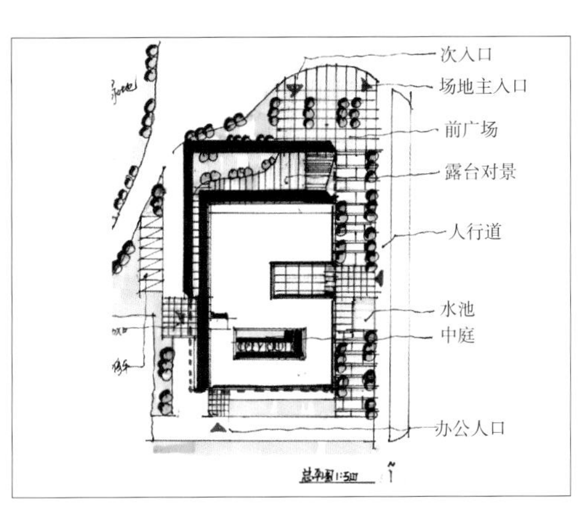

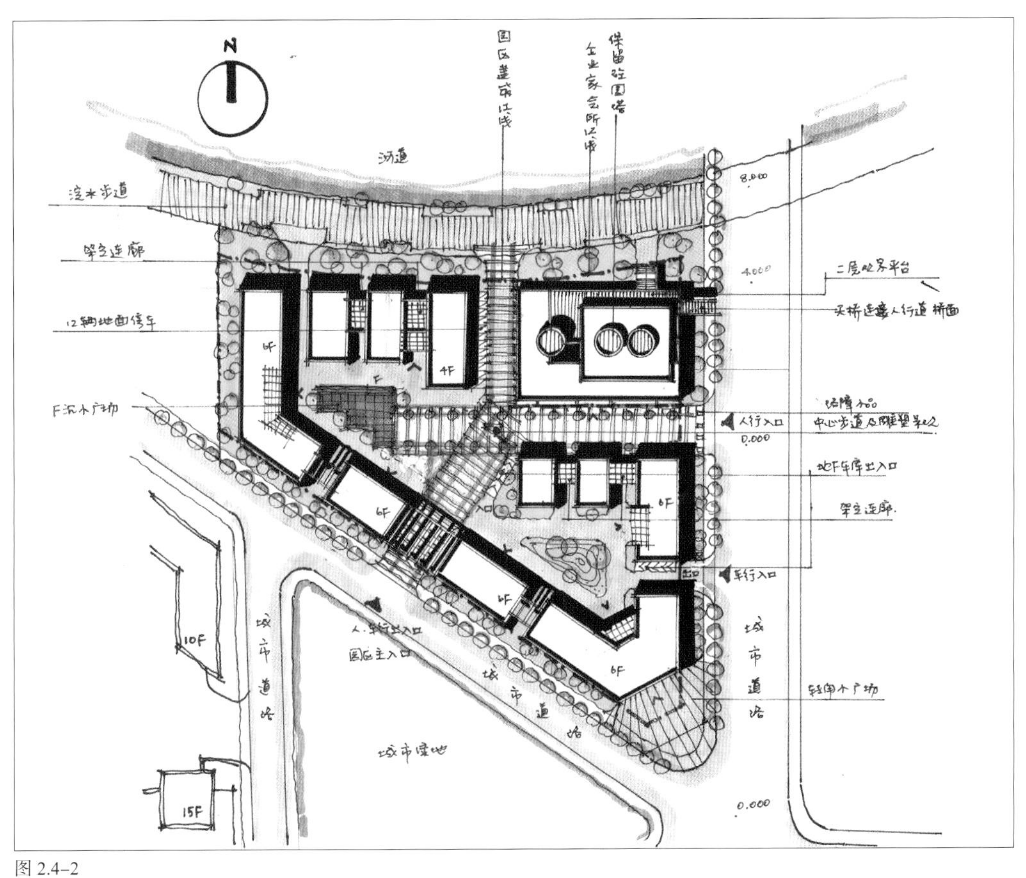

图 2.4–2

在快速设计中，总平面图标注（图 2.4–1）一般有以下几类：

1）图名、比例；

2）主次入口、层数；

3）尺寸标注（道路宽度、建筑退界、建筑间距等）；

4）绝对标高；

5）风玫瑰图或指北针。

图 2.4–2：准确而全面的图面标注是专业素养的基本体现，同时易于快速理解设计思路及方法的，在总平面图的表达中非常关键。

2.5 建筑屋顶形式

2.5.1 坡屋顶

图 2.5-1：新建建筑利用连续的坡屋顶单元来增强韵律感，达到与老建筑的统一。

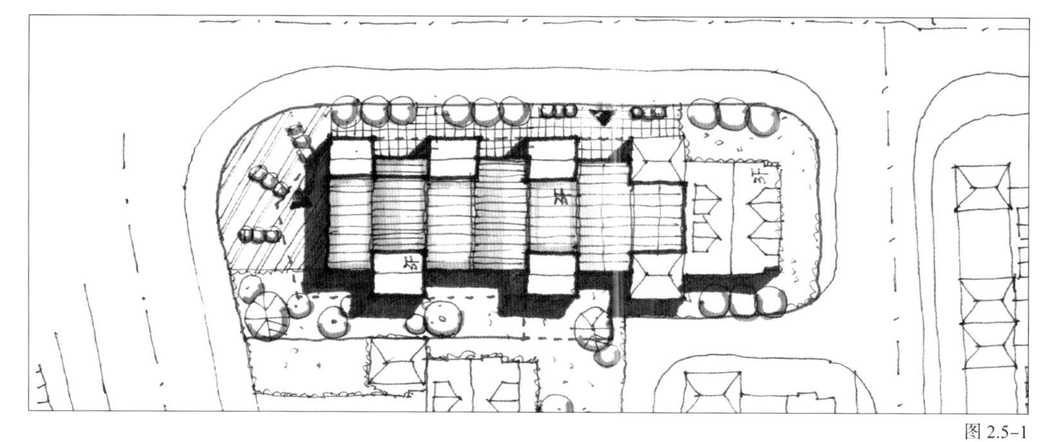

图 2.5-1

图 2.5-2：新建建筑利用连廊和屋顶平台联系老建筑，起到消减体量、丰富外部空间以及呼应老建筑肌理的作用。

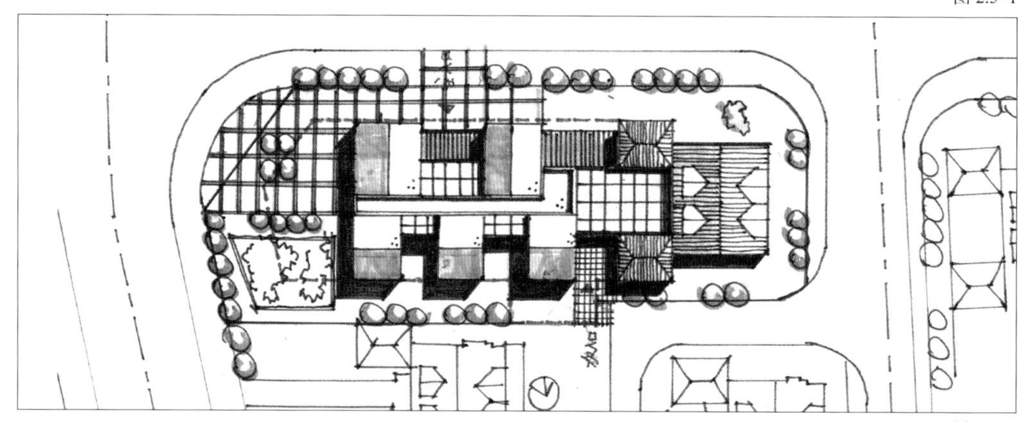

图 2.5-2

图 2.5-3：新建建筑对整体坡屋顶使用减法，形成丰富的内部和外部空间。

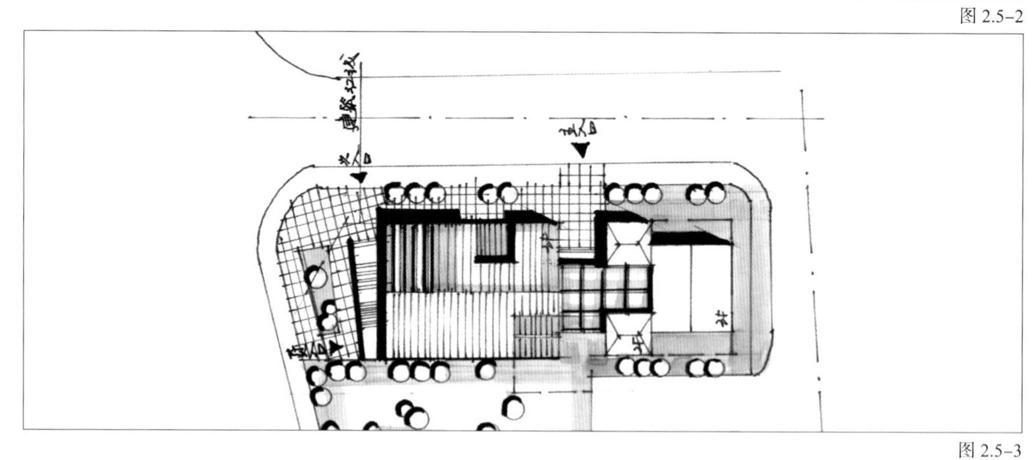

图 2.5-3

图 2.5-4：新建建筑采用不规则的折线形坡屋顶，在屋顶上做减法，形成屋顶花园、灰空间、大台阶等丰富的空间元素。

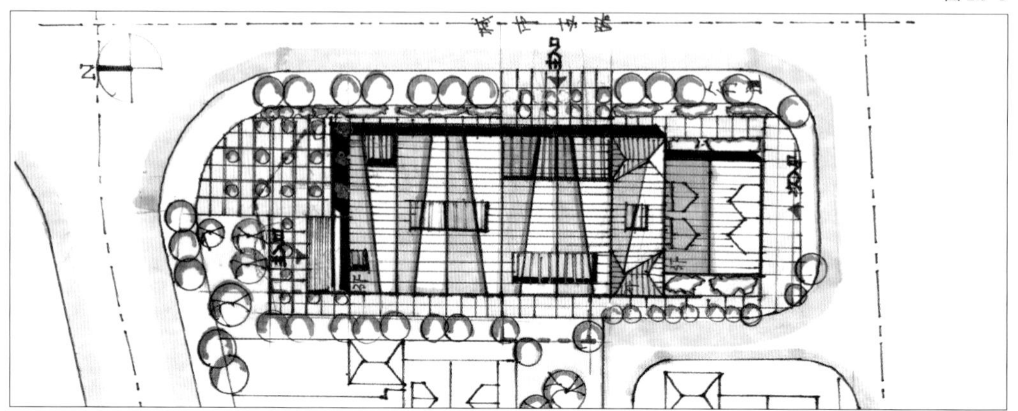

图 2.5-4

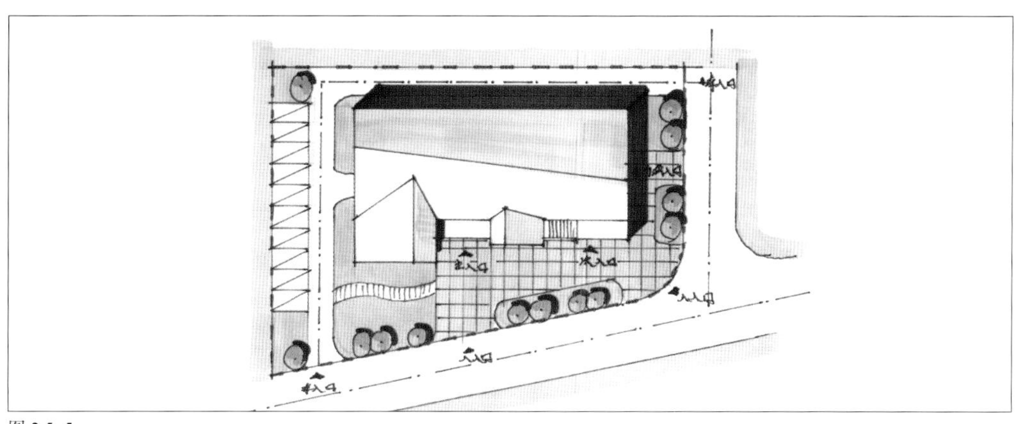

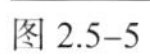
图 2.5-5

图 2.5-5：新建建筑通过斜坡屋顶构成体量变化，局部运用加法叠加单元体，丰富屋顶形态。

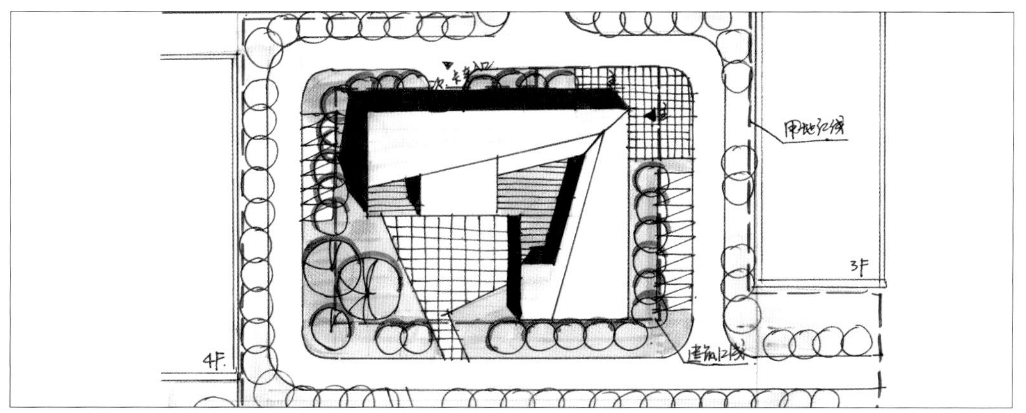

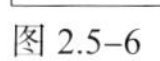
图 2.5-6

图 2.5-6：新建建筑通过 L 形斜坡屋顶构成围合形态，局部运用减法剪切出屋顶平台，丰富屋顶形态。

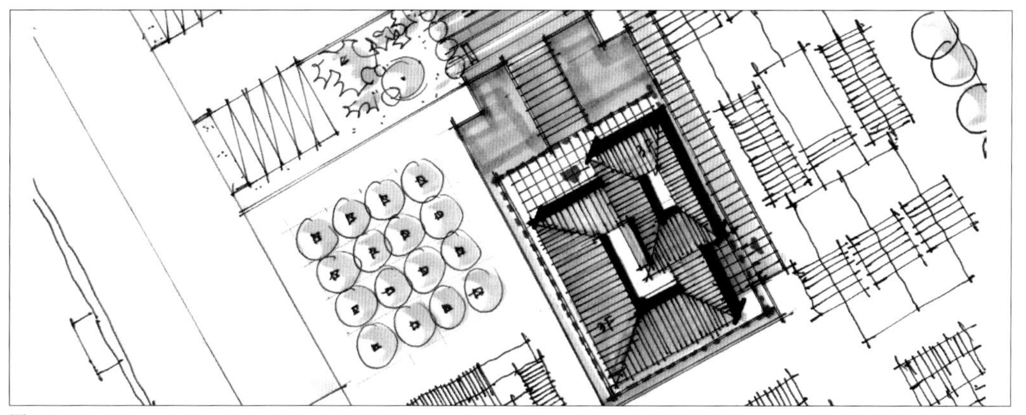
图 2.5-7

图 2.5-7：新建建筑运用围合的院落式布局单元式，形成一大一小的建筑体量，丰富屋顶形态。

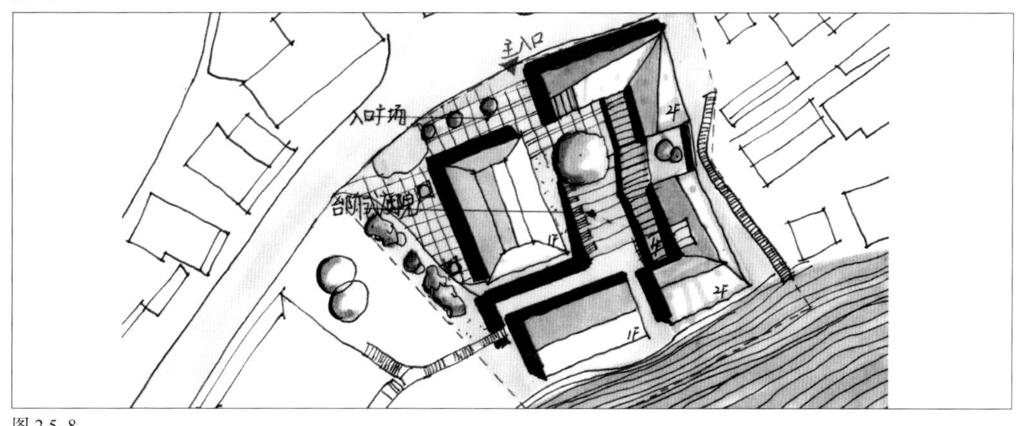

图 2.5-8

图 2.5-8：新建建筑根据地形特点形成围合的院落式布局，并运用形态各异的坡屋顶形式，形成丰富的外部空间。

2.5.2 平屋顶及屋面天窗

图 2.5-9：根据功能布局形成 3 个三角形天窗，分别代表 3 个中庭，大的中庭用来观北侧的山景，另外 2 个小中庭提供内部采光。

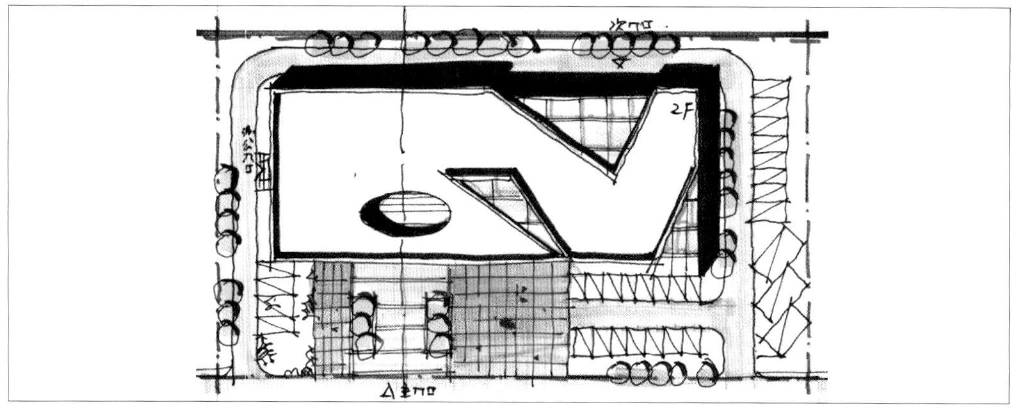

图 2.5-9

图 2.5-10：通高中庭和室外庭院虚实呼应，走廊通过玻璃天窗采光。

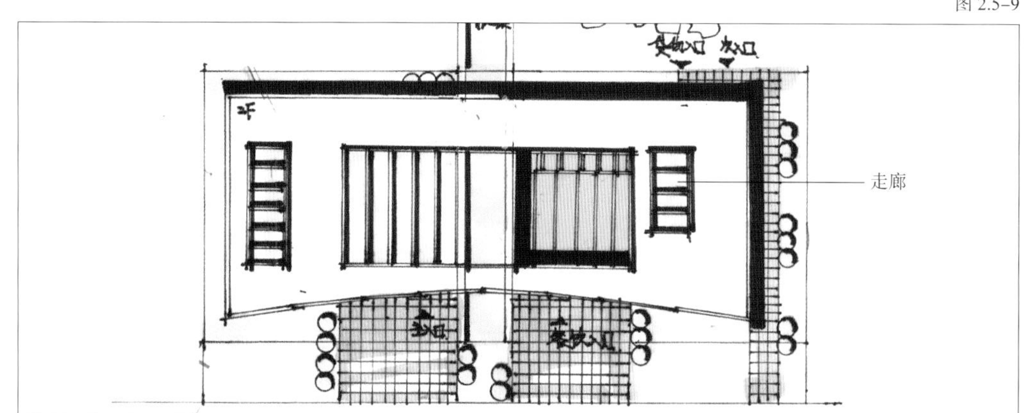

图 2.5-10

图 2.5-11：建筑主体空间通过屋顶高起的长条形采光天窗采光，走廊通过玻璃连廊采光，形成丰富的第五立面。

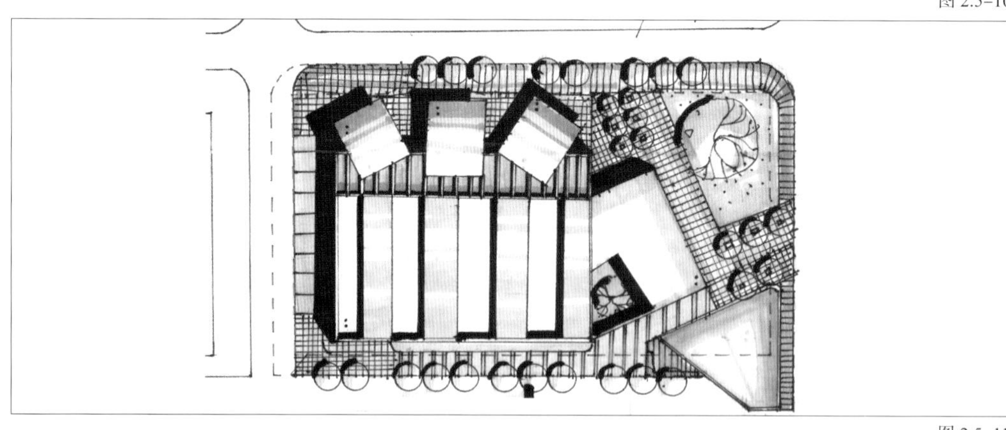

图 2.5-11

图 2.5-12：根据内部功能布局形成屋面天窗，为内部空间提供采光，并利用平屋顶形成形态丰富的屋顶花园。

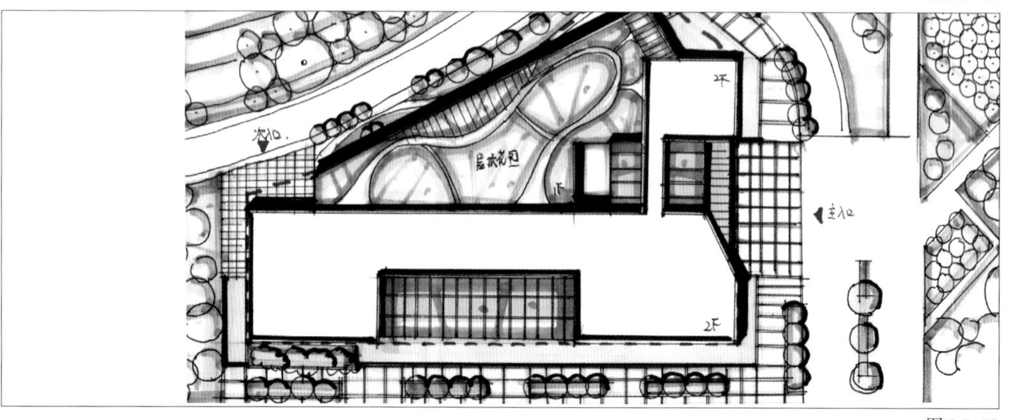

图 2.5-12

2.5.3 平台、连廊及院落

图 2.5-13

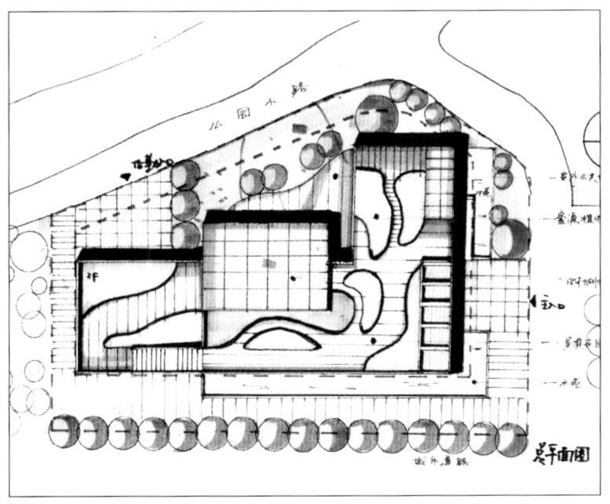

图 2.5-14

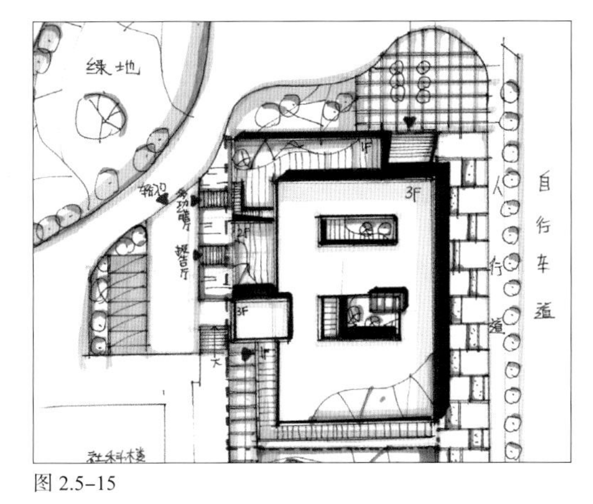

图 2.5-15

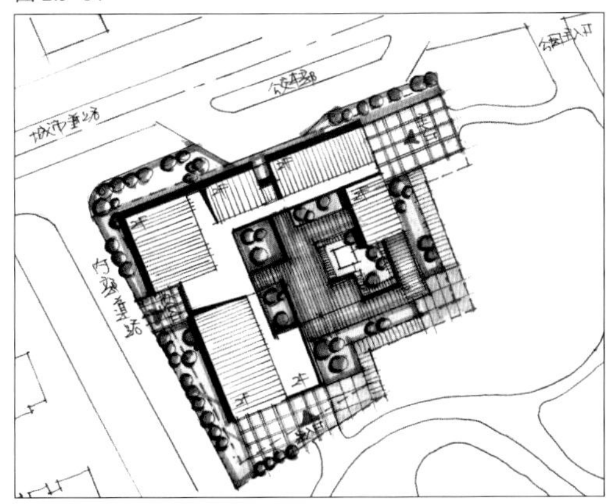

图 2.5-16

图 2.5-17

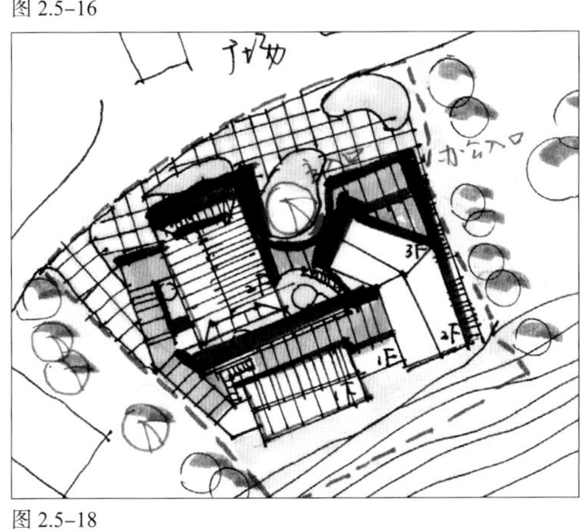

图 2.5-18

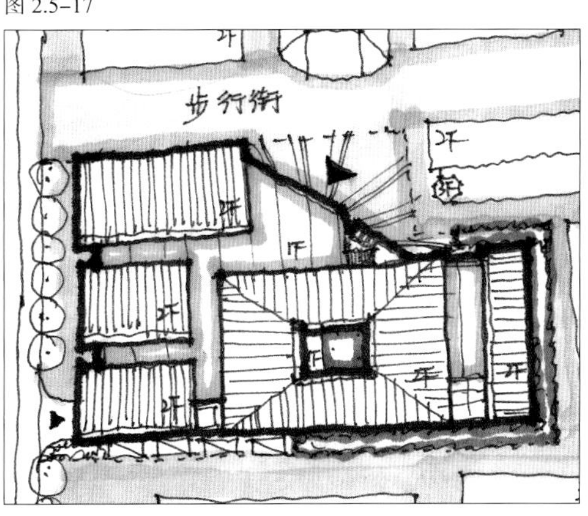

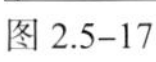

图 2.5-13：完形的基座上升起高低不同的功能体块，其余部分形成庭院、平台等外部空间。

图 2.5-14：根据题意进行屋顶花园的设计并在其之上进行高差及凸出体块的设计，方便人流的使用。

图 2.5-15：两个形体相互滑动，形成平台和庭院空间。

图 2.5-16：建筑主体呈分散的围合关系，运用连廊、平台进行体块间的联系，形成丰富的园林空间。

图 2.5-17：运用多个内向花园解决内部采光，同时在朝向湖面一侧形成一层退台，并出挑到水面上形成观景场所。

图 2.5-18：建筑主体呈围合关系，运用连廊、平台进行体块间的联系，形成良好的景观视野和丰富的空间形态。

2.6 建筑屋顶的形态关系

2.6.1 围合

图 2.6–1：L 形及回字形体块叠加形成围合空间，并通过局部架空、水系环绕，形成开放的景观视野和丰富的空间层次。

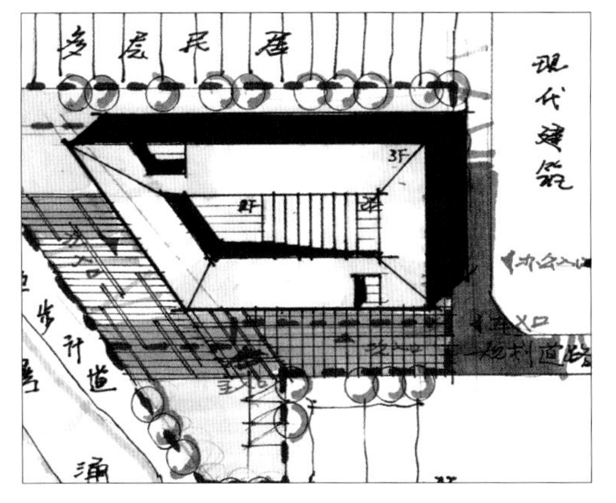

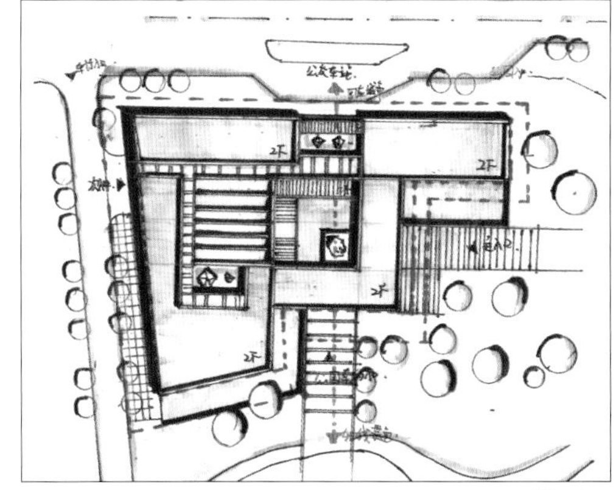

图 2.6–1

图 2.6–2：L 形与 U 形体块叠加形成围合空间，在争取更大景观面的同时可形成多层次围合的平台和庭院空间。

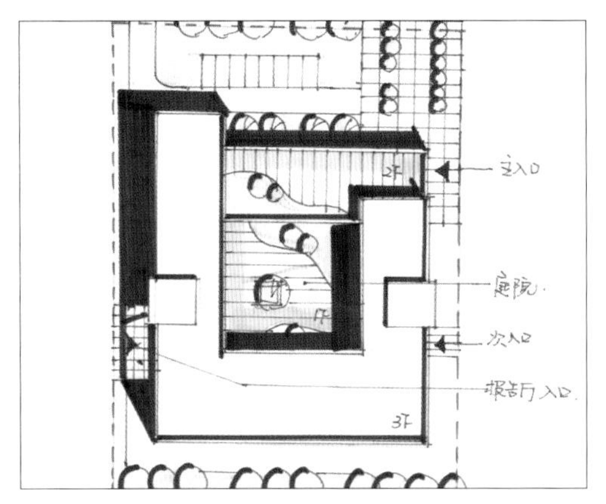

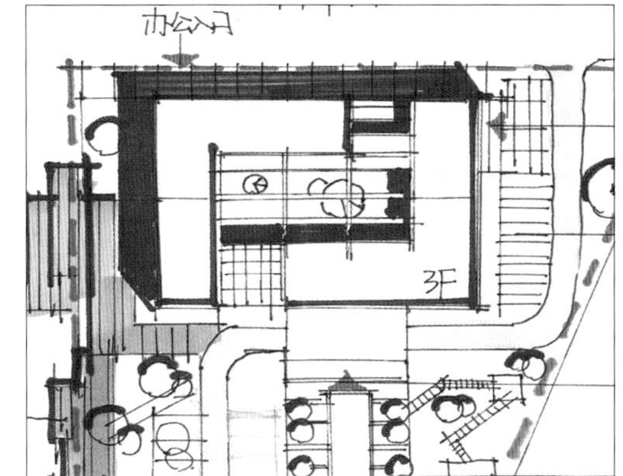

图 2.6–2

图 2.6–3：基座平台之上叠加单元形体，在中央围合形成内向庭院，呼应保留树木的同时可获得不同角度的景观视野。

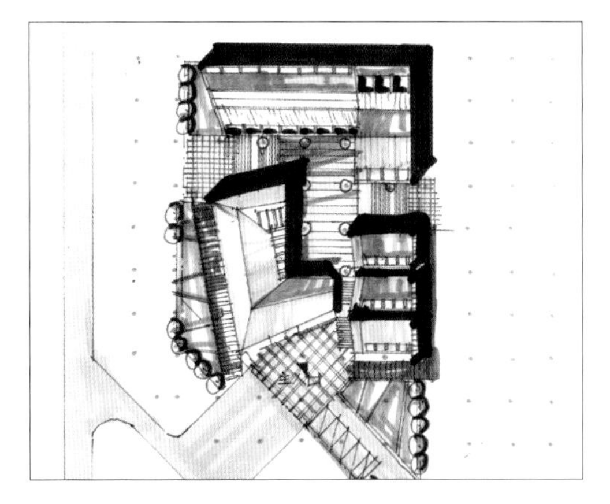

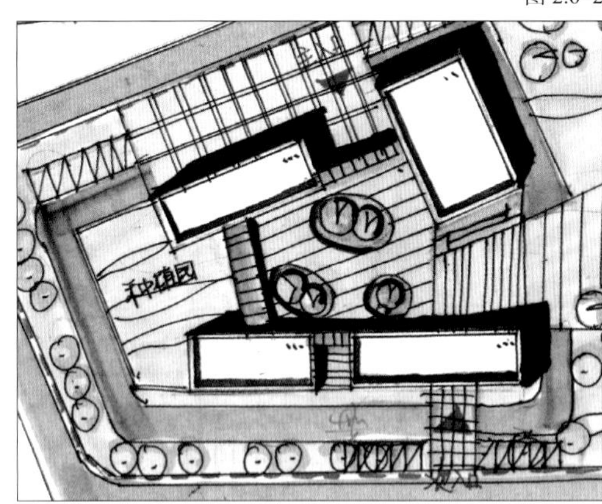

图 2.6–3

图 2.6–4：建筑形体中引入曲线，通过曲线和直线的交接及围合形成动态的庭院空间。

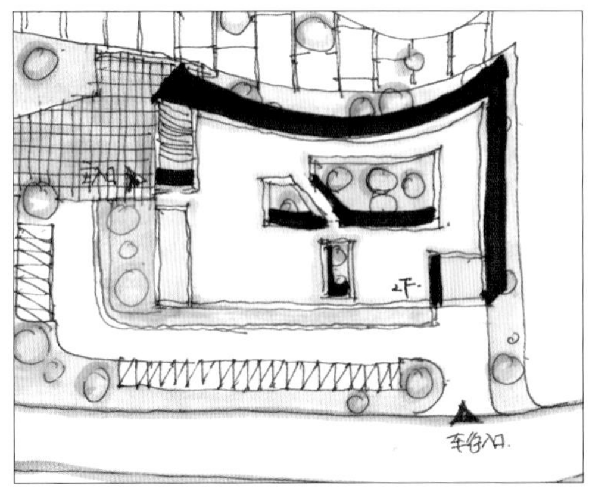

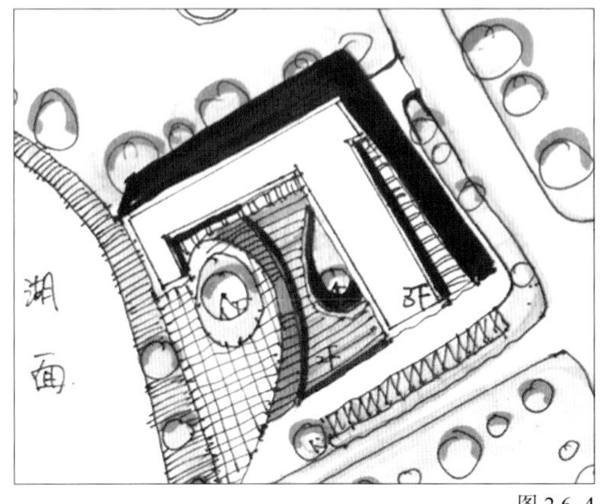

图 2.6–4

2.6.2 韵律重复

图 2.6-5：形态各异的坡屋顶单元体通过重复、扭转、围合等方式，产生强烈的韵律感和空间感，生成丰富的建筑形体和外部空间。

图 2.6-6：通过矩形单元形体的重复和错位，丰富建筑形体并呼应周围建筑肌理。

图 2.6-7：将建筑形体分解成条状单元空间，在解决采光问题的同时可呼应周围建筑肌理。

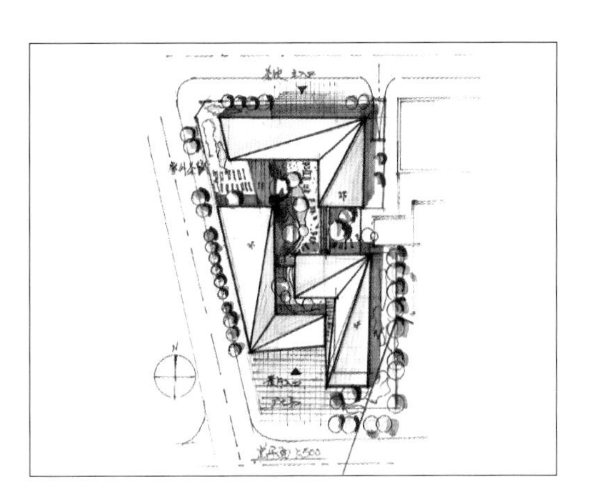

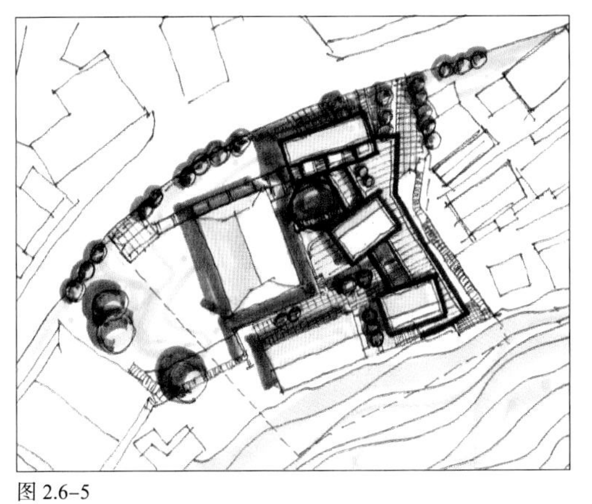

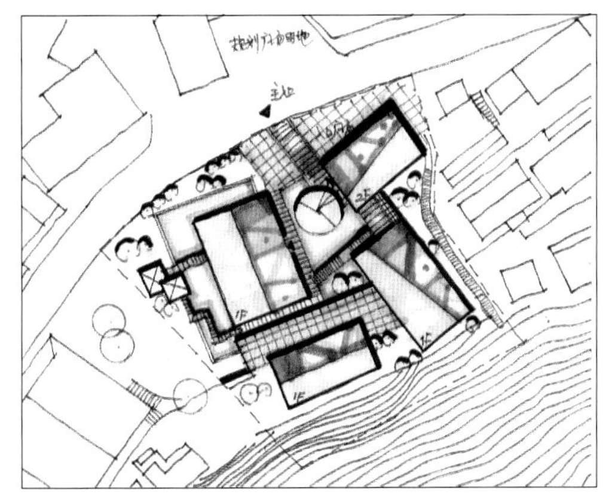

图 2.6-5

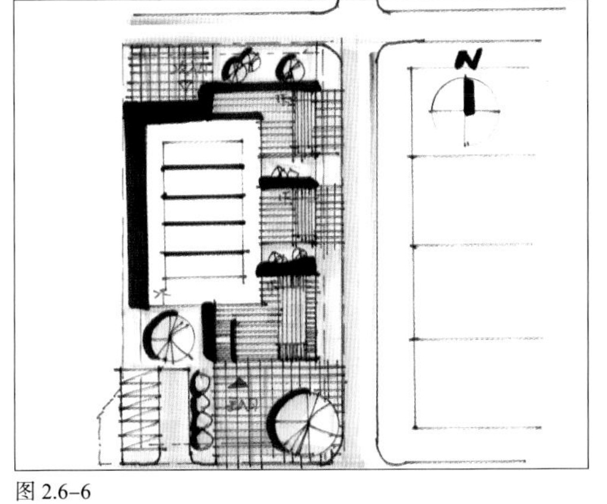

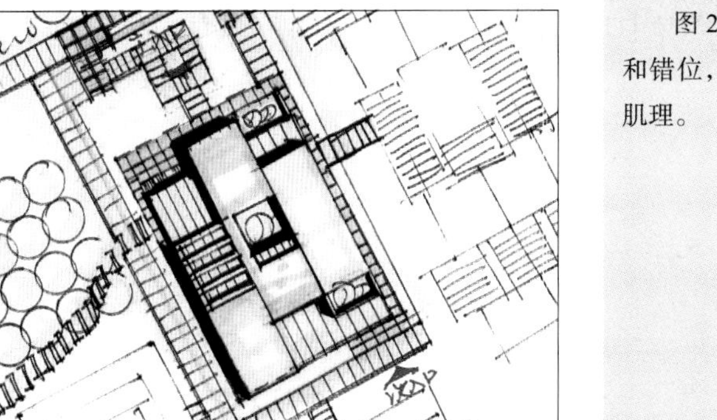

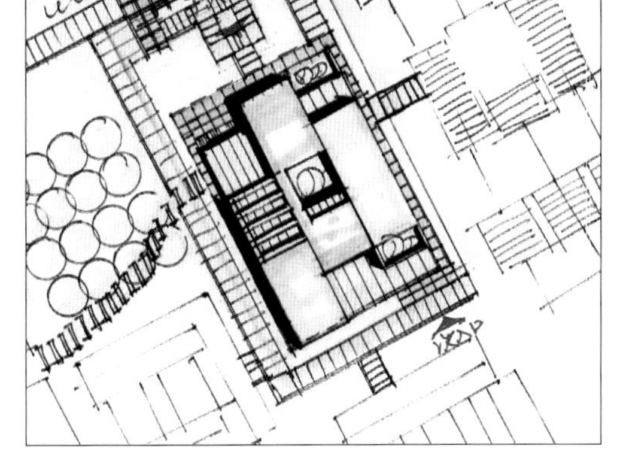

图 2.6-6

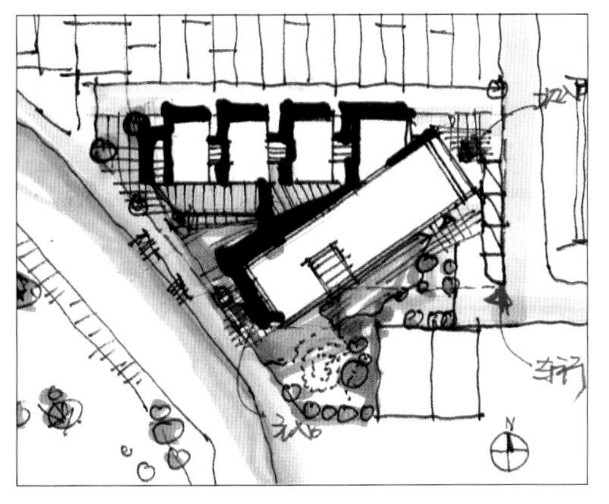

图 2.6-7

2.6.3 错位咬合

图 2.6–8a：两个长方形体量相互错位、咬合，形成高低不一的建筑形体。

图 2.6–8b：多个形体相互错动、咬合，在适应地形高差和满足功能要求的同时，形成高低错落的建筑形态。

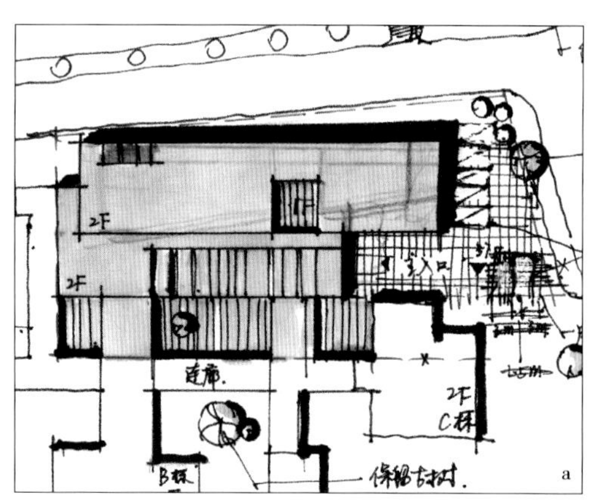

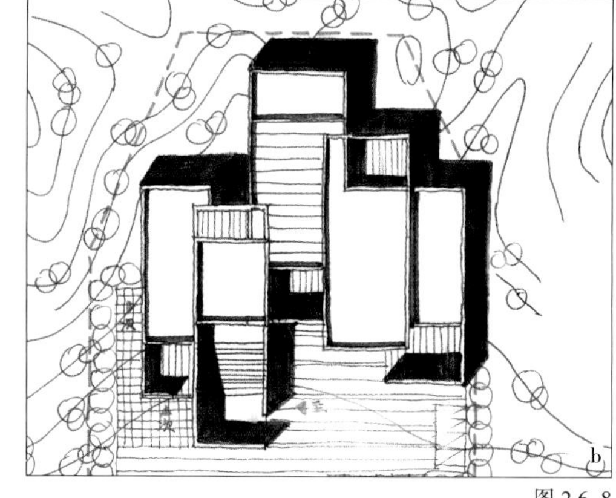

图 2.6–8

图 2.6–9：两个 L 形体量相互咬合、穿插，形成高低变化、层次丰富的形态关系。

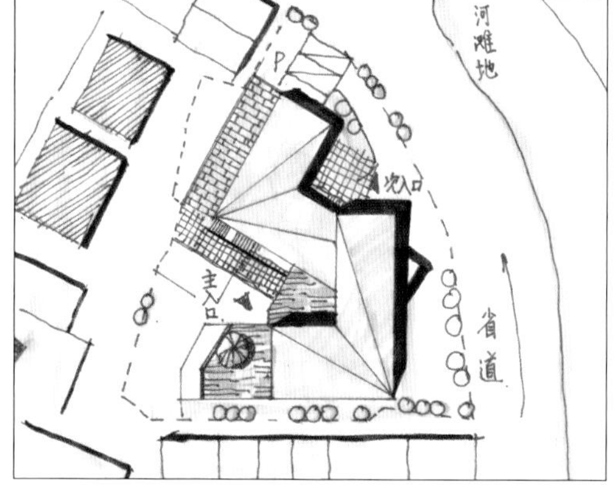

图 2.6–9

图 2.6–10：两个长方形体量相互错位、咬合，形成主次入口广场，咬合处形成庭院、中庭等共享空间，亦可作为楼梯等辅助空间。

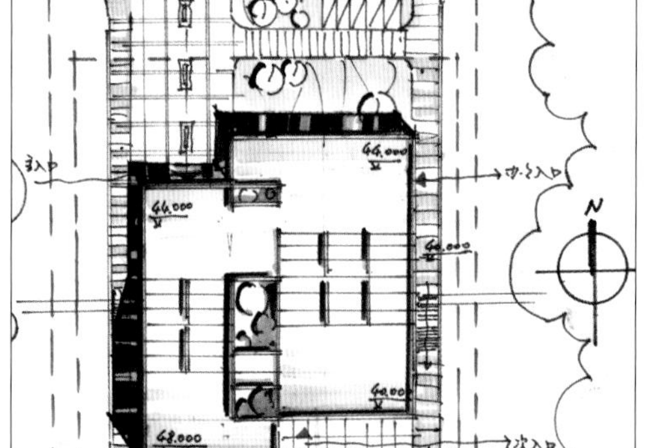

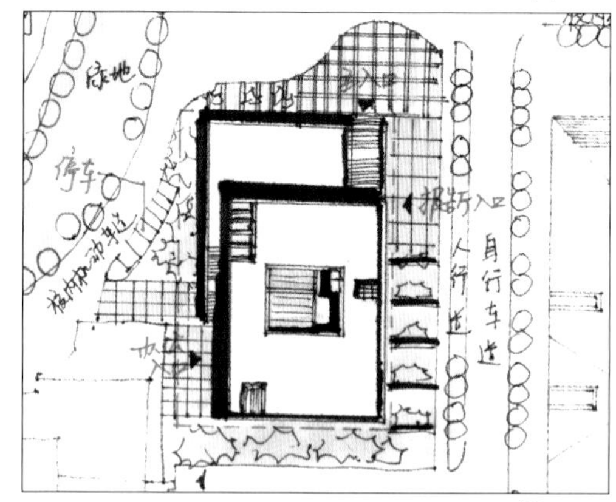

图 2.6–10

图 2.6–11：多个长方形体量相互咬合，咬合处的内部空间高低变化、层次丰富。

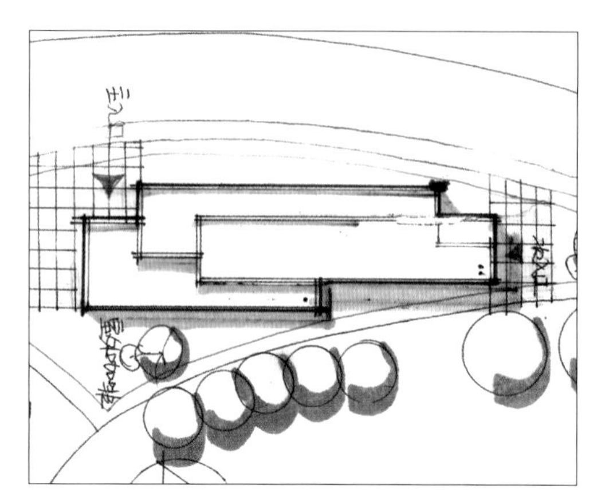

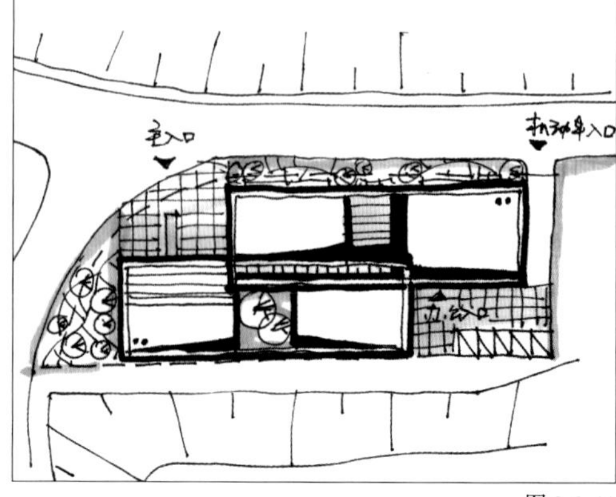

图 2.6–11

2.6.4 切割变异

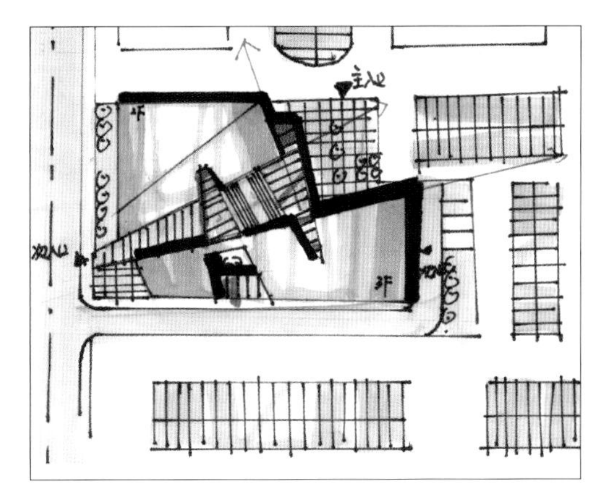

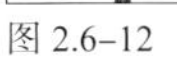

图 2.6-12

图 2.6-12：用一条或多条斜线将建筑切割成不同的体块，塑造高低不同的体量，营造丰富的景观。

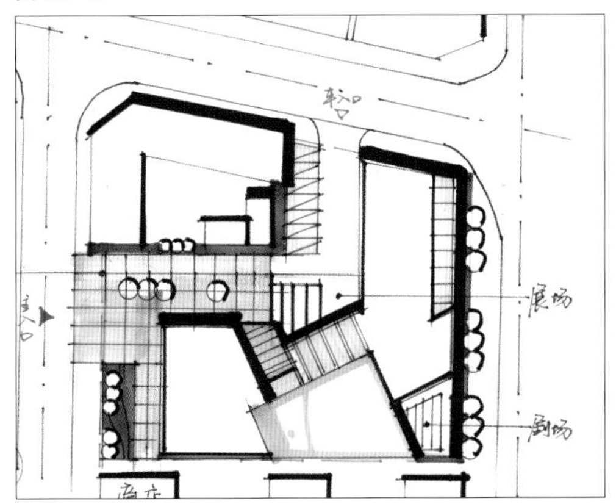

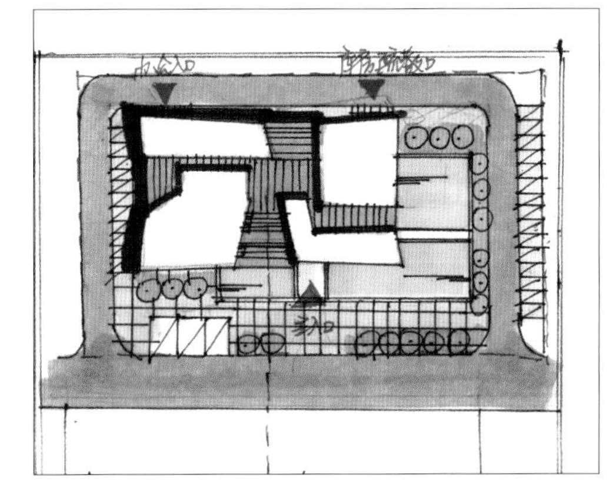

图 2.6-13

图 2.6-13：通过切割形成动态的形体和空间，与周围环境产生更多的交流和联系。

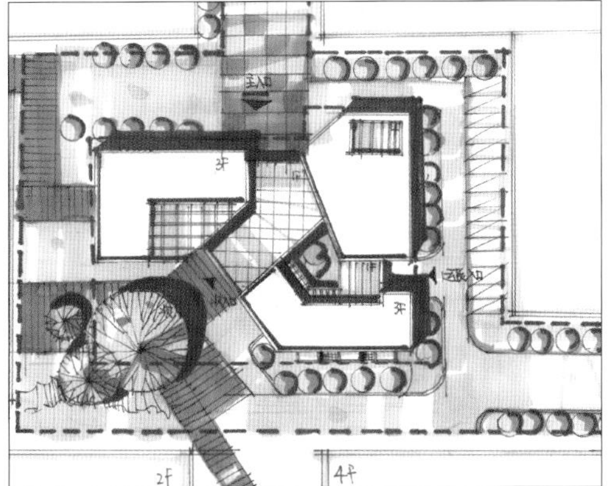

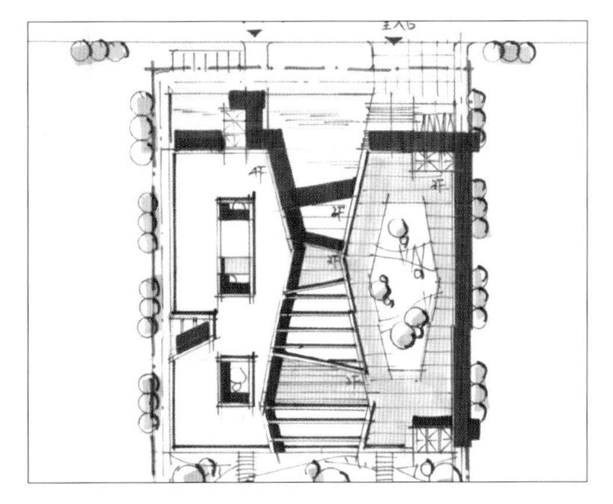

图 2.6-14

图 2.6-14：通过切割形成中庭、广场等空间，在丰富建筑形体的同时与周围环境产生更多的交流。

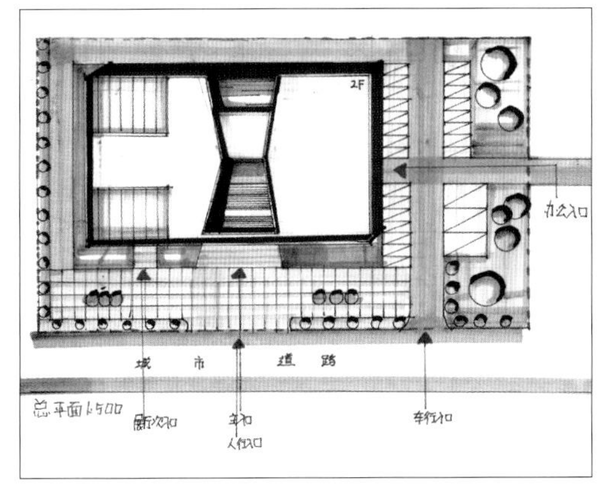

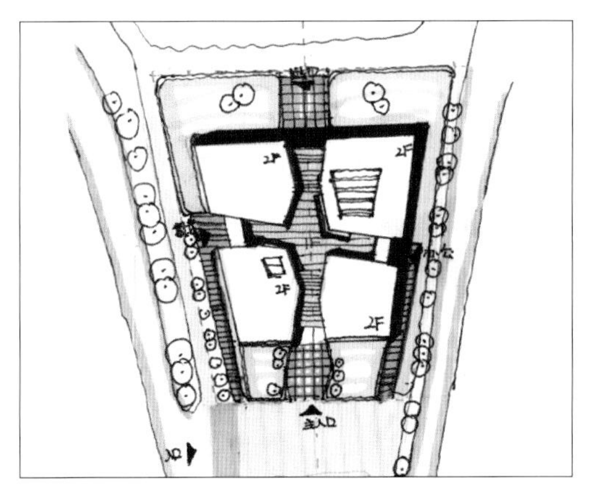

图 2.6-15

图 2.6-15：完整的体量中切割出庭院或中庭，在解决采光问题的同时营造舒适的空间体验。

2.6.5 转折叠加

图 2.6-16：条形体量通过转折、叠加，以获得更好的采光和景观。

图 2.6-17：通过长方形体量的扭转、叠加，形成平台和庭院空间。

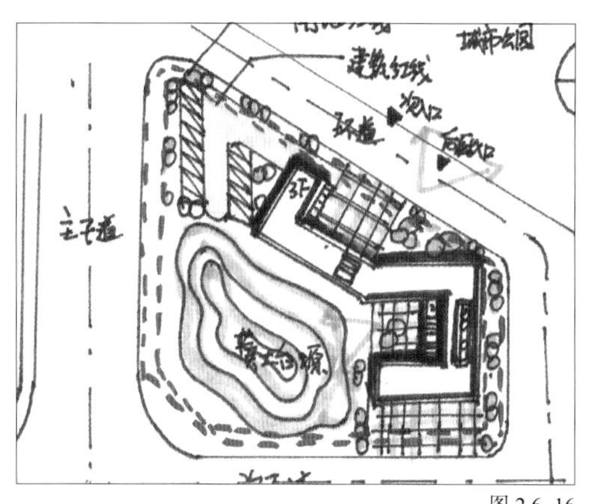

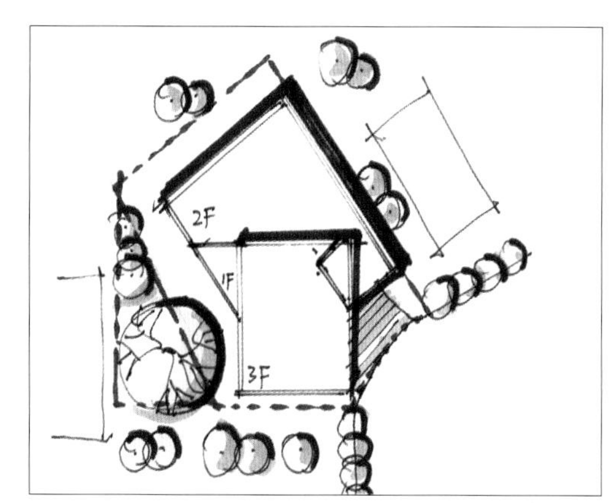

图 2.6-16

图 2.6-17

图 2.6-18：通过 L 形体量的扭转、叠加适应地形，丰富建筑形体，形成动态的庭院空间。

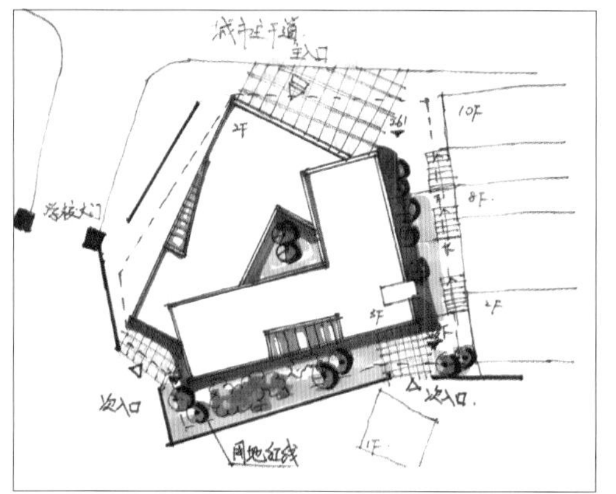

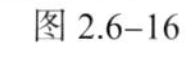

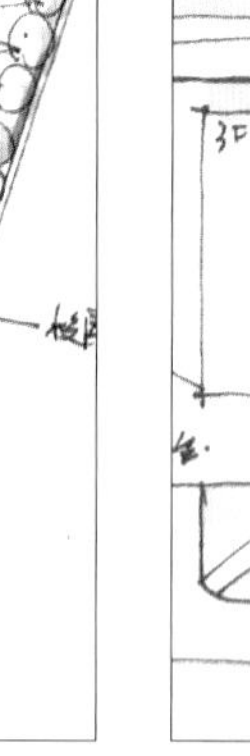

图 2.6-18

图 2.6-19：基座之上部分体量扭转，在满足功能的同时形成丰富的露台及内部空间，产生开阔的景观视野。

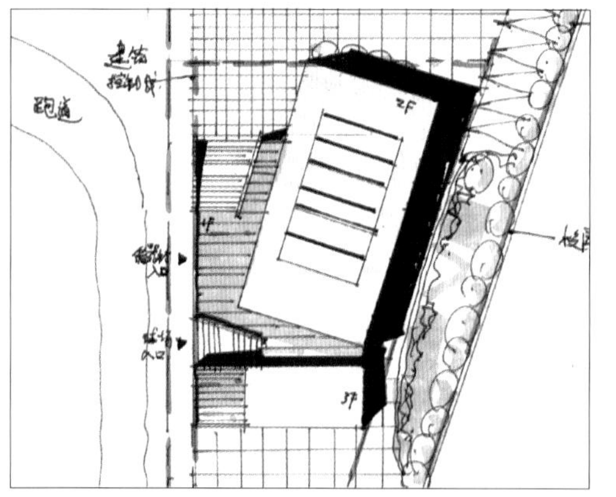

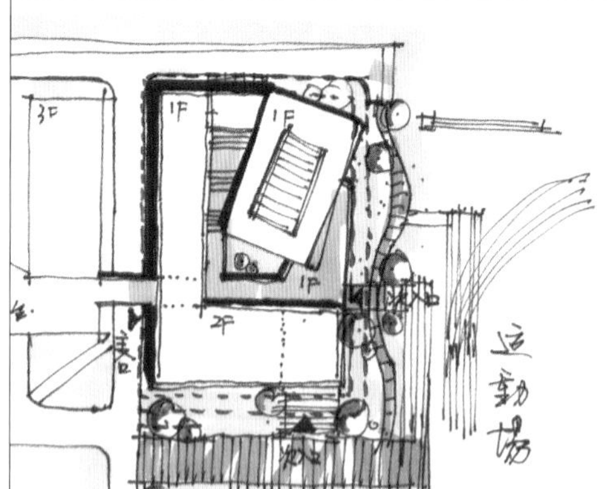

图 2.6-19

图 2.6-20：Z 形、L 形体量通过扭转、叠加、穿插，呼应基地，形成丰富的屋顶平台。

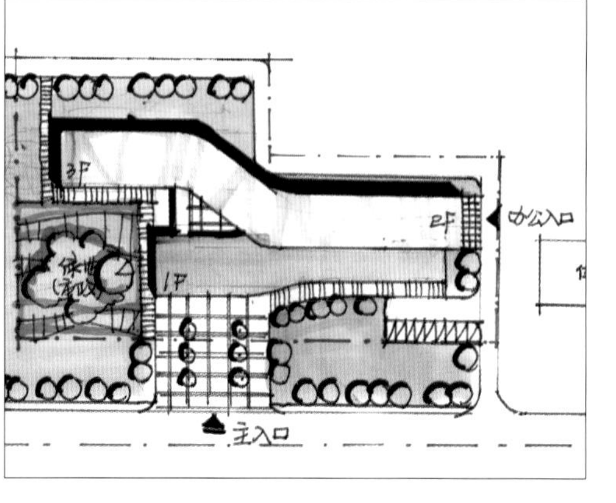

图 2.6-20

2.7 建筑与环境的关系

2.7.1 建筑与场地保留物

在快速设计中，场地保留物一般为场地中保留的树木、雕塑、建筑物及构筑物等。

图 2.7–1：场地保留物为一照壁，将其设置在入口广场中轴线上，营造严肃、对称的空间氛围。

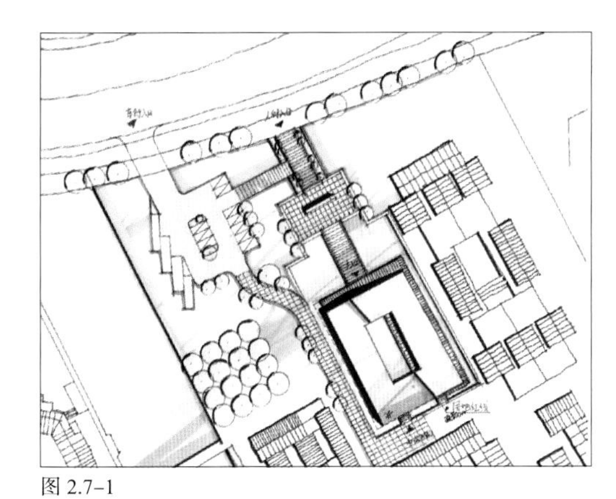

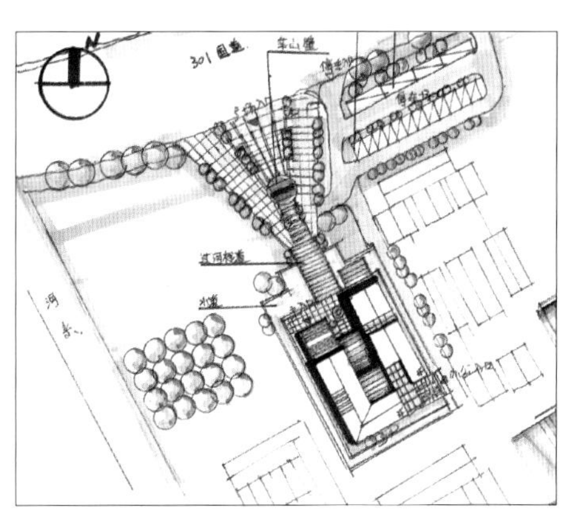

图 2.7–1

图 2.7–2：场地保留物为一水塔，将塔周围设计水系并运用水上平台与建筑主体联系，形体上朝向水塔进行台阶、平台、坡道的布置，以此回应水塔。

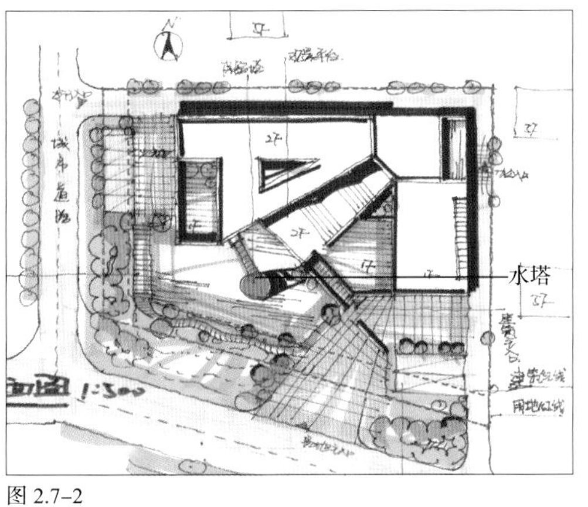

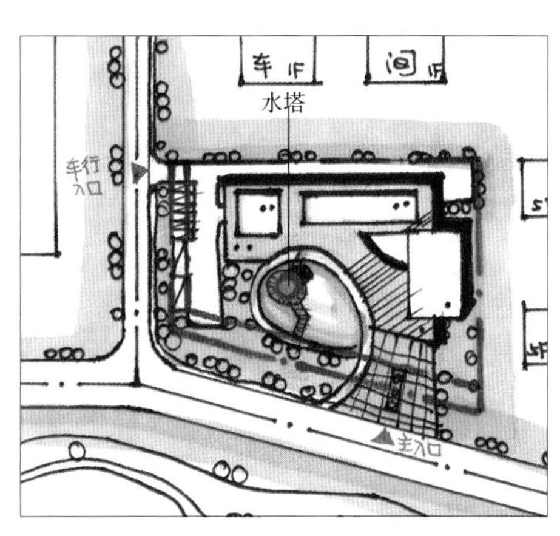

图 2.7–2

图 2.7–3：场地保留物为建筑物老厂房及商店。新建建筑运用 L 形对保留建筑物形成围合的姿态，并设置平台及广场空间，以此与老建筑对话。

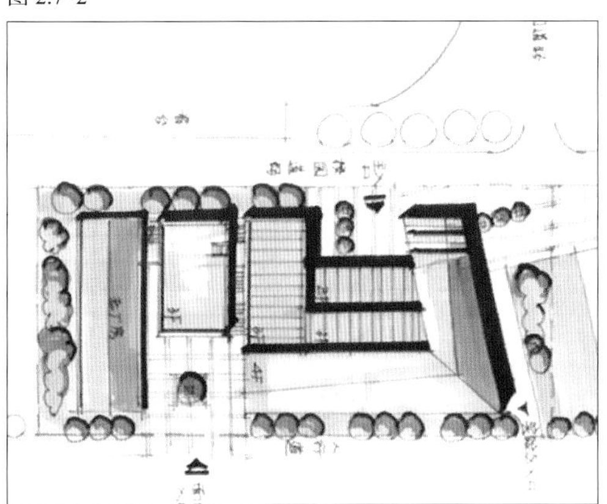

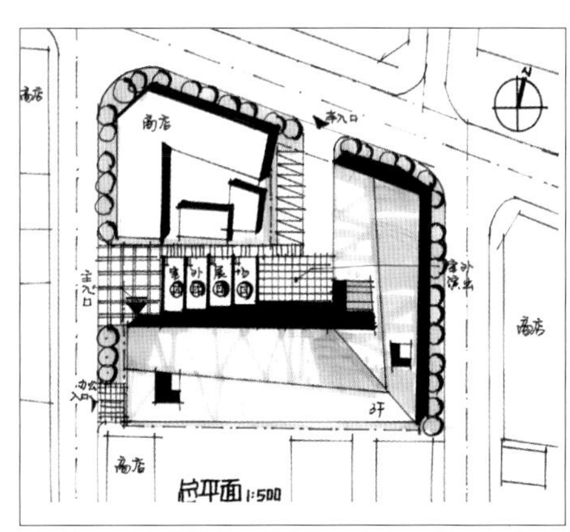

图 2.7–3

图 2.7–4：场地保留物太湖石，围绕其多种灰空间，在看与被看的关系之外塑造丰富的流线和互动体验。

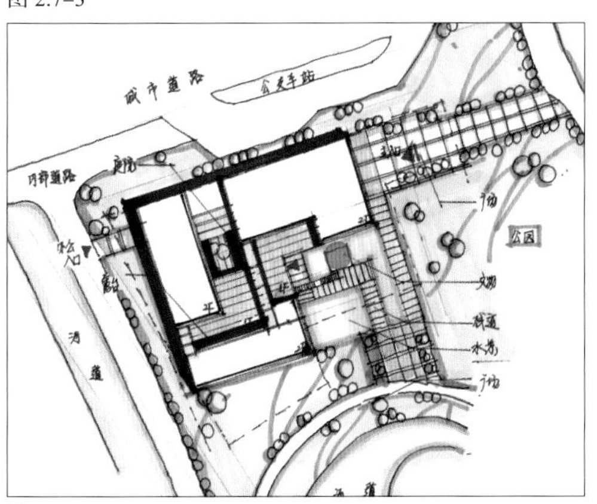

图 2.7–4

图 2.7–5：场地保留物引水渠，通过架起的连廊连接两侧建筑形体，使得面向引水渠的景观视野最大化，营造独特的景观体验。

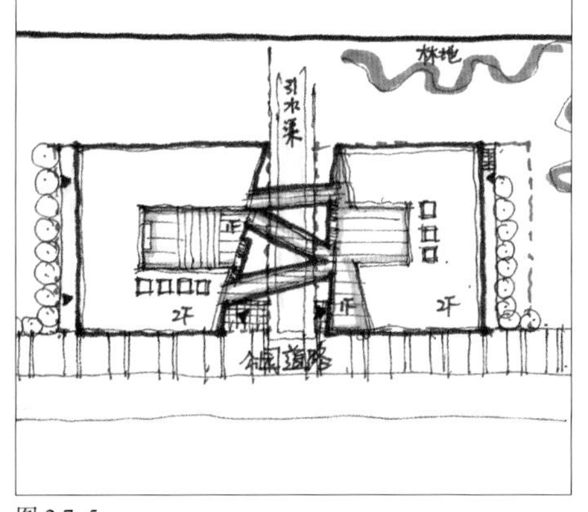

图 2.7–5

2.7.2　建筑与地形

图 2.7–6：通过 L 形体块和矩形体块的围合、扭转，呼应基地，形成室外露台、庭院等共享空间。

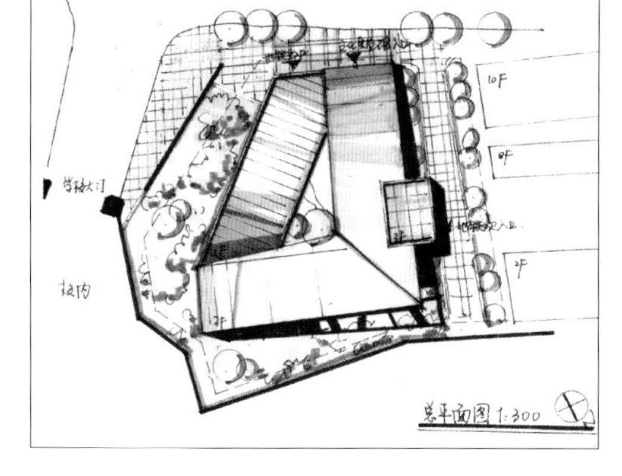

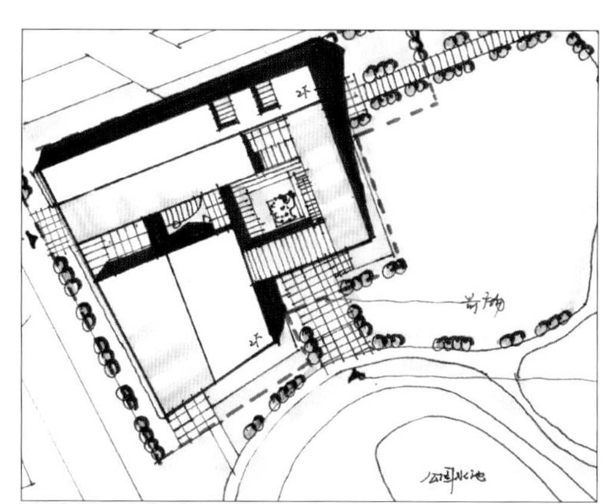

图 2.7–6

图 2.7–7：通过条形空间的扭转，适应基地，丰富建筑形态。

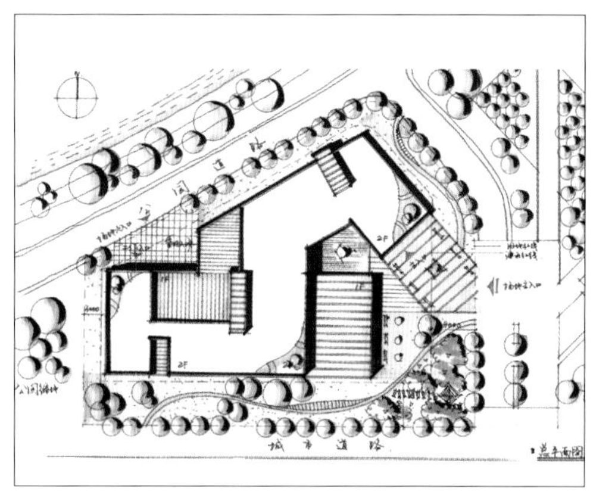

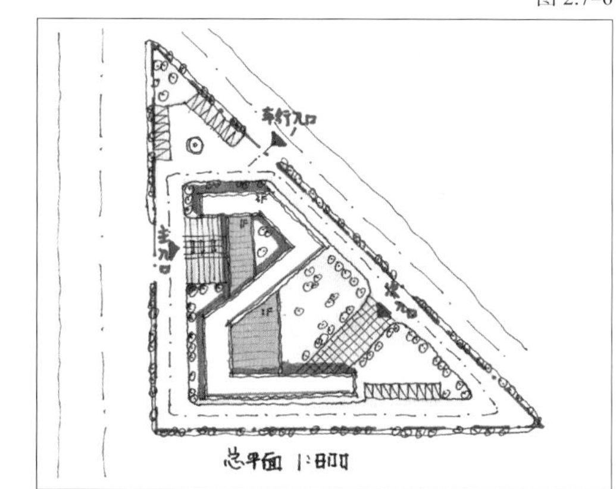

图 2.7–7

图 2.7–8：通过单元形体的扭转、叠加，适应基地，丰富建筑形态。

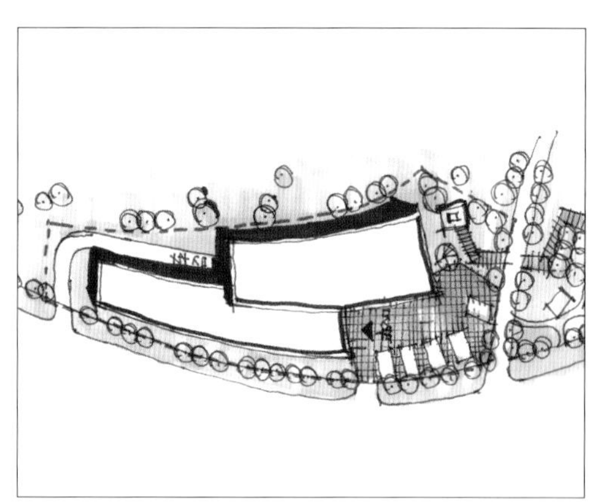

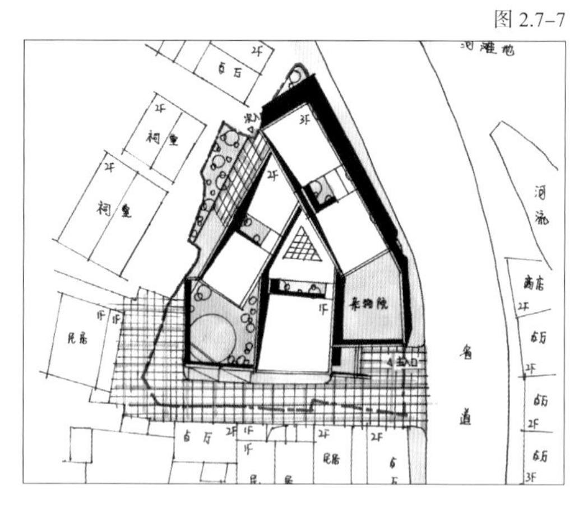

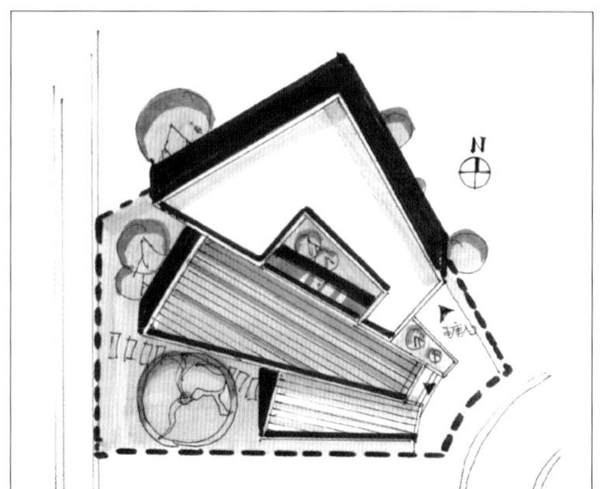

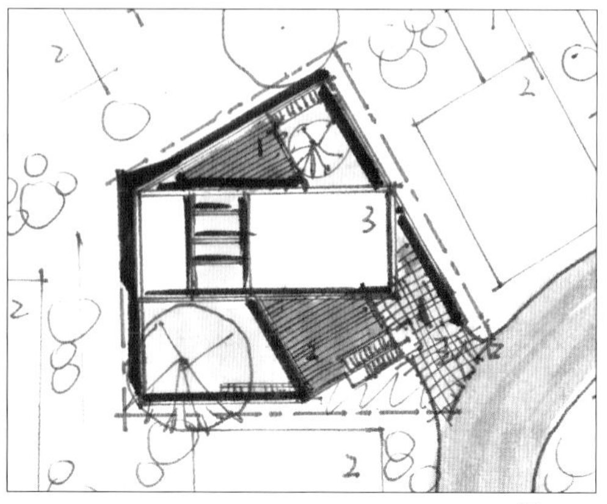

图 2.7–8

2.7.3. 建筑与历史街区

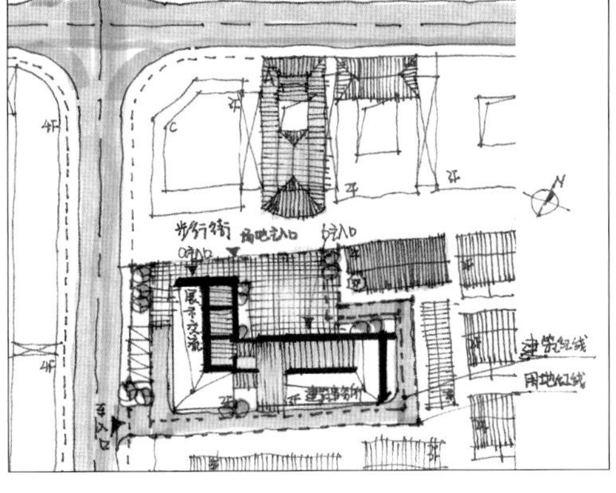

图 2.7–9

图 2.7–9：通过研究历史街区的空间形态及重要建筑物，后退形成入口广场与多个历史建筑产生交流，并丰富步行街外部空间形态。

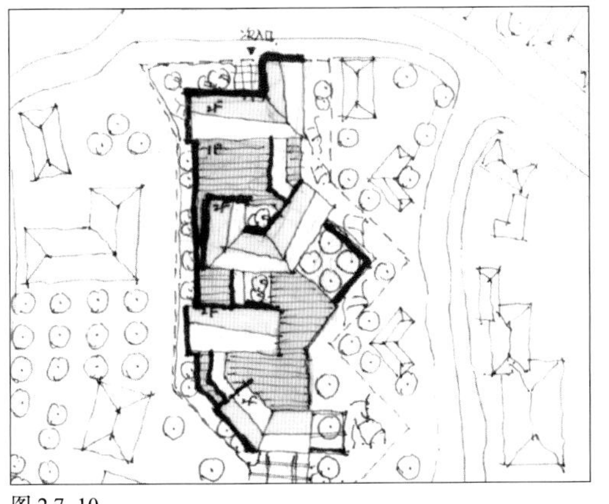

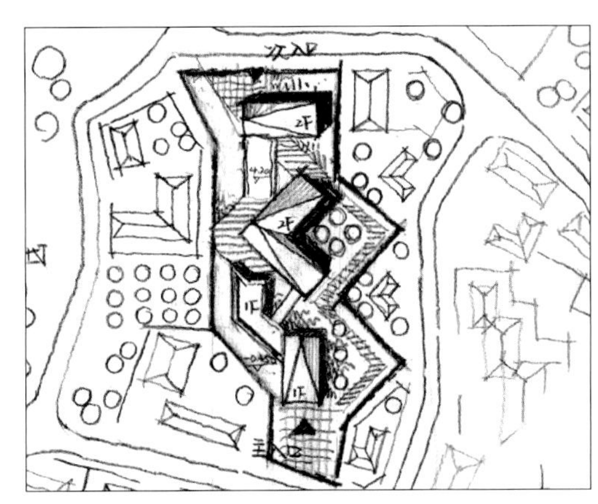

图 2.7–10

图 2.7–10：提取历史街区原有建筑形态 L 形，通过扭转、重复等手法呼应周围建筑肌理，进行新旧建筑的对话。

图 2.7–11

图 2.7–11：提取历史街区原有建筑形态，通过单元形体的叠加及扭转，形成新老建筑的对比。

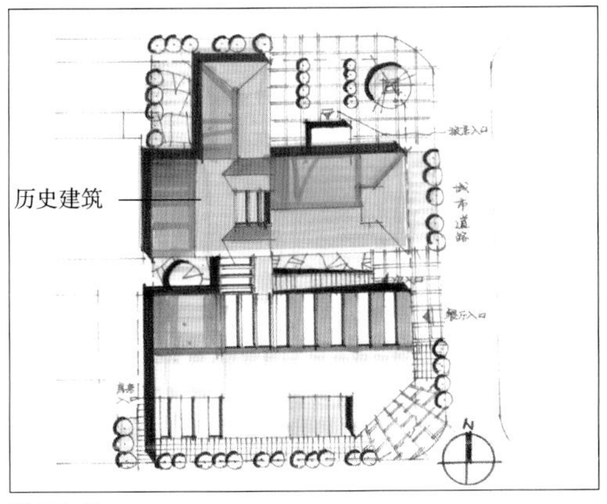

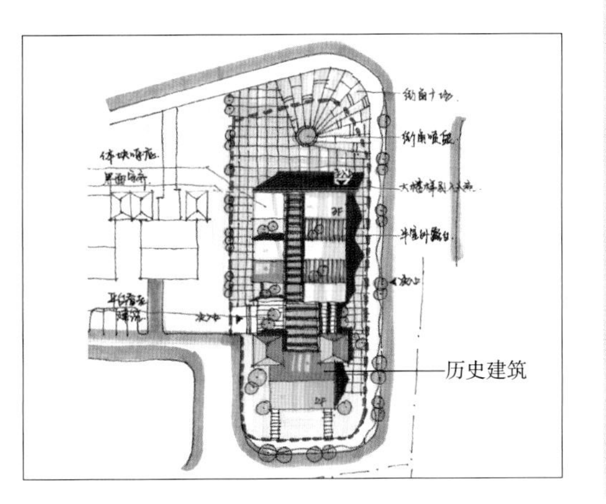

图 2.7–12

图 2.7–12：在旧建筑一侧加建新建筑，通过边界守齐形成延续的城市界面。新老建筑之间通过玻璃体、天桥、灰空间连接和过渡。

2.7.4 建筑与景观

图 2.7–13：通过 L 形、U 形体量朝向景观打开，形成屋顶平台，来呼应景观。

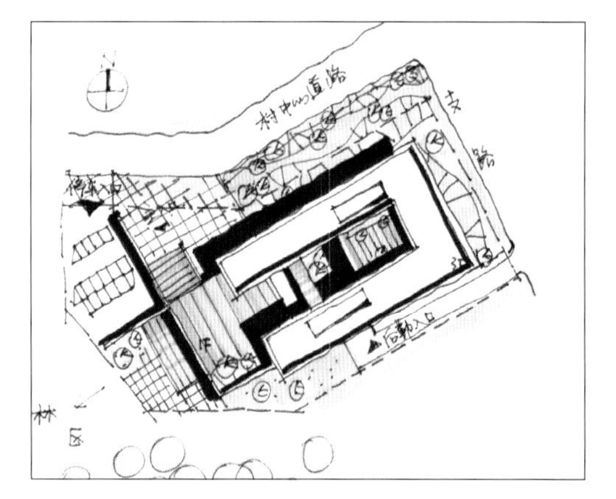

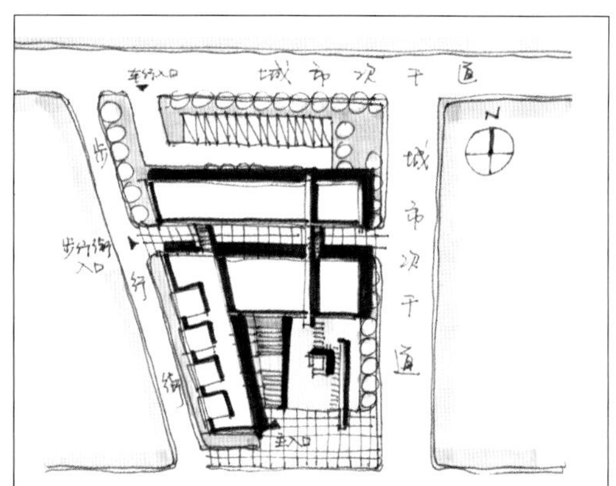

图 2.7–13

图 2.7–14：通过矩形单元形体的滑动、错位，形成观景平台，来呼应景观。

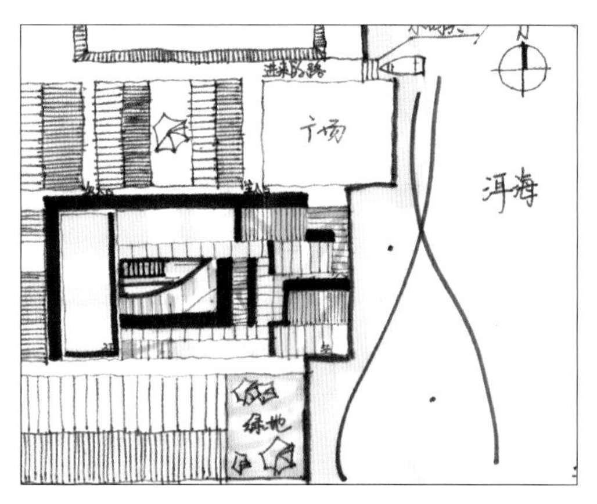

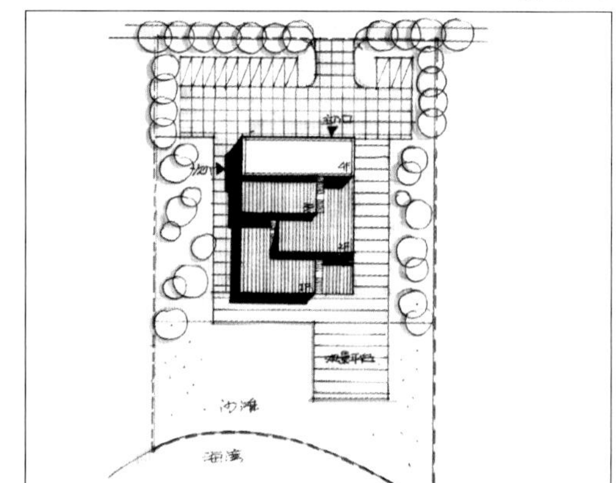

图 2.7–14

图 2.7–15：通过 L 形形体的围合，以及朝向景观打开的建筑单元，来呼应景观。

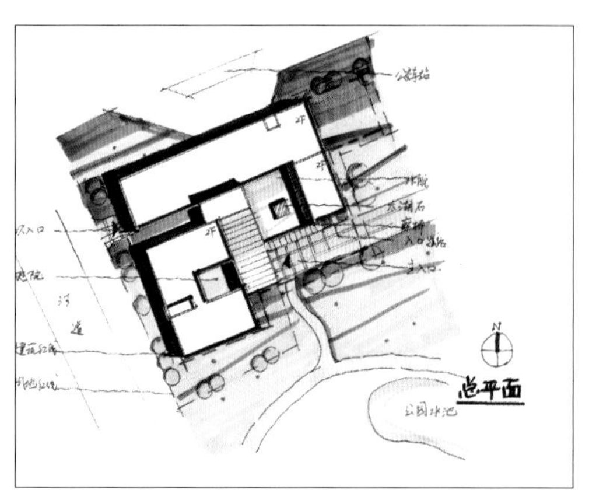

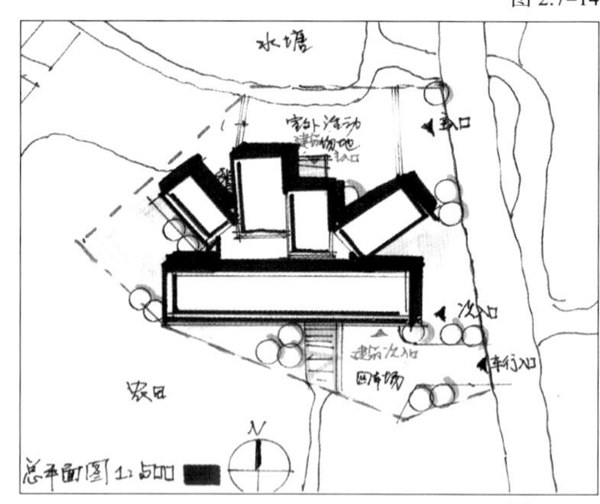

图 2.7–15

图 2.7–16：通过营造连续的外部空间，创造出连续多变的外部路径，以及形态丰富的屋顶花园，产生丰富的空间体验。

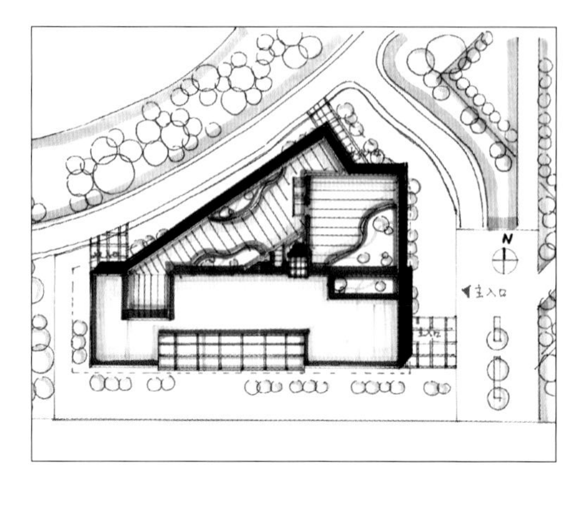

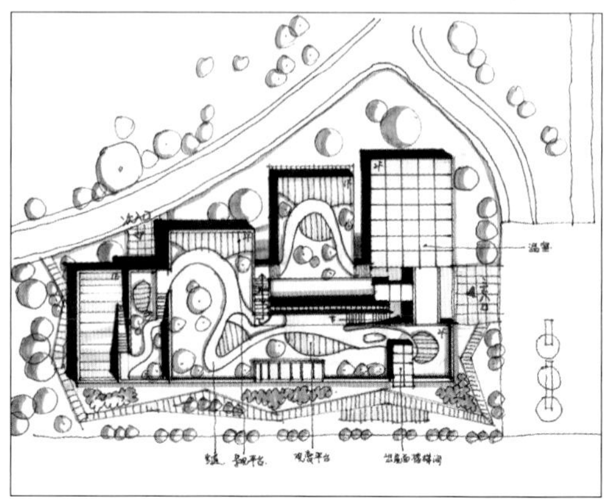

图 2.7–16

3　总平面设计范例

3.1 设计范例

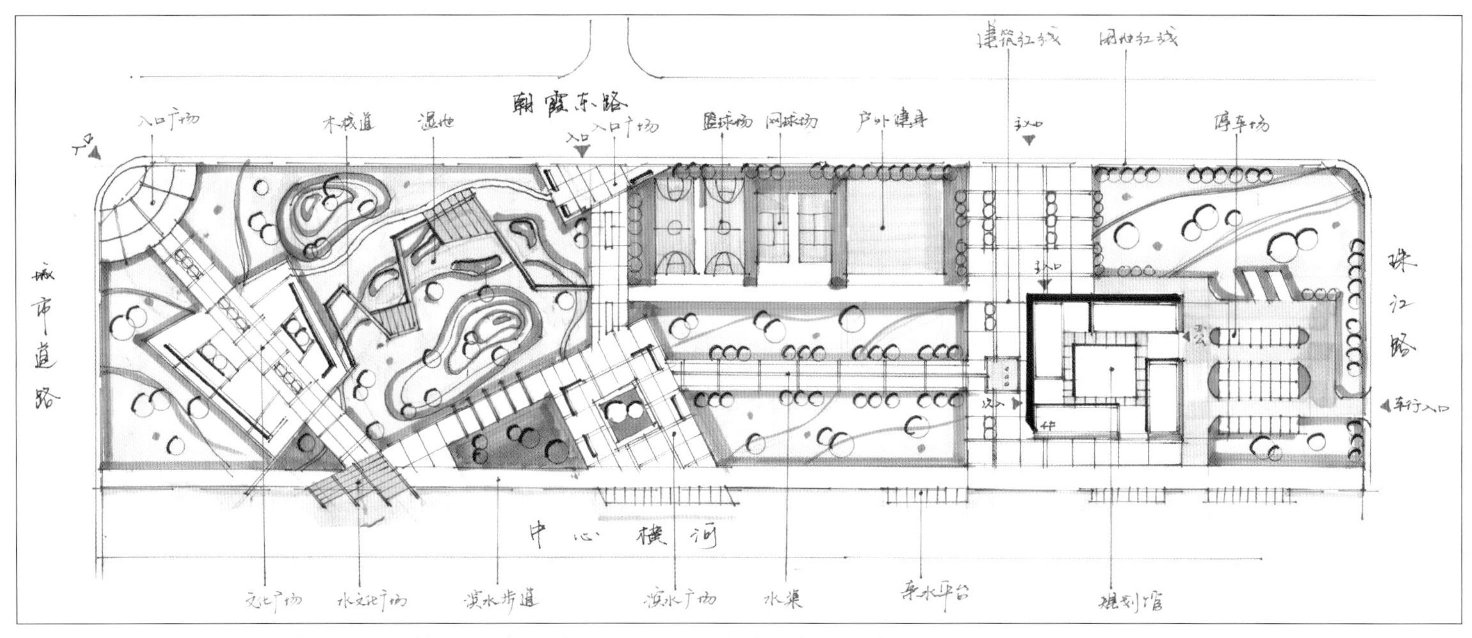

此方案为城市公园规划设计，规划上动静分区明确，局部运用引导性强的折线型路径联系各个节点，广场、绿地、主路径、景观步道、水面等的划分逻辑清晰，并对城市道路转角、滨水空间都有所回应。规划馆区域的出入口及停车空间设计合理。

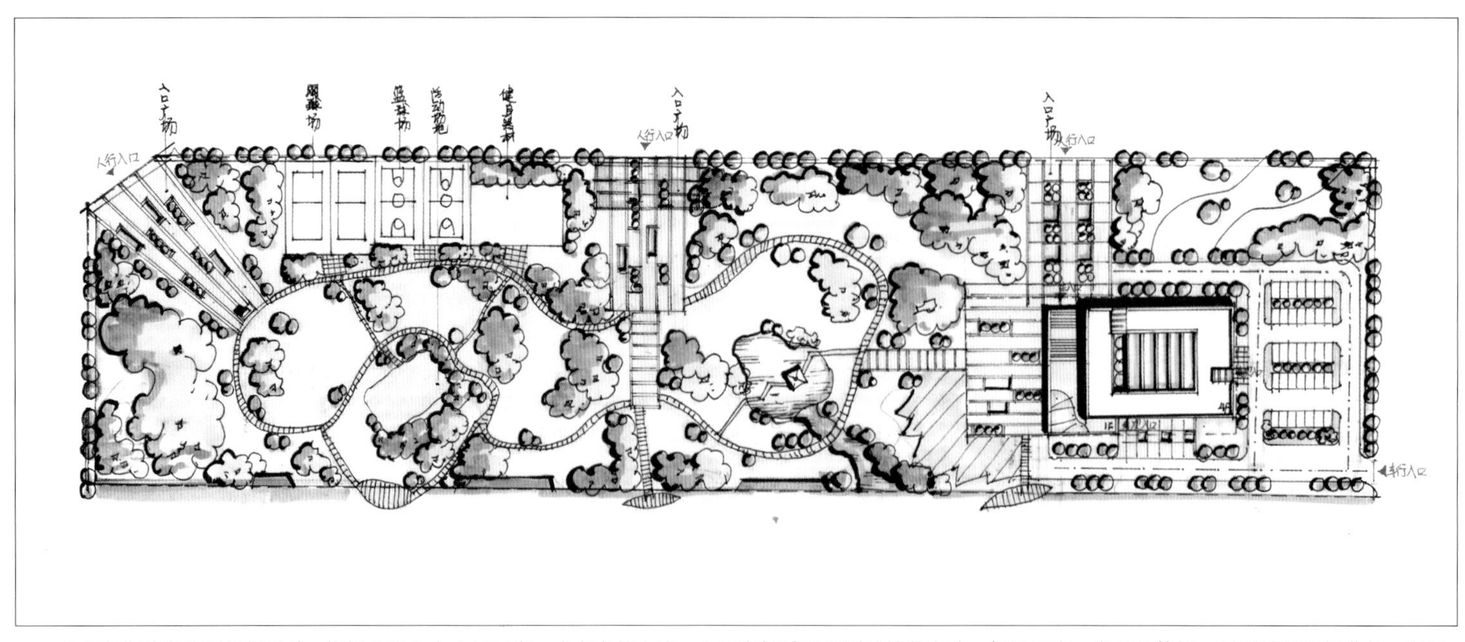

此方案为城市公园规划设计，规划上用 3 个入口回应 3 个方向的人流。入口广场采用不同的铺装方式，但又具有一定的整体性。景观路径蜿蜒曲折，车行、人行道路清晰，停车场布置合理。

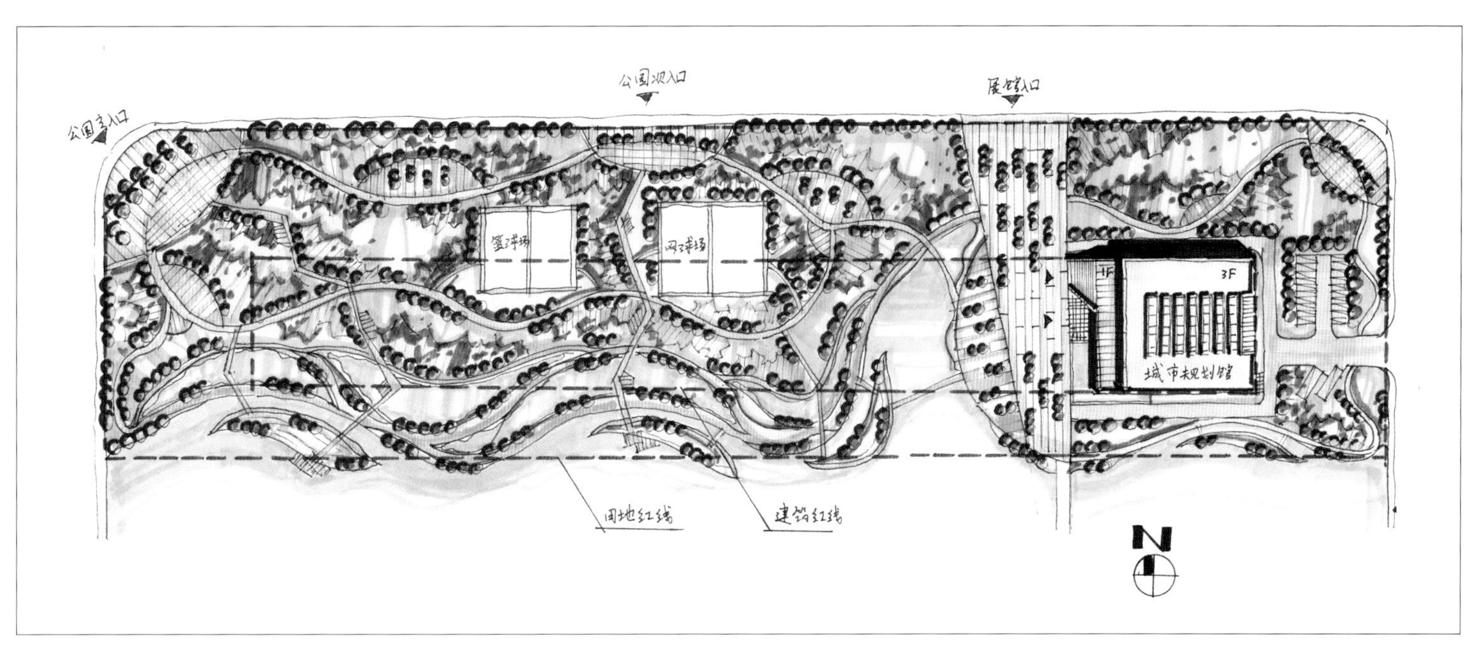

此方案为城市公园规划设计，最大的亮点就是将河道引入场地之中，模糊了河道和场地的边界，并在水边创造了丰富的路径和多层次的空间。整个场地贯穿了水系的曲线元素，景观步道、栈道也采用了曲线形体，使得整个场地和谐统一。

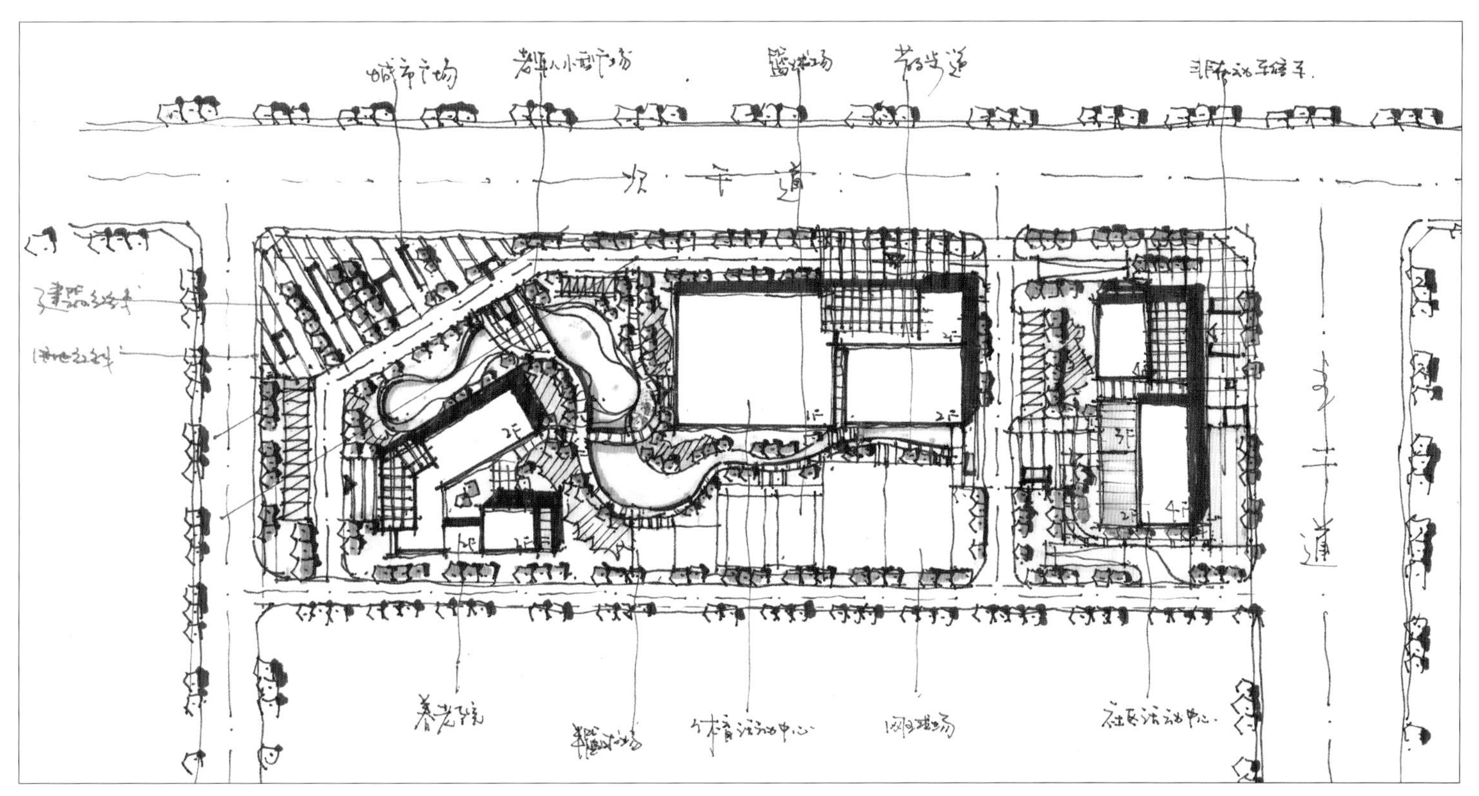

此方案为社区中心和活动场地规划设计，功能动静分区合理，社区中心位于主干道一侧，方便使用，养老院位于最安静的区域，体育活动中心则布置在次干道一侧，高压线用地周围布置广场及景观。景观路径蜿蜒曲折，曲线形的水系与矩形建筑形体形成对比。车库入口、人行步道清晰，停车场布置合理。

此方案为古镇规划，总体规划上，通过湖对面的观景塔以及与西侧道路所形成的轴线和次要街道，将整个区域划分为3部分。在空间布局上，强调"古街新园相融，东街西市抱湖"的结构，以汇龙湖为中心组织空间与环境，充分考虑沿城市道路和沿湖街市步行线路的连续性和节点空间的变化，通过街巷、庭院、开放湖面等多层次空间的组织和引导，塑造内紧外松、对比强烈、富于变化的空间效果。在建筑形态上，通过建筑形体的错位、高低、转折，以及滨水空间折线、曲线的结合设计，形成了丰富的空间层次。

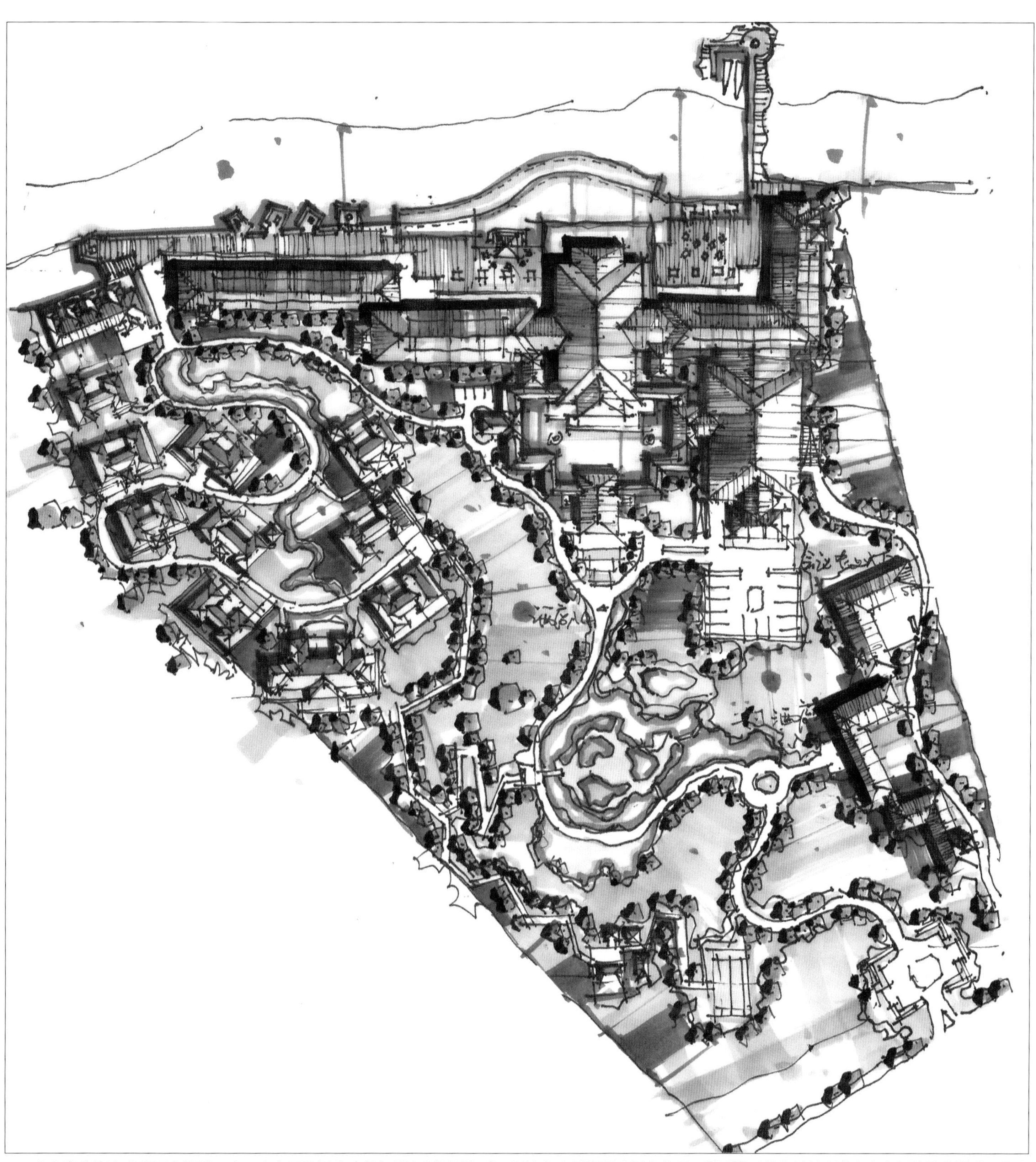

此方案为海边度假酒店设计，由一个主要的酒店建筑加周边别墅群组成。酒店与太平湖形成围合关系，靠近湖面的位置处理成亲水空间及叠水景观。基地内部采用蜿蜒曲折的路径连接各组建筑，营造出步移景异的园林空间效果。建筑形态上，通过断裂、错位、连接、曲折、轴线、局部高起等手法，形成错落有致的古典坡屋顶群落。

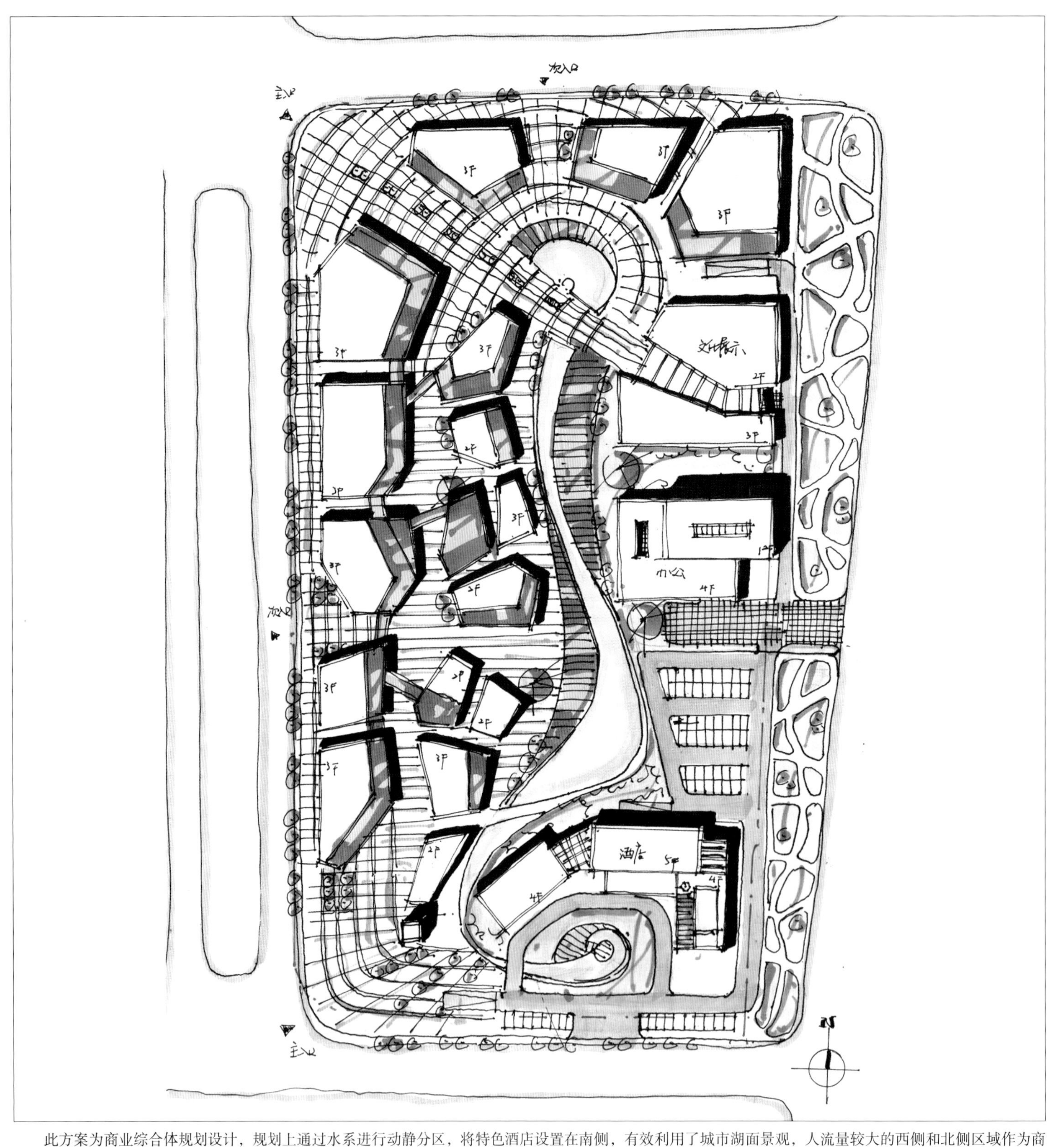

此方案为商业综合体规划设计，规划上通过水系进行动静分区，将特色酒店设置在南侧，有效利用了城市湖面景观，人流量较大的西侧和北侧区域作为商业区，东侧濒临城市绿化带设计创意办公和商业文化展示中心，形成幽静的办公及展示环境。交通上办公和酒店之间设计大型停车场，方便使用。空间上将西北角的道路转角轴线作为商业文化展示轴，连通展示建筑。建筑形态上运用连廊、退台等手法形成尺度适宜、高低错落的建筑形体。

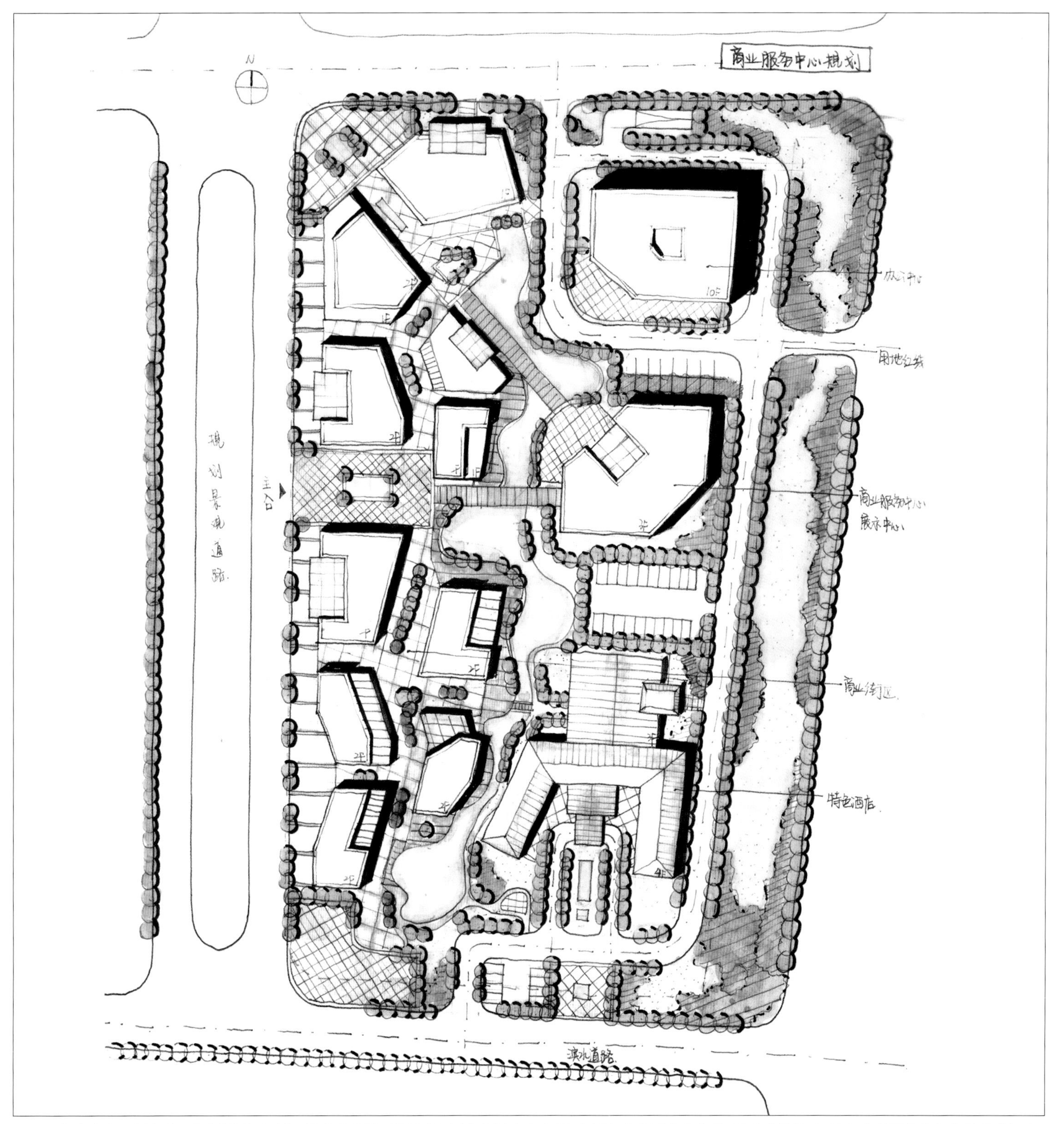

此方案为商业服务中心规划设计，规划上将商业街沿西侧布置，酒店布置在东南侧，高层办公布置在东北侧，形成动静分区，并充分利用商业价值及景观朝向。商业文化展示布置在办公与酒店之间，并通过两条轴线与商业街联系，形成商业街区的中心空间。西侧商业街与东侧群体之间通过景观水系进行分割，塑造了良好的内部环境。交通上商业街设计 3 个主入口，并通过主次街道对建筑形体进行分割，形成独栋体量。在南北向设计车行入口，解决车流。在办公、商业文化展厅、酒店之间设计大的停车场，满足停车指标，在东侧局部开设出入口便于人流、车流的组织。建筑形态上运用围合、切割等手法形成具有良好秩序的街巷空间格局，尺度宜人。

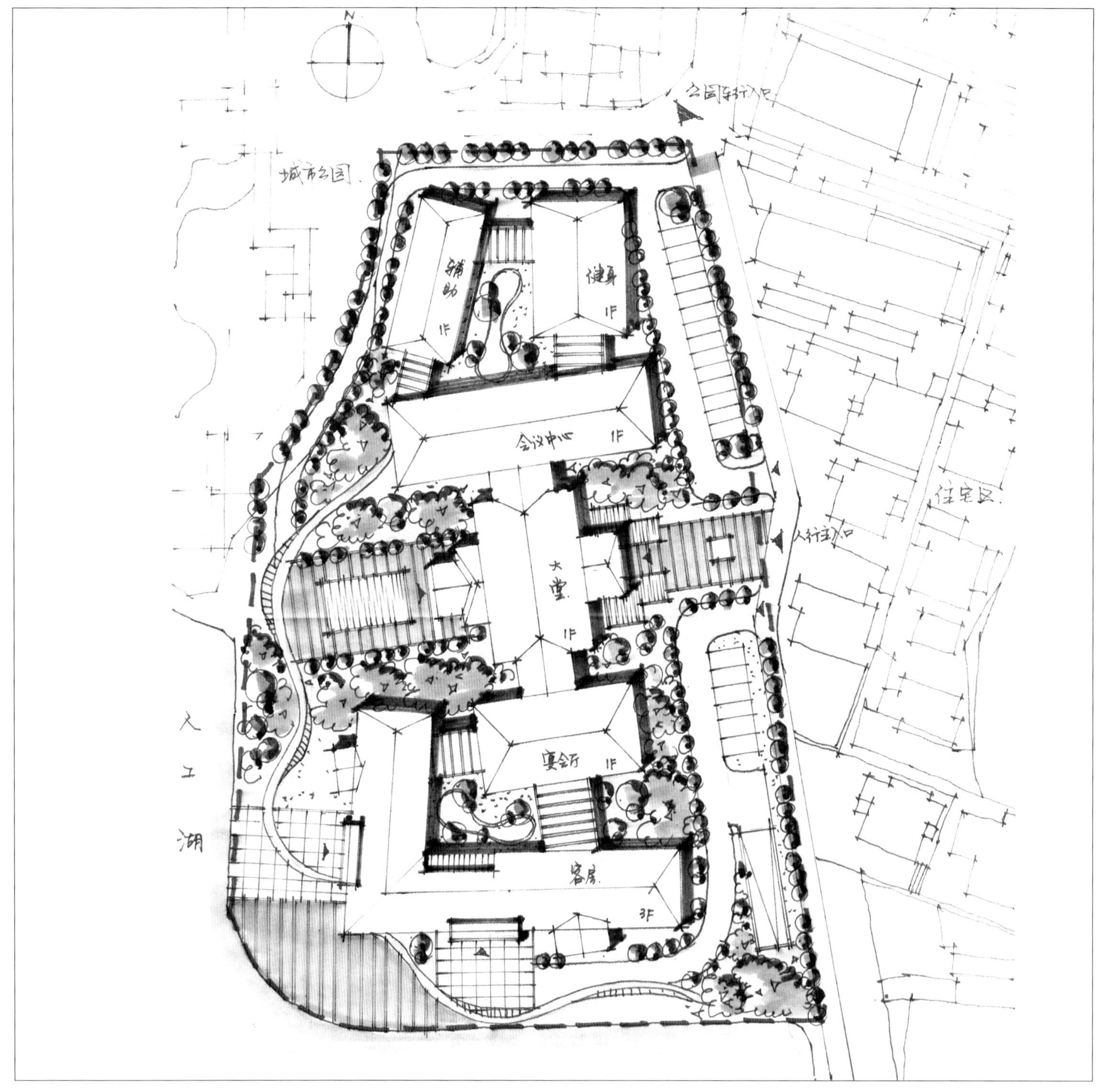

此方案为宾馆总平面设计，规划上设计一条以大堂为核心，连接主入口与人工湖的景观轴线，并以大堂为节点，形成两个围合的功能组团。建筑形态上使用传统的坡屋顶及现代的玻璃连廊，形成古今对比。功能上将辅助等功能布置在景观、采光等较弱的西北角，将客房以L形朝湖面打开，最大化利用景观视野。

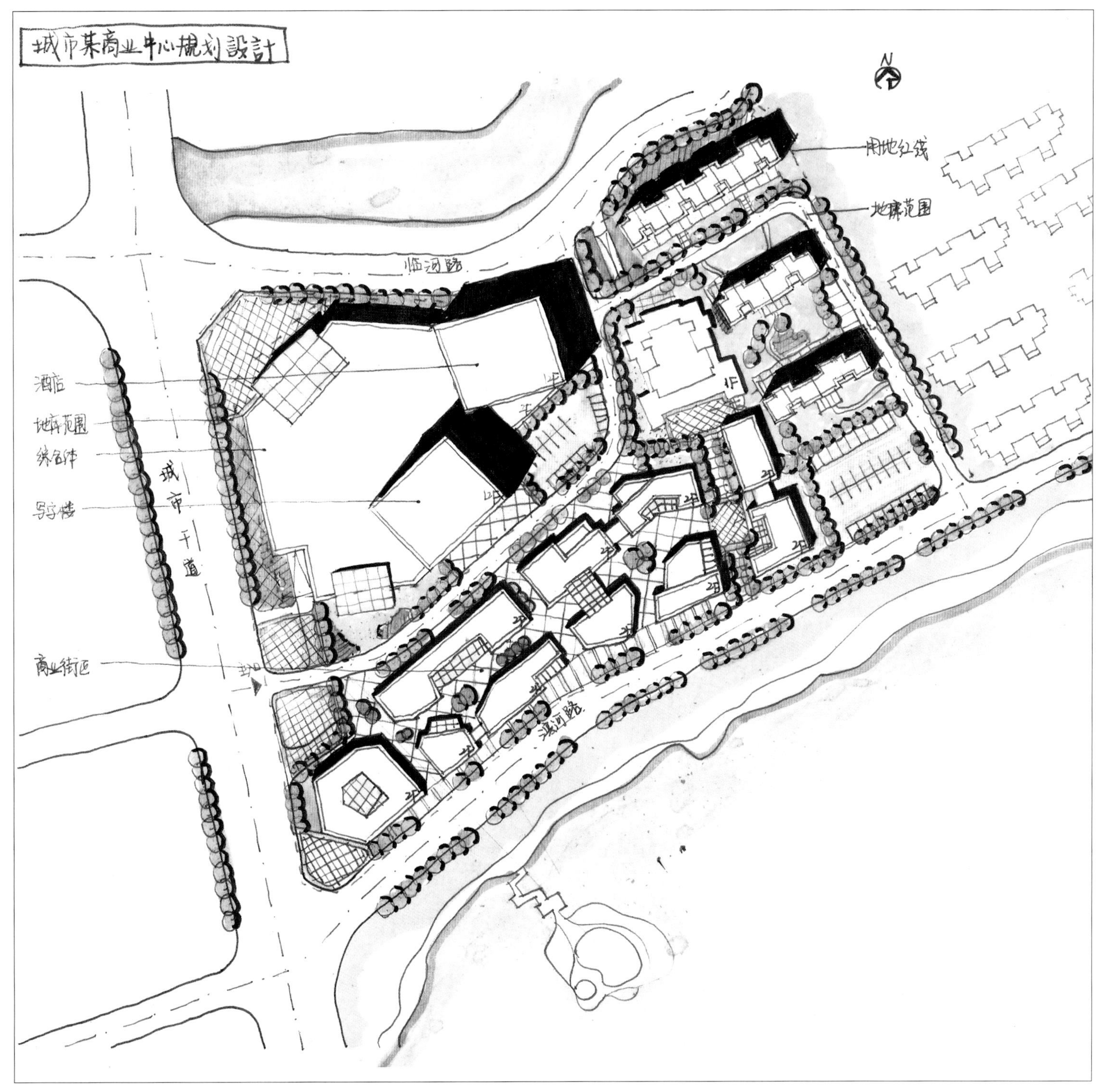

此方案为城市某商业中心规划设计，规划上将低层商业街布置在南侧滨湖面，商业综合体布置在西北侧，住宅布置在东北侧，充分利用商业价值及景观朝向。高层酒店与办公远离西侧主干道，布置在城市博物馆周围，与高层商业住宅一期形成高层组团，均具有湖面景观视野，同时形成安静的办公、酒店、居住区域。空间上商业综合体面对西北和东侧道口转角形成主次入口，商业街面对综合体及湖面形成主次入口并通过内街进行串联。城市博物馆和酒店面向湖面形成入口和空间轴线，并切割、划分了商业街。交通上设置半环路解决消防、地库入口、地面停车等问题，并在西侧、东南侧、北侧及酒店、办公空间设计地面停车。建筑形态上通过切割、扭转等手法呼应不规则地形，形成高低错落、层次丰富的建筑形体。

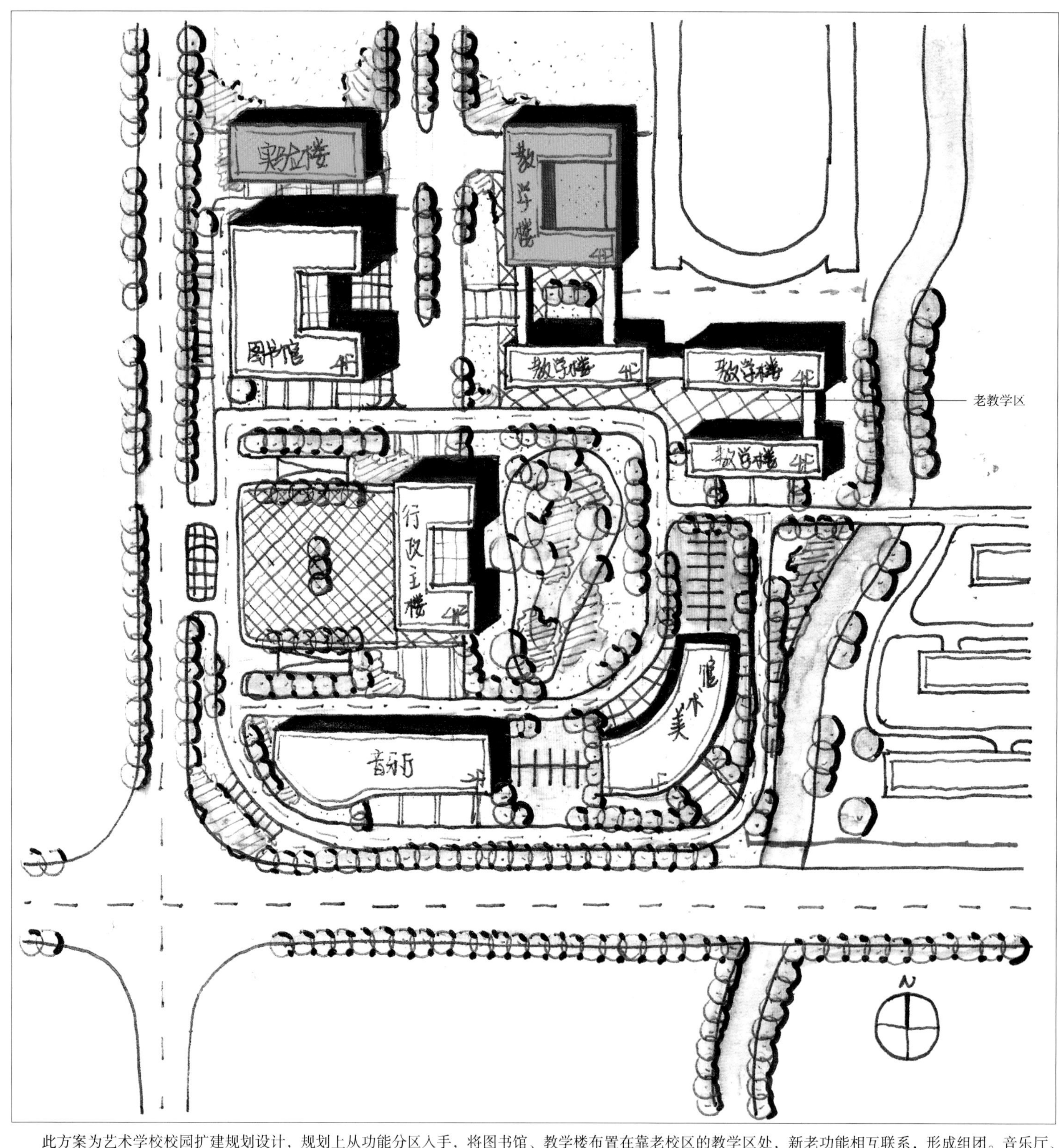

此方案为艺术学校校园扩建规划设计，规划上从功能分区入手，将图书馆、教学楼布置在靠老校区的教学区处，新老功能相互联系，形成组团。音乐厅、美术馆布置在南侧主干道一侧，具有良好的公共形象。行政楼布置在两条轴线交汇的地方，形成主入口广场及对保留山丘的围合。主入口广场正对行政楼，可通往图书馆及音乐厅。交通上设计一个内环及两个半环，可以到达各建筑的主次入口，并在道路边及建筑间设计局部地面停车，地下停车设计在广场下面。建筑形态上根据功能分区呈分散布局，形体简洁统一。

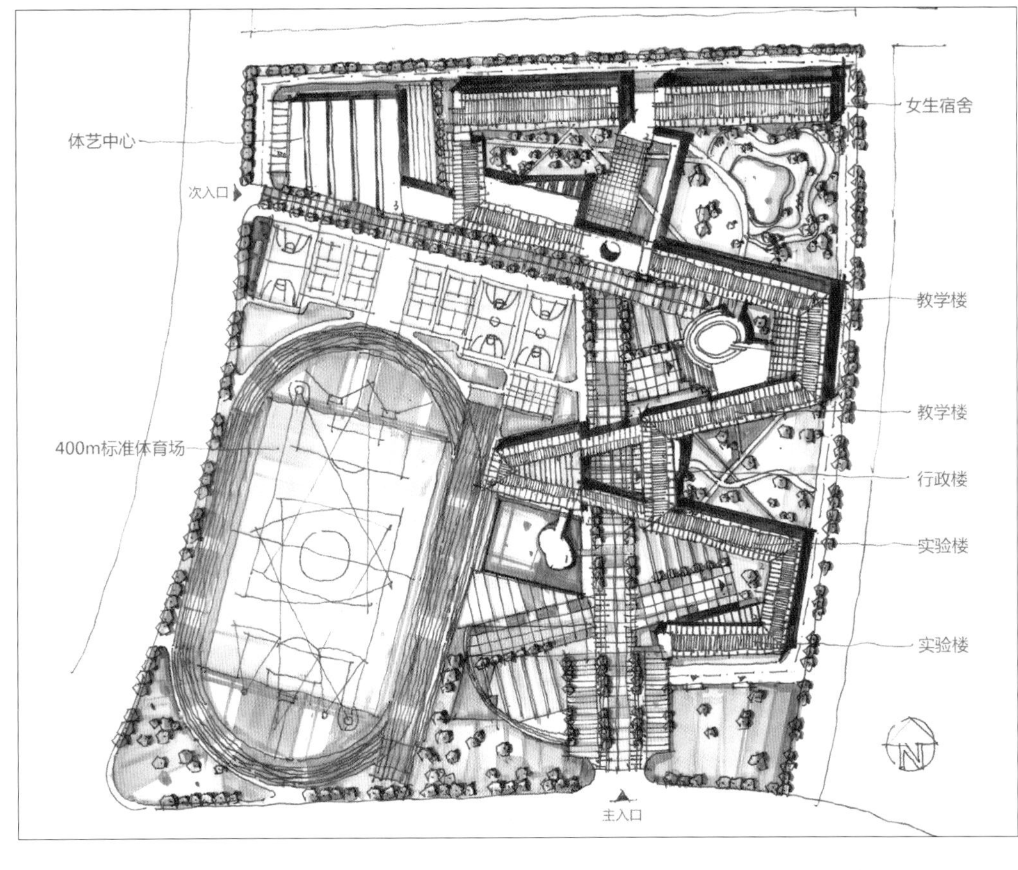

此方案为中学校园规划，规划上通过南北向主轴线来统一各个分区。功能上将操场等嘈杂场所置于靠近主干道的一侧，生活区设置在北侧安静区域，教学区设置在南侧公共区域。交通上车行道为半环形车道，结合入口广场及铺地可满足消防环线要求。建筑形态上运用折线形成丰富的围合关系，并在转折处采用大体块，满足功能的同时形成便利的公共空间，并丰富建筑形态。

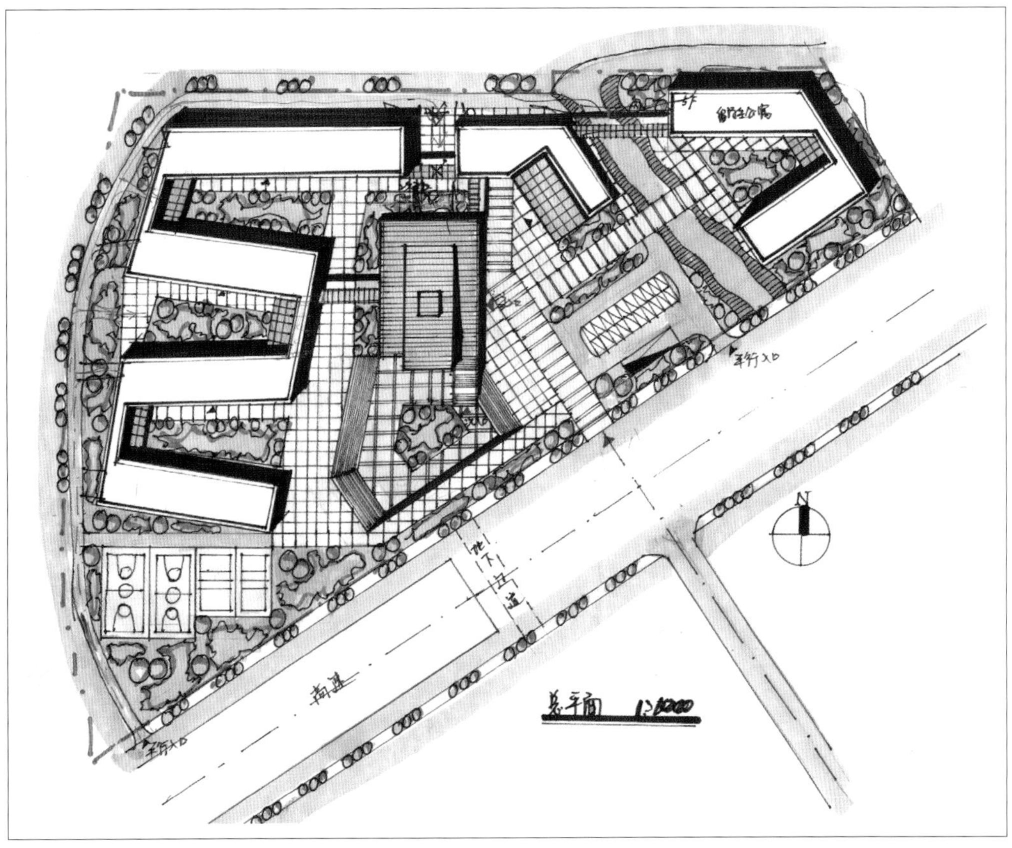

此方案为学生公寓区规划，基地被一条河道分为两个地块。规划上以礼堂为空间核心进行布局，充分体现其公共性。学生公寓围绕礼堂和食堂形成南北向布局，并以U形母题围合庭院，保证了南向采光。交通上设计环路环通基地，并运用下沉广场与地下通道联系南侧主校园。运动场为动区置于靠近高架一侧。建筑形态上通过单元体重复、扭转、围合，形成开合有序的空间形态。

此方案为某企业德胜门总部基地，位于德胜门的西北方向。规划上将办公区域分散布置，构成开放式的城市步行街区，并把德胜门作为轴线对景。办公楼入口设置在内院中，遵循老北京从大街胡同穿过院子进入房门的空间序列。交通上机动车由西、北次要道路上的出入口直接进入地库。建筑形态上倾斜的南北轴线、错位的东西通道、不同院落的朝向、形体的高低变化和玻璃体穿插组合的共同构成了丰富的建筑形态。

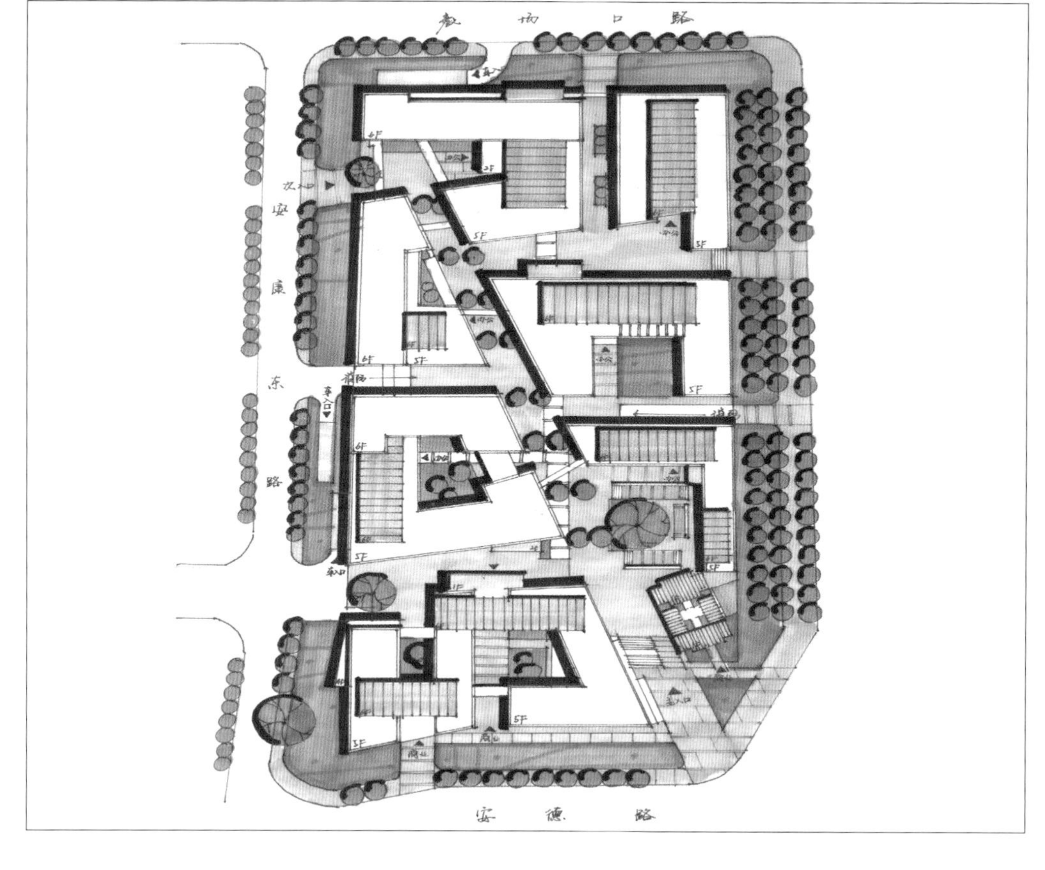

此方案为江南布衣总部基地，规划上通过围合的方式在基地内创造了一个巨大的中心花园，形成一个朝向花园的内聚空间。交通上通过南北入口的连通及东西斜向的通道形成多条轴线，提供贯穿场地的最佳流线，创造出广场与城市之间的连接和渗透。建筑形态上功能空间被故意交错设置，打乱商务办公楼的规律性，从而降低其视觉存在感，增加空间的复杂性和趣味性。

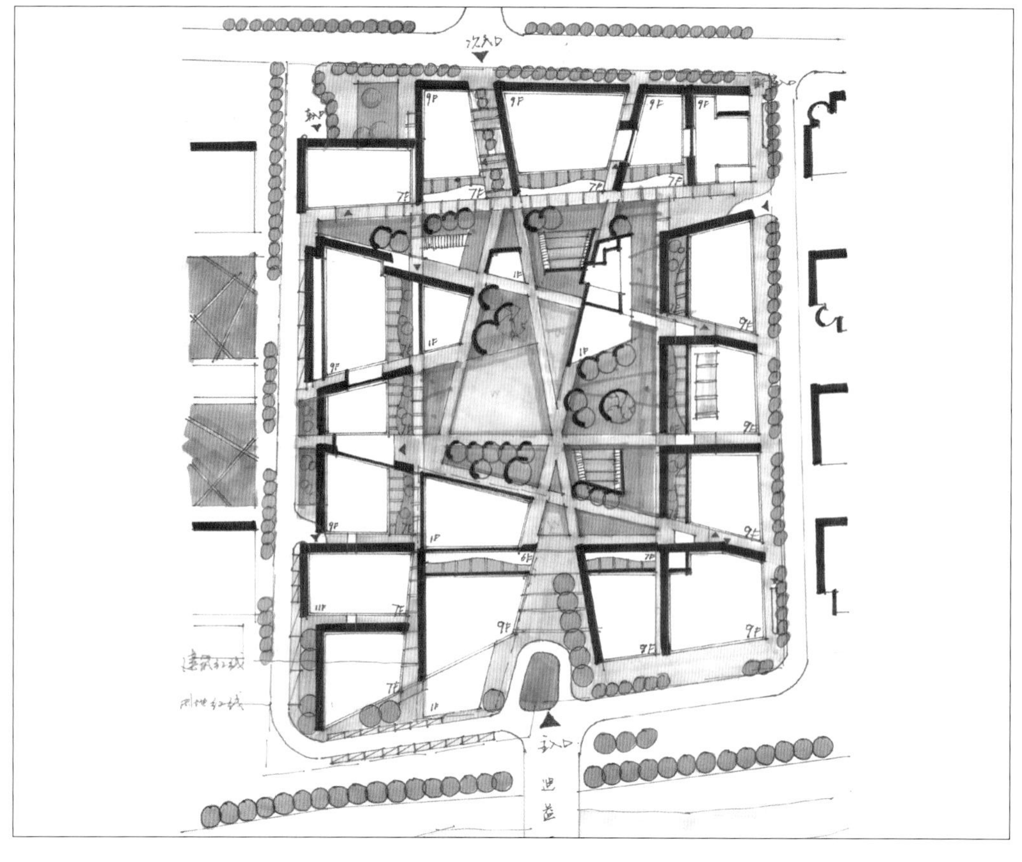

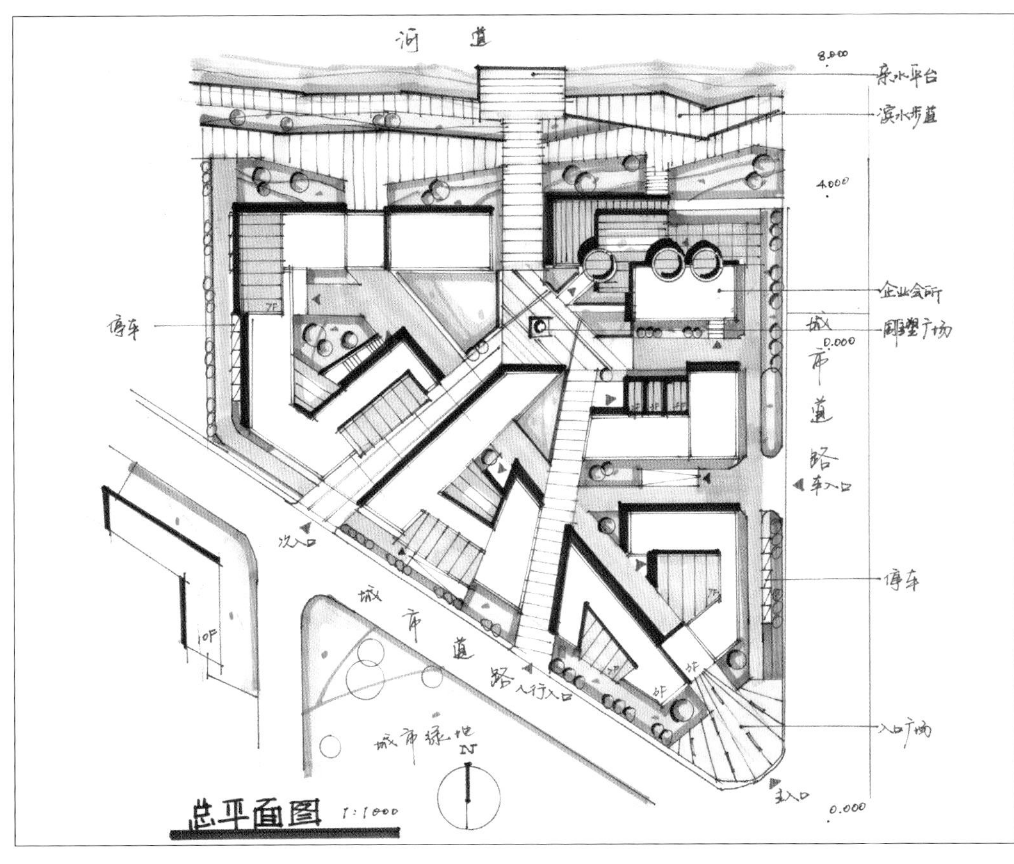

此方案为企业家会所设计，规划上清晰体现了轴线、节点、路径的设计要素，与城市周边的环境一一对应。布局上以圆塔为中心，圆塔前面的广场为空间节点，设计放射形的路径，连接城市道路和滨水空间。空间上从道路转角的广场开始，通过三次建筑底层的架空空间形成与河道连接的视线通廊。建筑形态上，企业会所通过退台呼应河道，并与保留的圆筒形成穿插关系。其他建筑通过切割、院落、退台、虚实对比等手法形成多样统一的建筑形体。

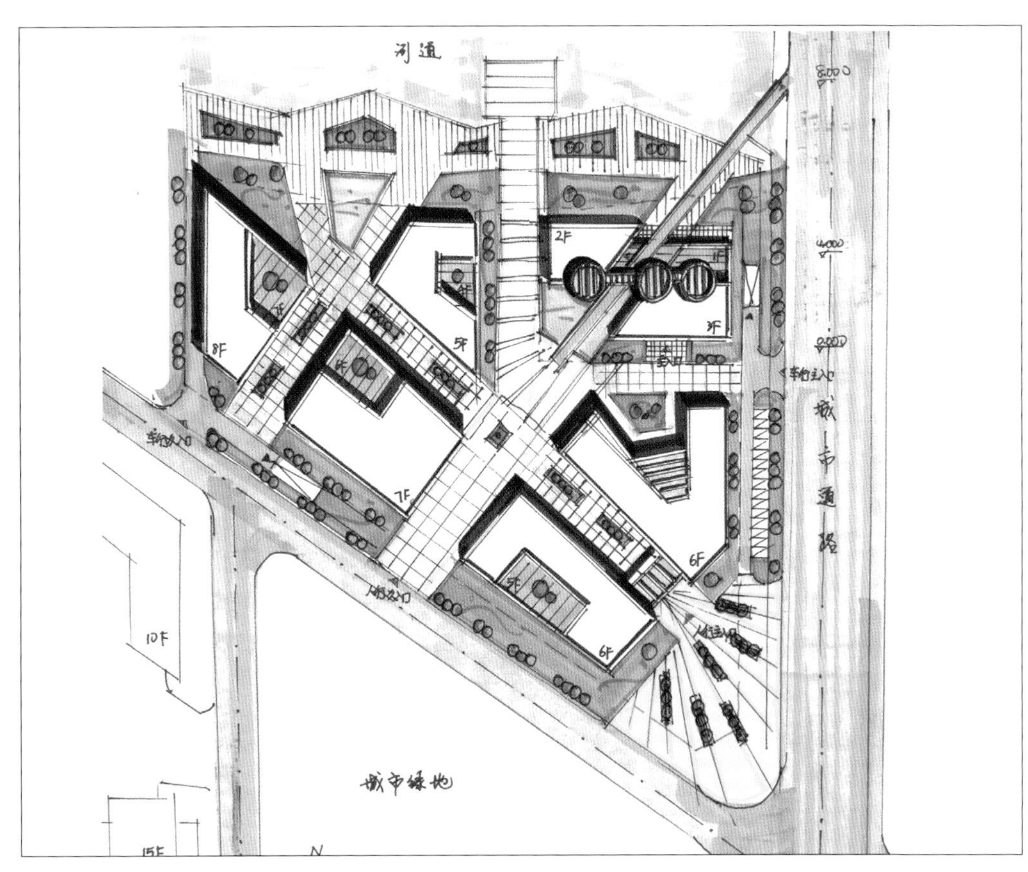

此方案为企业家会所设计，规划上通过L形和U形产生两个组团的围合，布局较为统一。在场地中引入一条斜向轴线，使场地内部与城市道路产生联系。交通上用几条放射状的道路划分用地、切割建筑，并使建筑与周围环境产生联系。建筑形态上轴线将企业会所斜向切割，形成两个反向错动的梯形体量，与圆筒形成咬合关系和体量上的横竖对比。其他建筑体块的局部退让形成屋顶大平台，呼应各自环境及北面水景。

此方案为科技园总体规划概念设计，规划上从功能分区入手，将宾馆、会议围绕树林布置，将研发办公、监测朝向水池围合，形成基本的动静分区。两个分区之间围绕水池组织，形成空间的连续、转折与贯通。办公、研发区延续东侧园区广场，形成主轴线，并通过形体的高低、宽窄组合与南侧水池庭院相连通。监测中心以L形对内围合水池，对外朝向道路转角打开，独立使用。交通上设计了外环路、3个出入口及地面停车。建筑形态上南低北高，在城市形象及园区空间上协调统一。

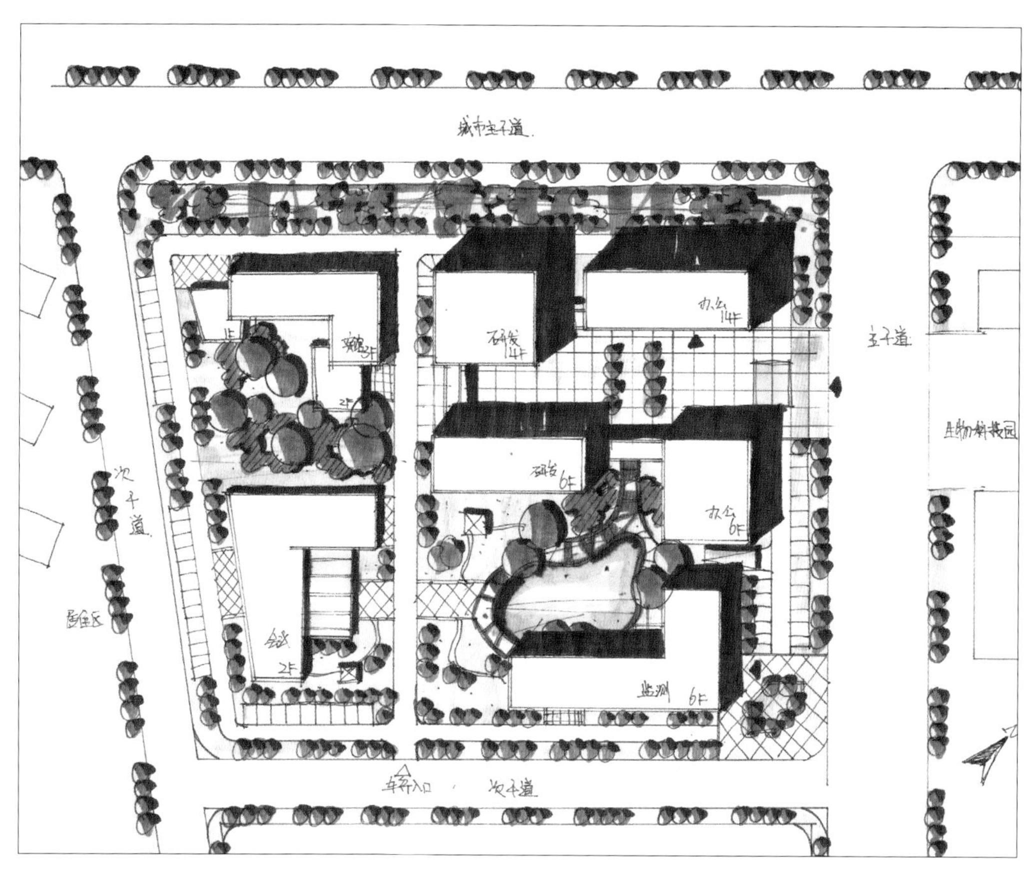

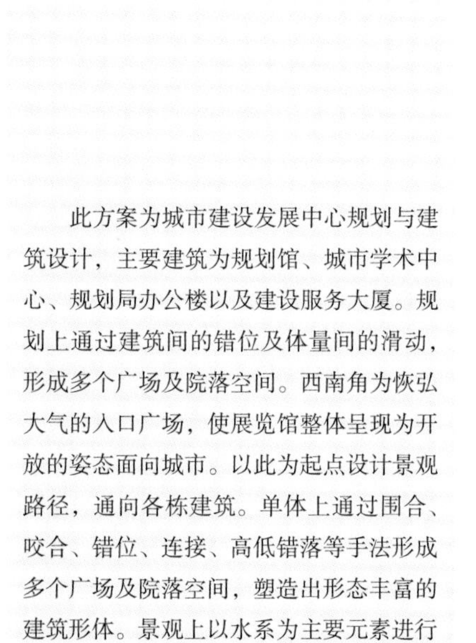

此方案为城市建设发展中心规划与建筑设计，主要建筑为规划馆、城市学术中心、规划局办公楼以及建设服务大厦。规划上通过建筑间的错位及体量间的滑动，形成多个广场及院落空间。西南角为恢弘大气的入口广场，使展览馆整体呈现为开放的姿态面向城市。以此为起点设计景观路径，通向各栋建筑。单体上通过围合、咬合、错位、连接、高低错落等手法形成多个广场及院落空间，塑造出形态丰富的建筑形体。景观上以水系为主要元素进行空间氛围的营造。

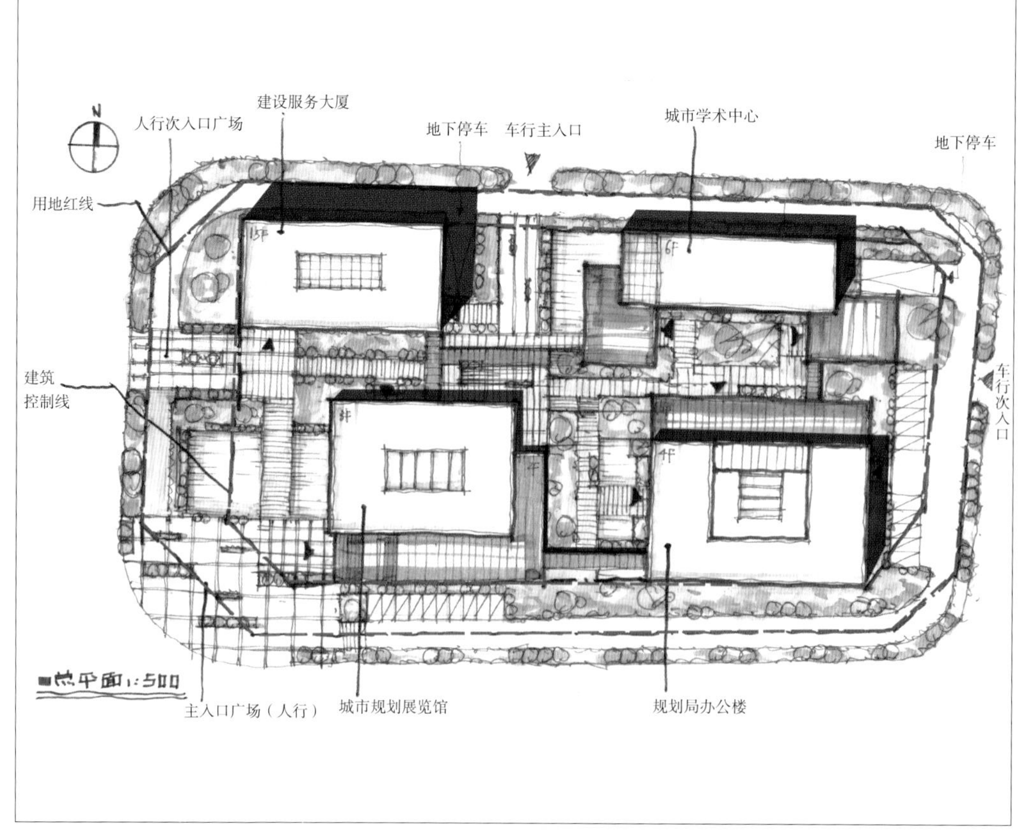

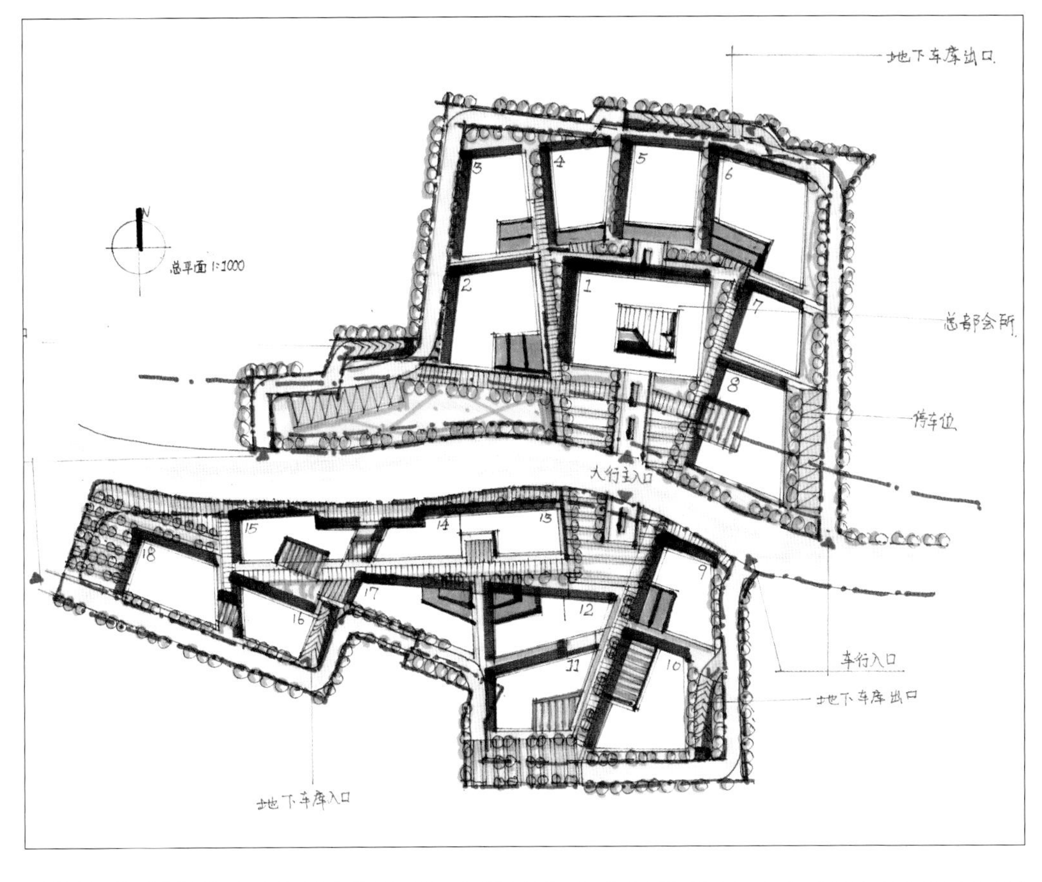

此方案为办公园区规划，规划上用梯形广场联系两边地块，产生两条轴线，再利用其他轴线切割地块，组织不同的功能。建筑形态上运用外部空间进行围合，产生露台及退台空间，增强视觉联系，丰富空间。

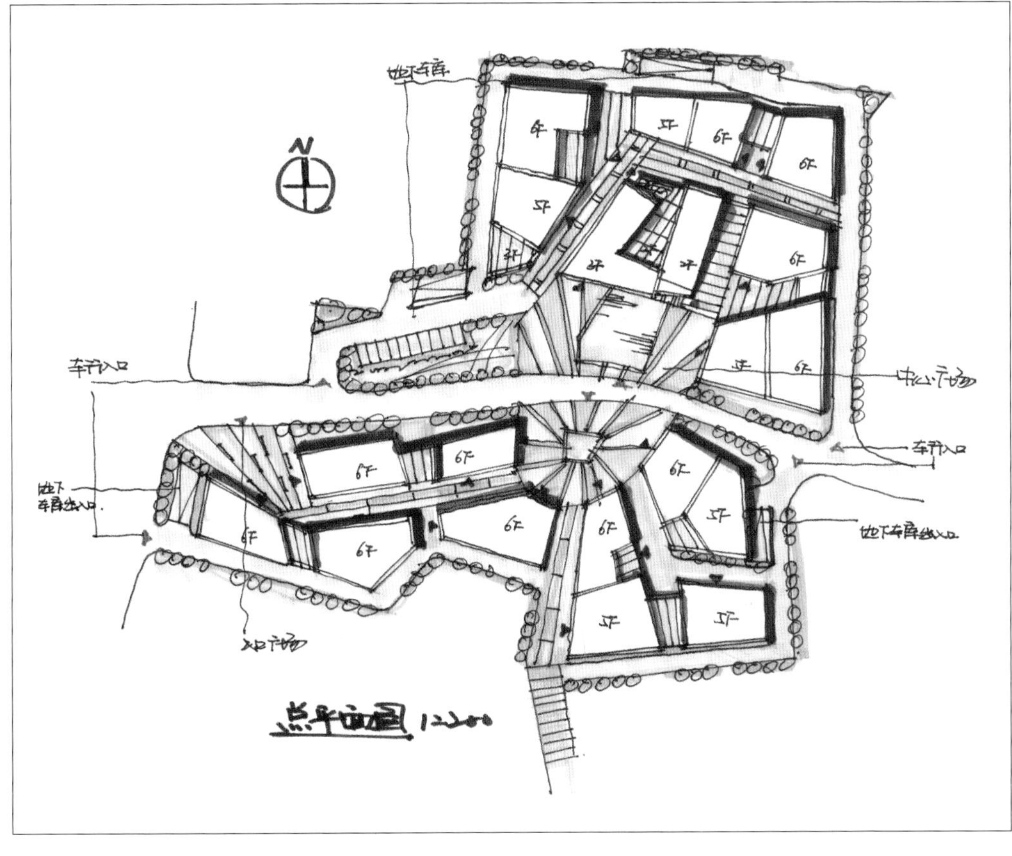

此方案为办公园区规划，规划上运用轴线、切割及围合手法进行群体设计，并且强化了两个地块交界处的公共广场。场地内的交通流线流畅，入口设计合理。广场设计是点睛之笔。

此方案为研究中心园区总体规划设计，规划上将会所全部沿湖布置，沿西侧道路布置研究和展示中心。空间上通过两幢建筑的分离，形成入口广场及东西向轴线。轴线以大会所作为收头，使得大会所拥有绝佳的湖面景观，中型会所布置在北侧，并面向东侧林地打开，小会所形成组团围合并朝湖景渗透。交通上设计半环路、两个车行入口及一个人行入口，半环路可以到达各个建筑入口，并在每幢建筑边上设计地面停车，地下停车布置在高层建筑下，整体布局理性、合理。

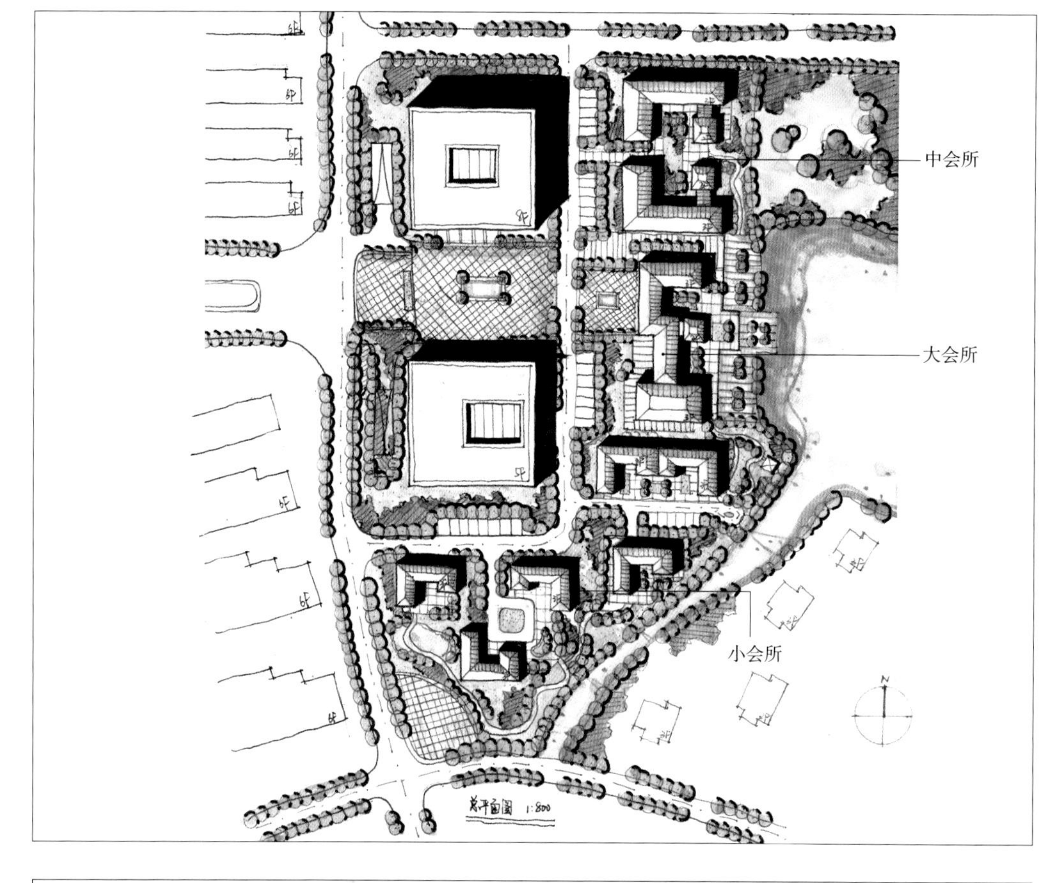

此方案为东湖公园规划，规划上通过两条道路及朝向湖面的轴线对基地进行分割，并利用次轴曲线对场地进行再次细化。空间上，建筑两两一组围合出广场，使所有建筑都可以朝向湖面，形成对景观的最佳利用。建筑形态上运用折板、架空、大台阶、屋顶花园等手法，形成连续完整的形体。

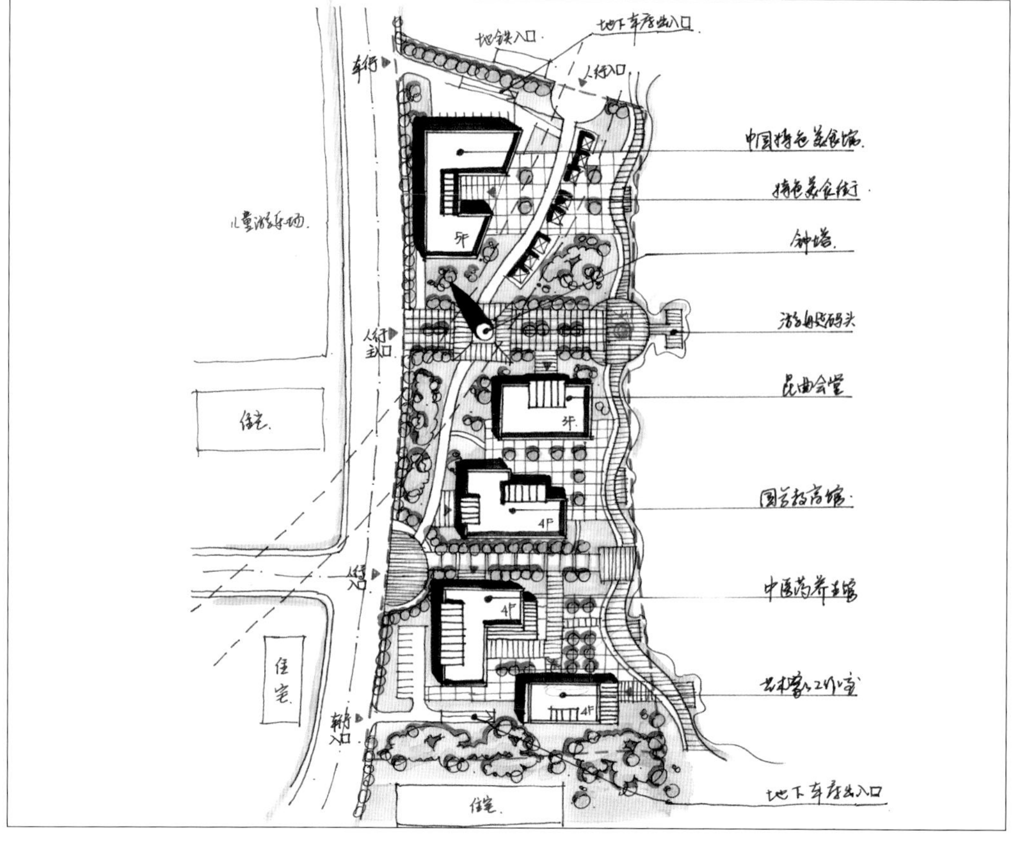

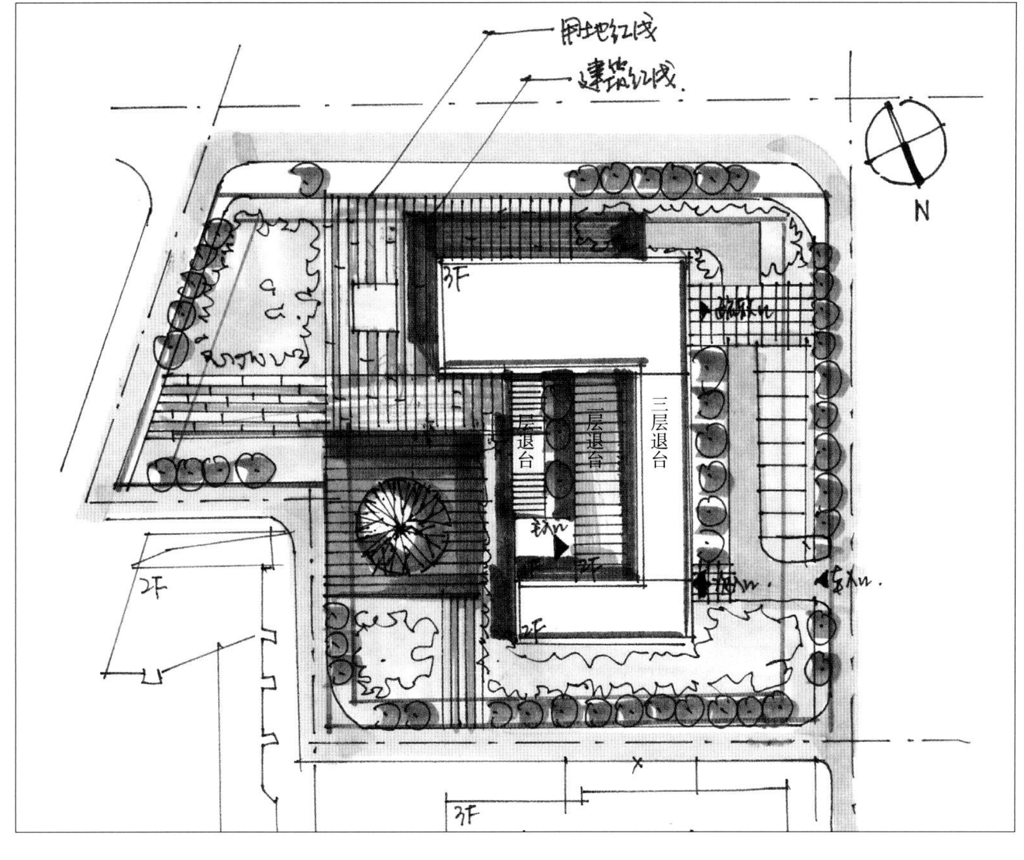

此方案为图书馆设计，形态上运用U形体量围合树木，应对基地形状，并朝向公园打开。U形内的三层退台形成对景观的最佳利用。主次入口的设置上，考虑北侧道路人流，西侧公园人流，以及南侧广场人流，并以公园与广场人流为主，将主入口设置于靠近公园和广场一侧。交通上停车设置合理，方便进入主次入口。

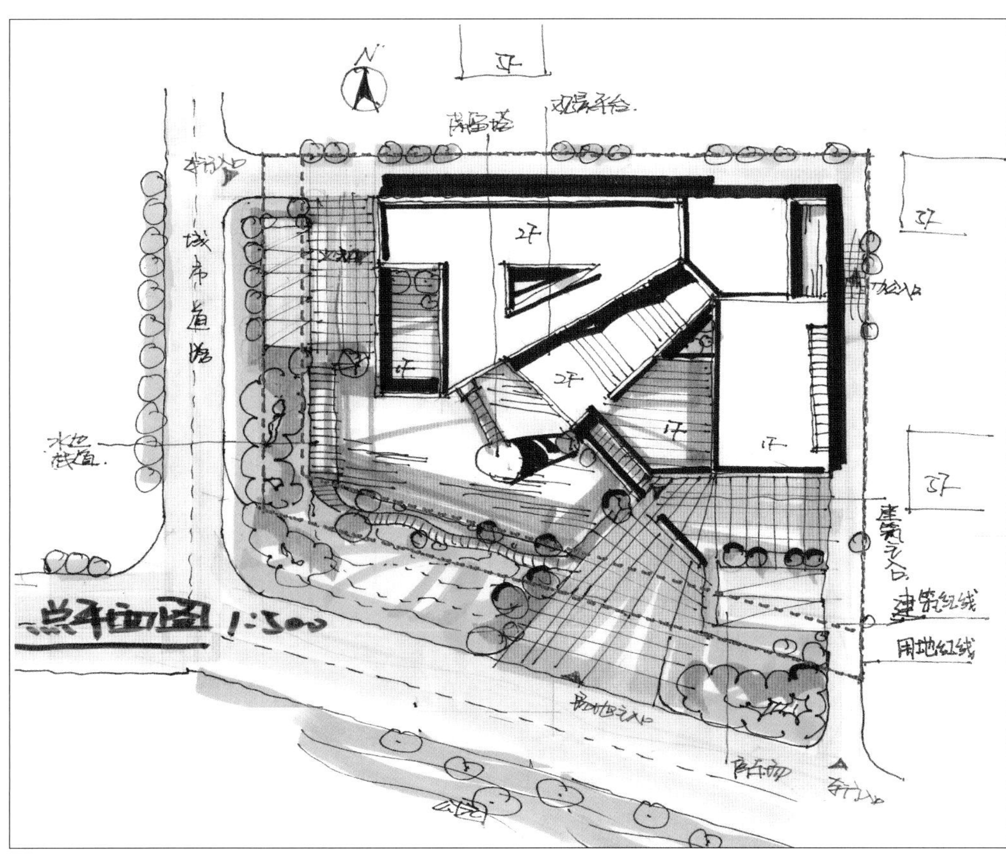

此方案为展览馆设计。形态上，对矩形体块进行不规则切割，形成对水塔的动态围合和轴线对应，放射性的轴线产生对水塔的多次观看场景。车行道形成半环路，停车场与主次入口联系方便。主入口广场的设计延续了建筑放射性的肌理。

此方案为商业办公综合体设计，空间布局上运用围合形成内部庭院，在靠近水面的一侧设计退台及平台呼应景观，并利用横跨水面的玻璃连廊联系两侧建筑。

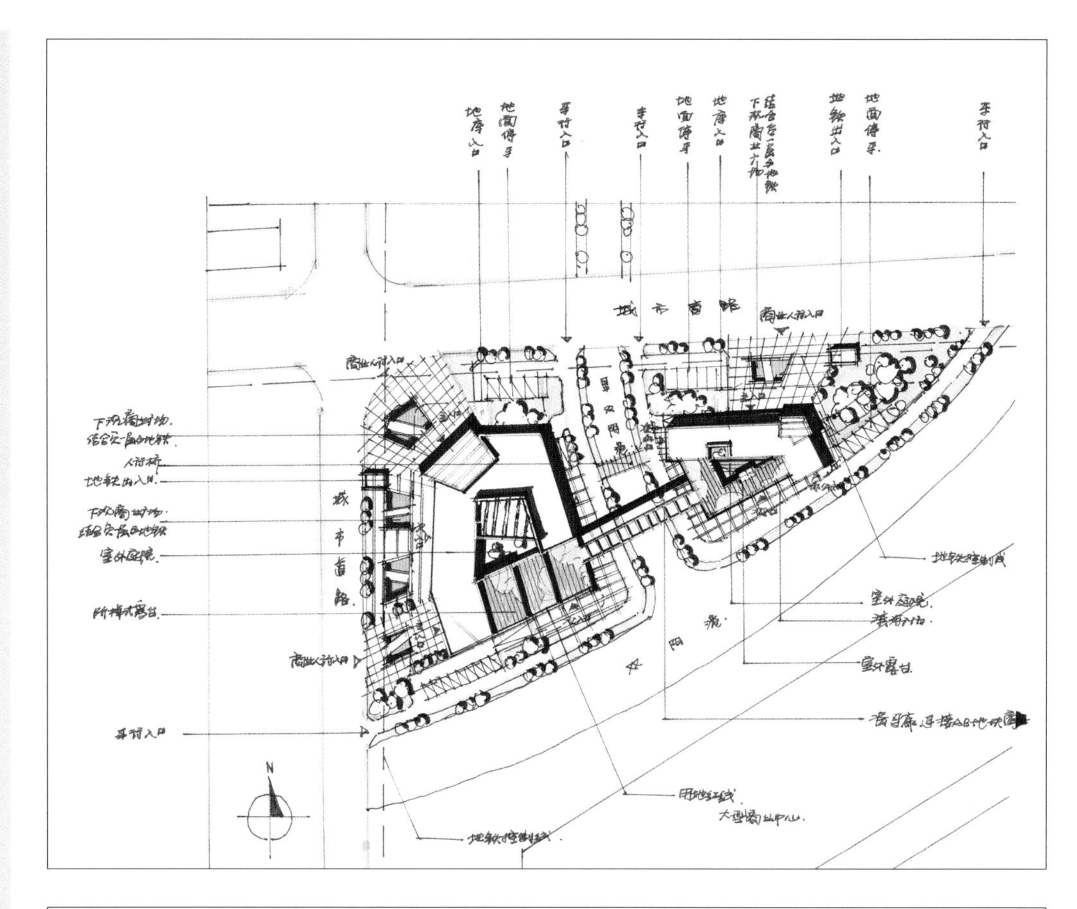

此方案为商业办公综合体设计，运用切割的手法在靠近水面的一侧形成退台及平台呼应景观，并利用横跨水面的连廊联系两侧建筑。

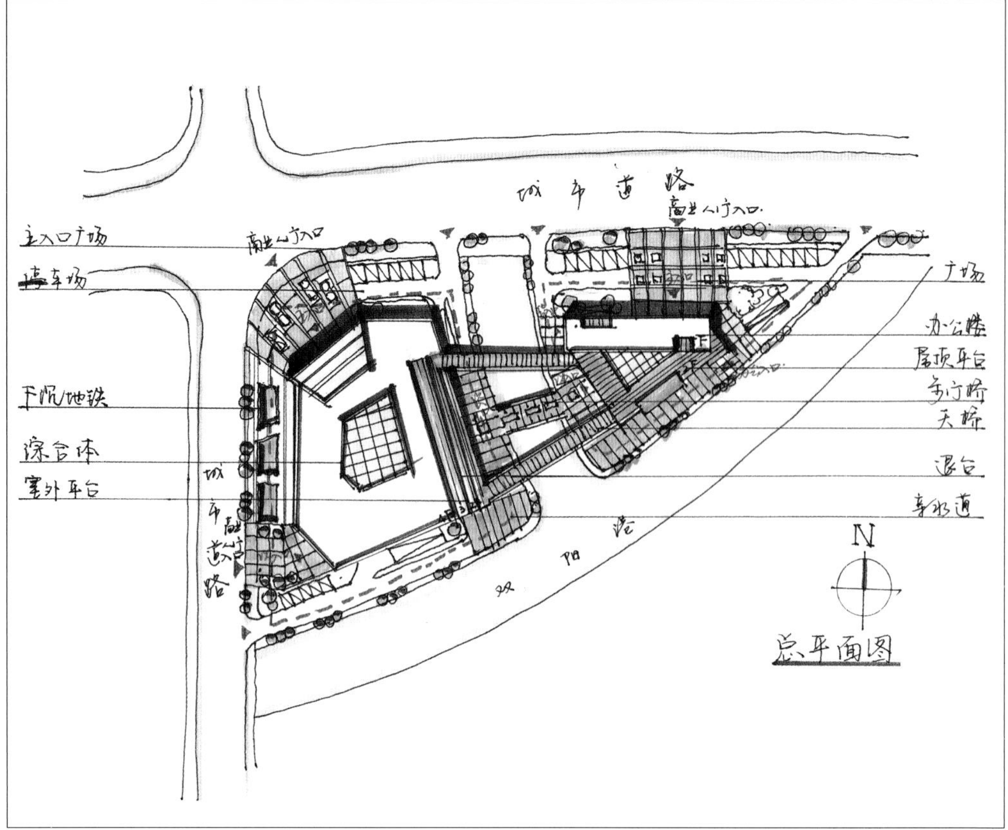

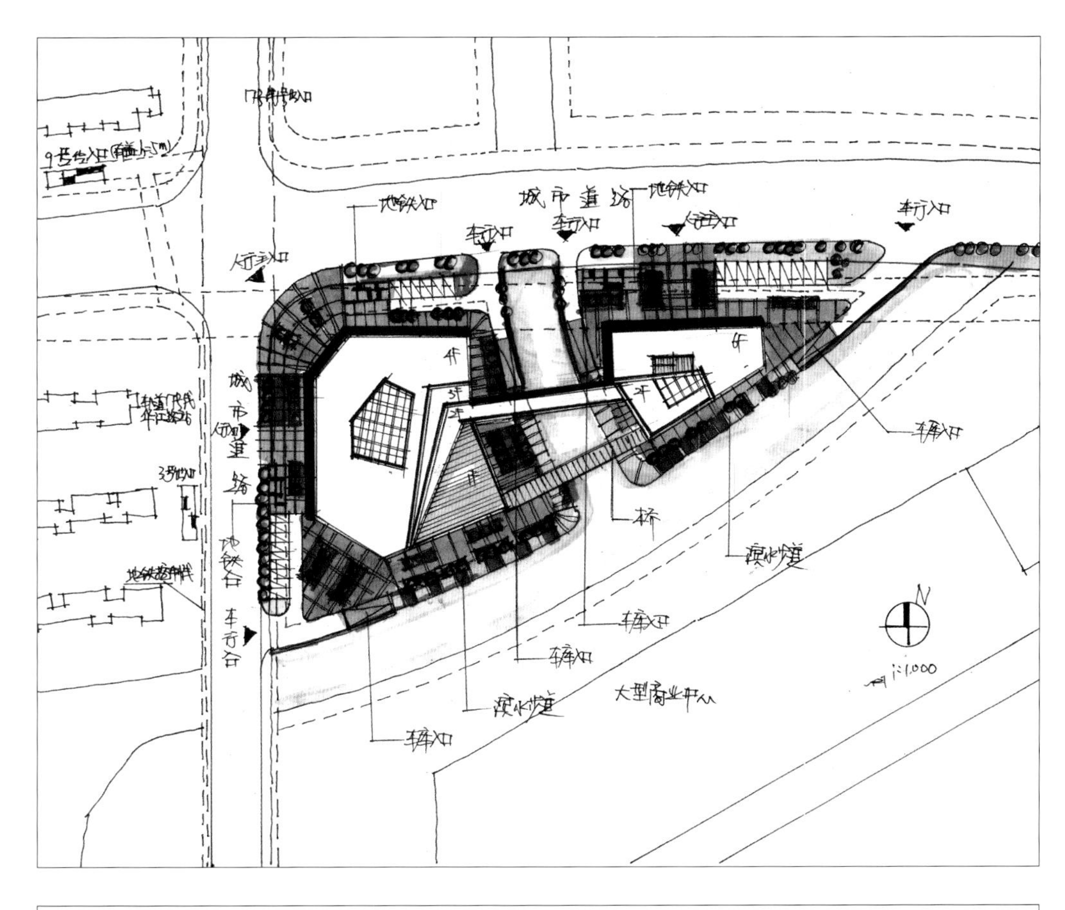

此方案为商业办公综合体设计，商业部分基本保持大体量的完形，再通过切割手法互相围合及呼应。形态上的局部退台既呼应景观又不影响内部功能。

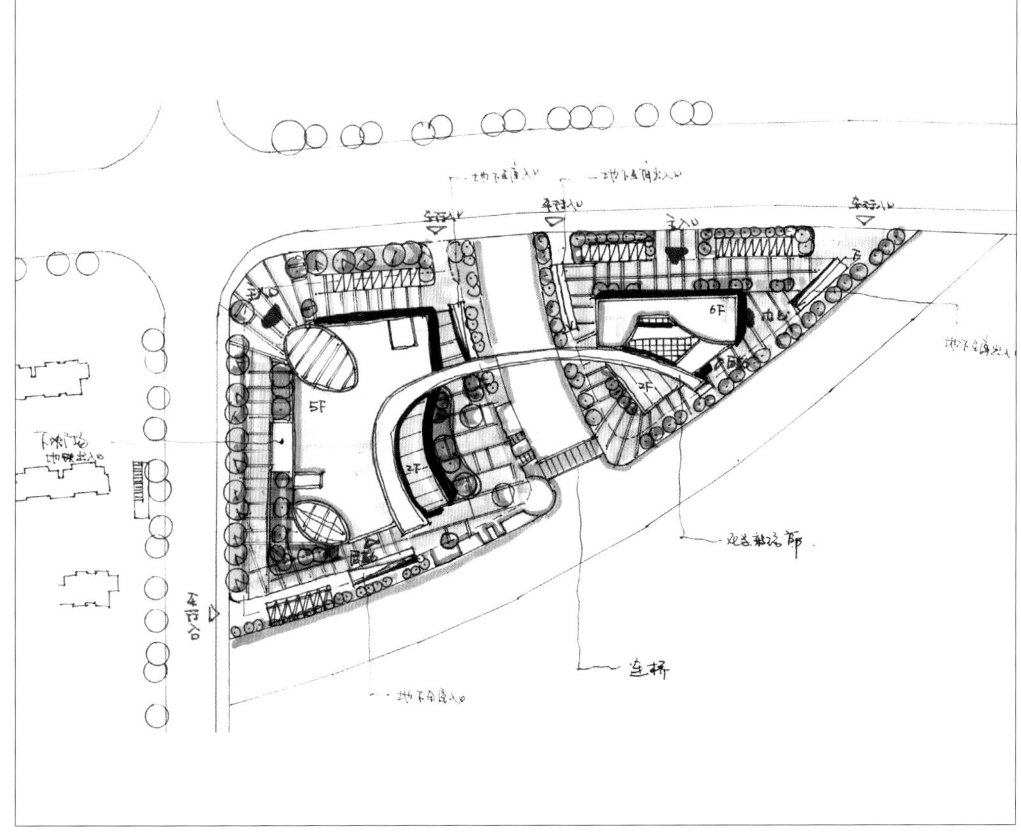

此方案为商业办公综合体设计，造型上利用弧形玻璃连廊连接两侧建筑，形成统一的形态。主次入口处的玻璃体设计具有商业标示性。

此方案为城镇文化中心设计，形态上将L形体块切割分解成单元体，单元块之间通过虚的玻璃连廊或庭院空间产生联系。空间布局上围绕中间的水池景观，设置了台阶、平台等室外空间，形成室内外对太湖石的多角度观看。

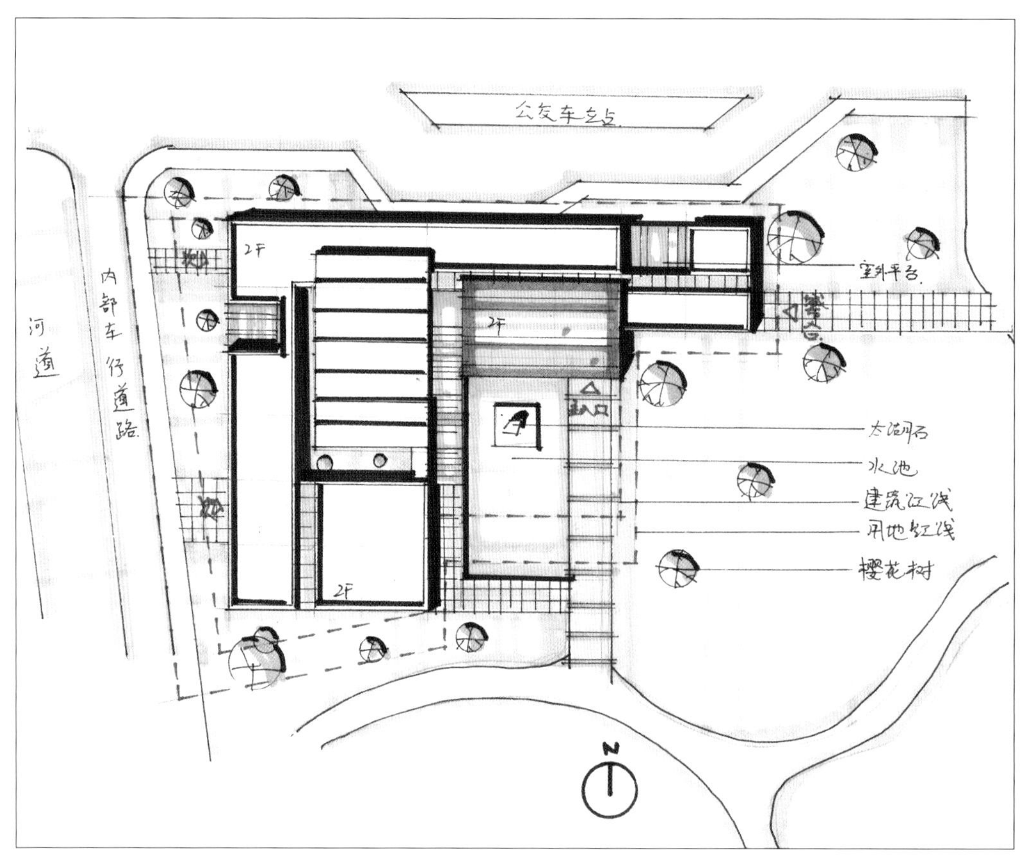

此方案为城镇文化中心设计，总图上体现为园林式的布局，庭院错落有致、丰富多样。空间上通过对房间面积差异、走廊空间的收分以及架起的玻璃连廊的处理，形成了大量的庭院、平台及架空空间。

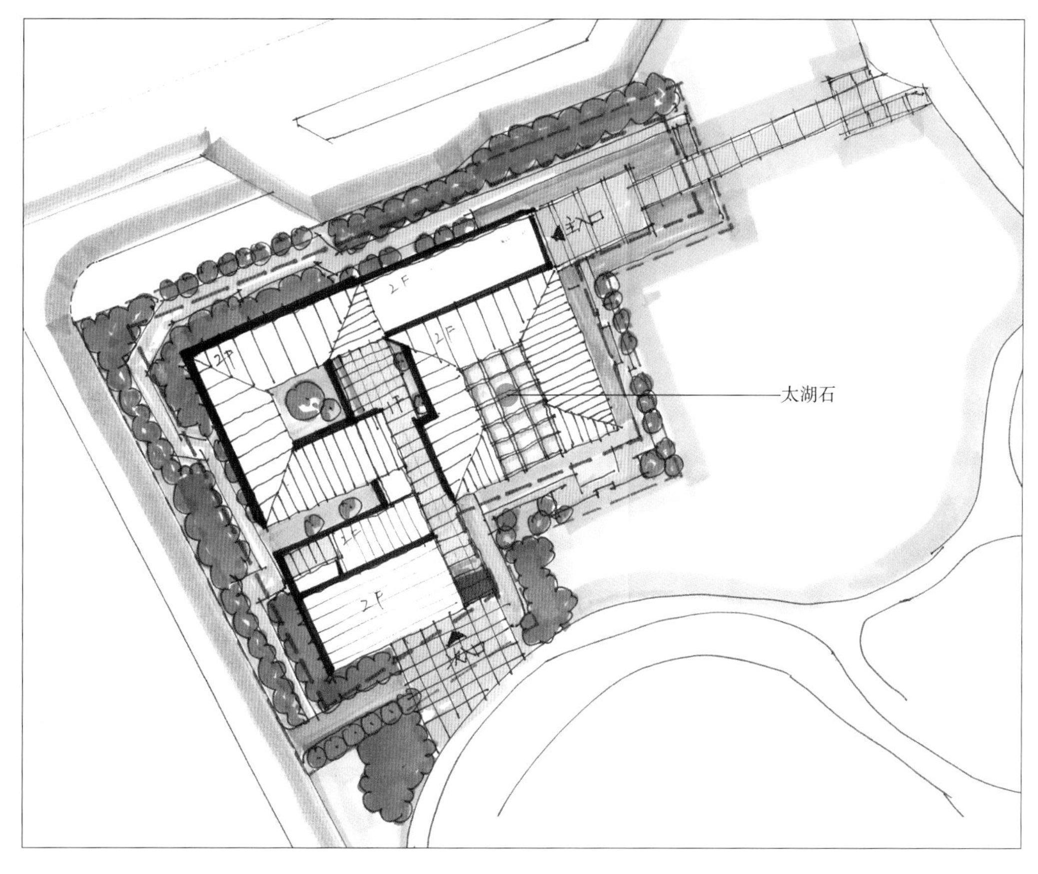

此方案为城镇文化中心设计，空间布局将太湖石设于室内中庭，成为内部空间的核心展品，并与门厅、台阶式展览功能紧密联系起来。建筑形态上通过单坡屋顶、内坡屋顶、平屋顶、室外连廊等呼应城市历史，形成丰富、多样、统一的建筑形态。

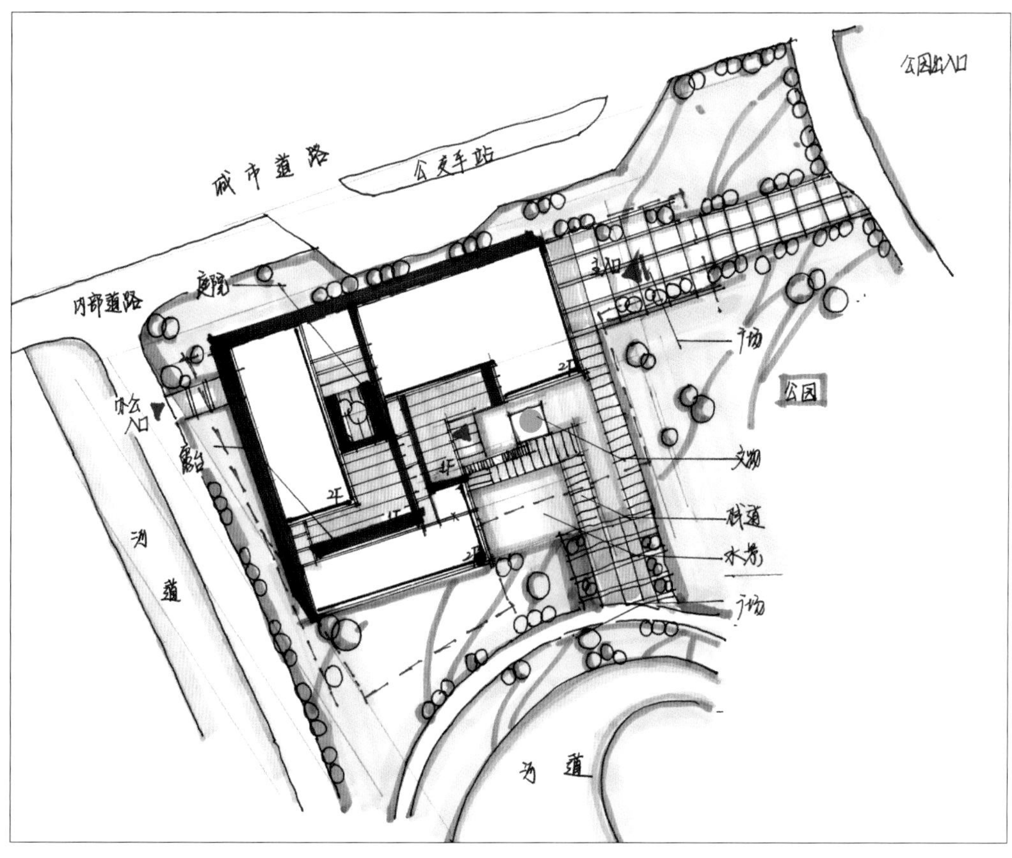

此方案为城镇文化中心设计，空间布局上将主入口沿着围绕太湖石的栈道布置，形成对太湖石的直接观看。屋顶设计二层露台和一层庭院空间，解决采光和朝向的同时，形成丰富的外部空间。

分析图设计语汇

1　环境分析

1.1 轴线分析

轴线是建筑设计中常用的空间组织手法，其以路径安排为导向，能够体现空间层次的叠置和空间序列的变化，增强空间导向性与凝聚力。

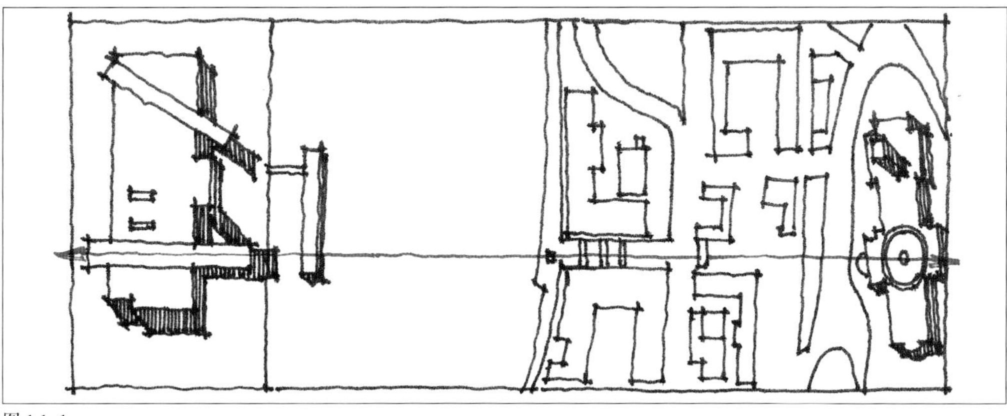

图 1.1–1

图 1.1–1：两个玻璃体穿插进主体建筑之中，形成新老建筑的对比，水平向玻璃体指向教堂，形成一条无形的轴线。

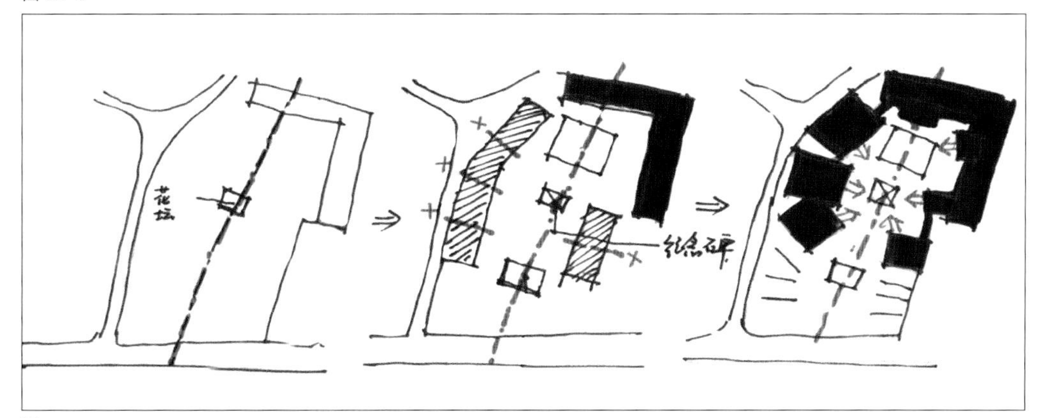

图 1.1–2

图 1.1–2：知青园、纪念碑与大舞台形成空间上的轴线序列，场地内的其他建筑体量呈现围合的姿态，加强了空间轴线的凝聚力和引导性。

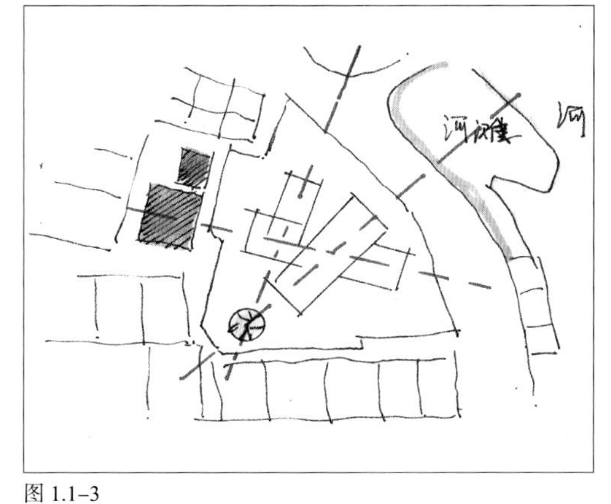

图 1.1–3

图 1.1–3：顺应建筑形体的交叉轴线迎合不同的景观。

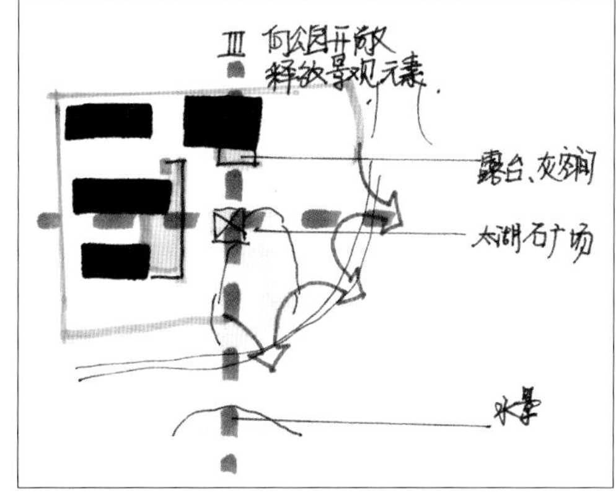

图 1.1–4

图 1.1–4：利用太湖石以及建筑中的露台和灰空间，形成互相垂直的两条轴线，向周围公园开放。

图 1.1–5

图 1.1–5：以广场为轴线的起点，连接照壁、广场、入口、中庭和内庭院，中轴对称，形成具有强烈引导性和秩序感的空间序列。

图 1.1-6：在建筑的内庭院中营造景观，以灰空间作为过渡，与场地内保留雕塑共同形成景观轴线。

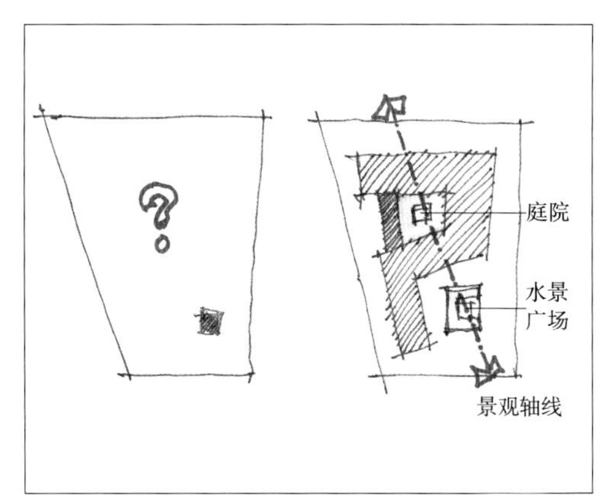

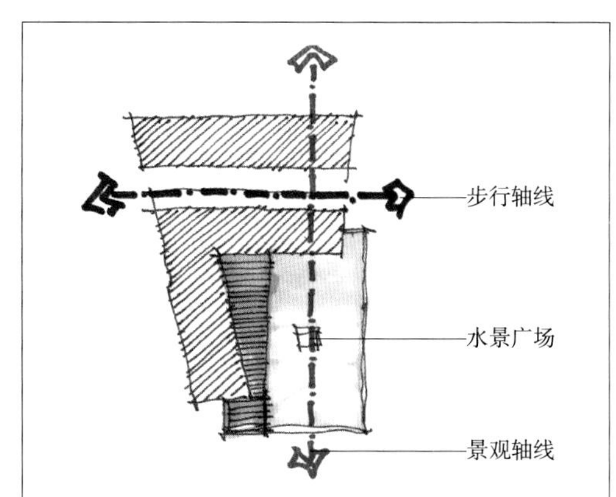

图 1.1-6

图 1.1-7：空间布局以照壁为核心，建筑形体运用围合和退台的形式与其呼应，形成景观轴线。

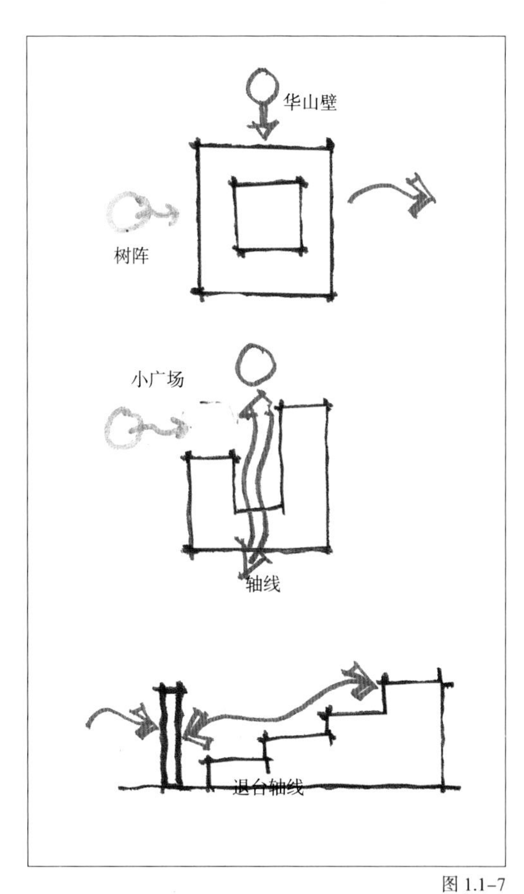

图 1.1-7

图 1.1-8

图 1.1-8：空间组织利用开向纪念碑的透视门，形成一条无形的轴线。

图 1.1-9：以图书馆为校园两条轴线的交汇点，形成校园的中心空间。

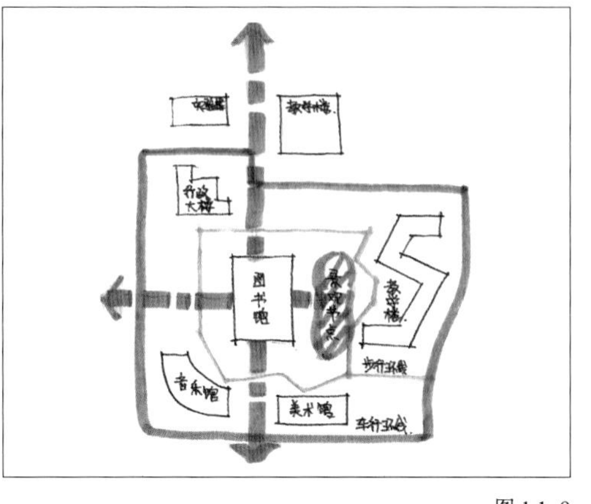

图 1.1-9

图 1.1-10：通过组织建筑形体形成多条朝向景观的轴线。

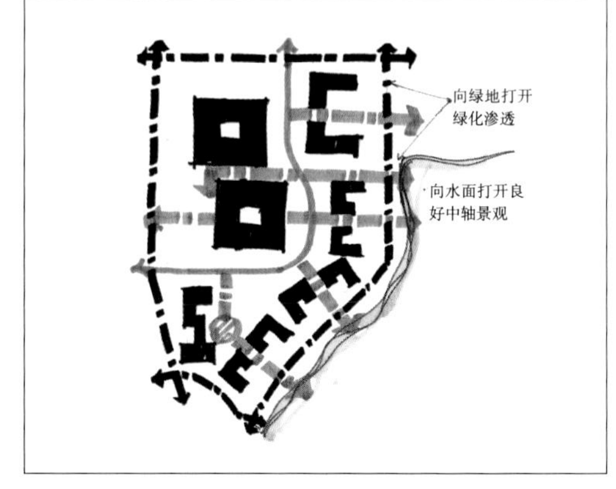

图 1.1-10

1.2 节点分析

节点是构成景观体系的重要元素，与轴线共同构成场地中的点、线关系，虚拟的可被感知的轴线串联起场地中的景观节点，形成场地中具有引导性的动态路径。

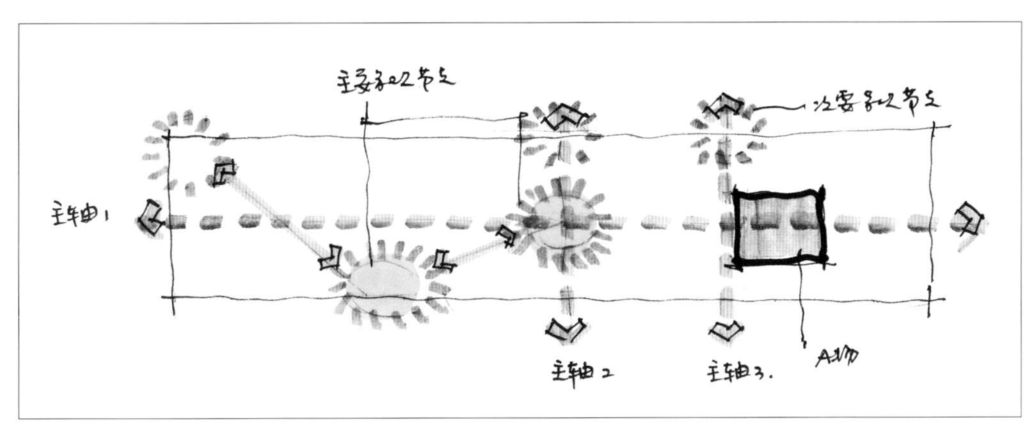

图 1.2–1

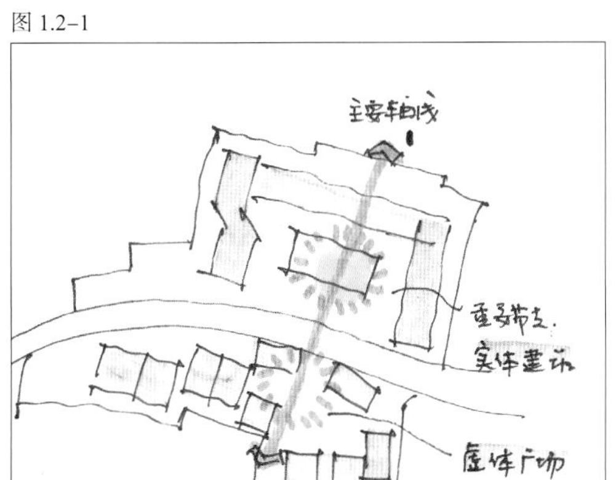

图 1.2–2

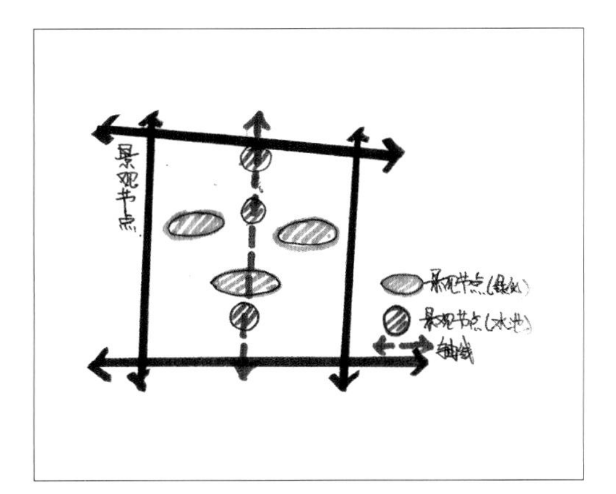

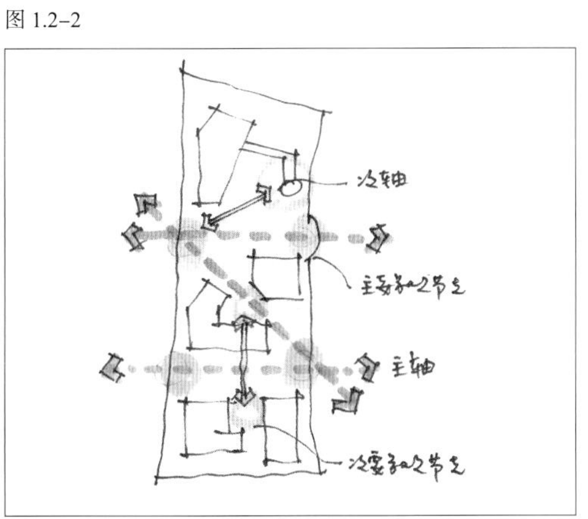

图 1.2–3

图 1.2–4

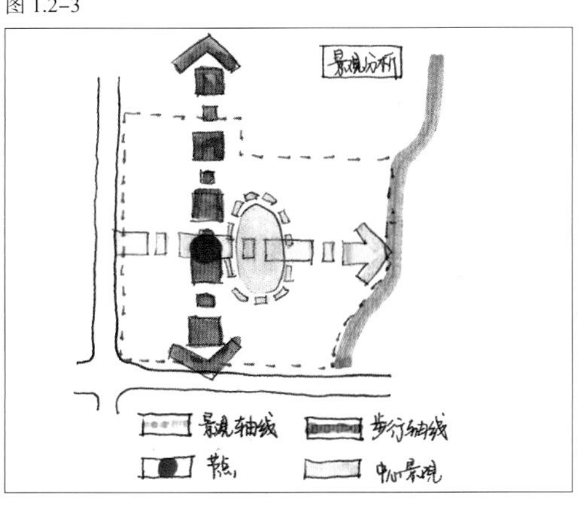

图 1.2–5

图 1.2–1：3 条主轴线控制场地布局，串联各个空间节点，并与道路转角的斜向次轴线联系，形成变化丰富的景观框架。

图 1.2–2：一条主轴线串联多个空间节点，将两块基地统一为一个整体。

图 1.2–3：3 条主轴线和 2 条次轴线将场地内的空间节点串联，其中 2 条主轴线指向远处的景观，形成良好的视觉通廊。

图 1.2–4：以规划馆两侧广场为核心设计两条轴线，形成体育公园的公共空间。

图 1.2–5：景观轴线串联景观节点，形成景观通廊。

1.3 交通分析

在场地设计中，如何合理组织交通系统，实现人、车、路、环境的和谐统一，是设计的重点之一。在快速设计中，交通分析通常包括车行流线、人行流线、主次出入口及地面停车等。

图 1.3–1：车行环路围绕基地边界布置，主要步行轴线连通道路和景观，次要步行轴线分割场地，实现人车分流。

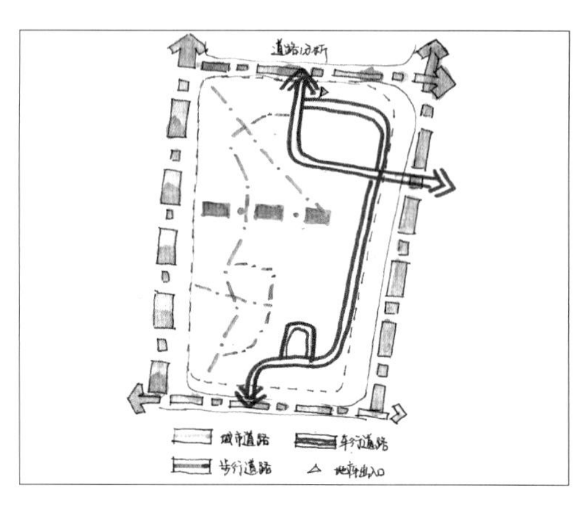

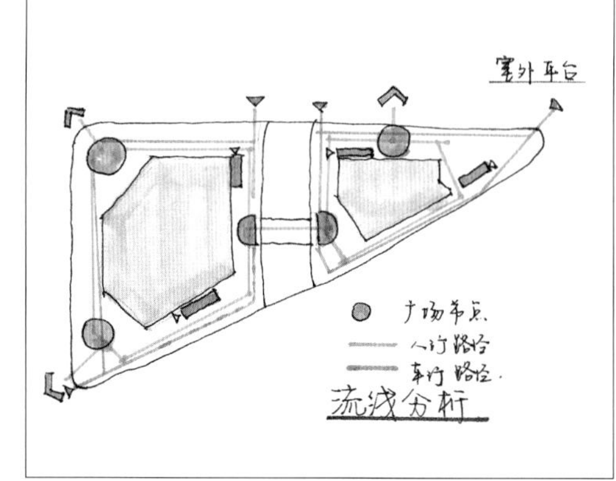

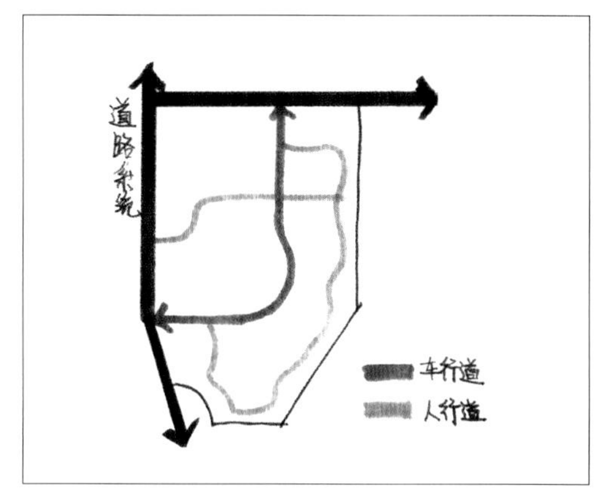

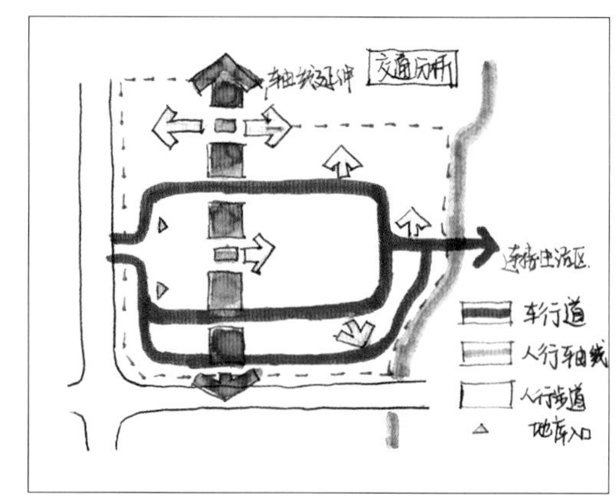

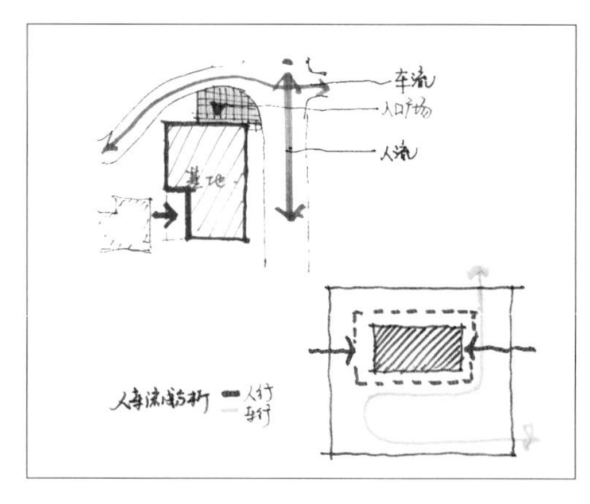

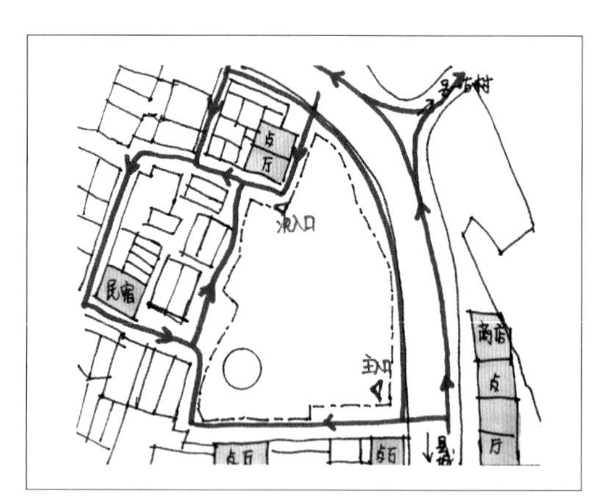

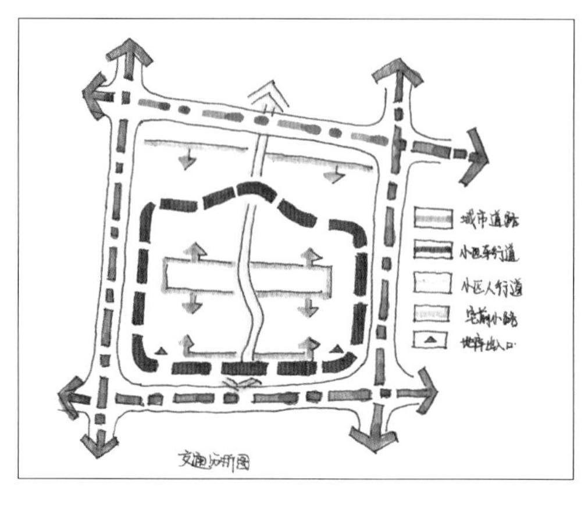

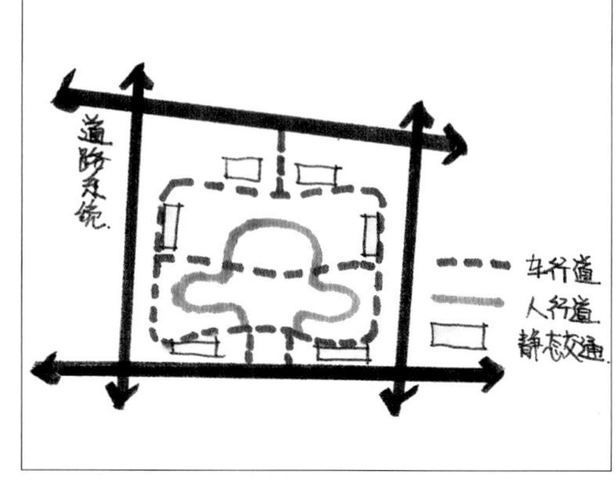

图 1.3–1

1.4 肌理分析

肌理作为对城市屋顶的图示语言，能为新建建筑提供设计参考。肌理分析可以反映新建建筑与建成环境的衔接与过渡，与整体环境的协调与融合，以及新旧建筑形式和空间的逻辑关系。

图 1.4–1：根据周围老城区的肌理将建筑切割成较小的体量，与周围环境渗透融合，模糊边界。

图 1.4–2：基地位于城市历史街区中，通过提取周围历史街区条状肌理、院落肌理等，为新建建筑提供参照。

图 1.4–3：新建建筑的形态通过对周围建筑的控制线进行分析而生成。

图 1.4–4：通过图底分析，展现新旧建筑间的围合及对应关系。

图 1.4–5：新建建筑运用坡屋顶的形式延续老建筑的形态，并对体量较大的形体运用减法，形成呼应街区肌理的尺度。

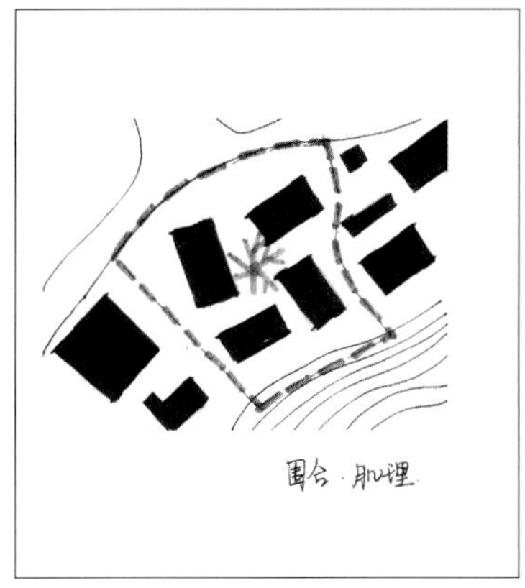

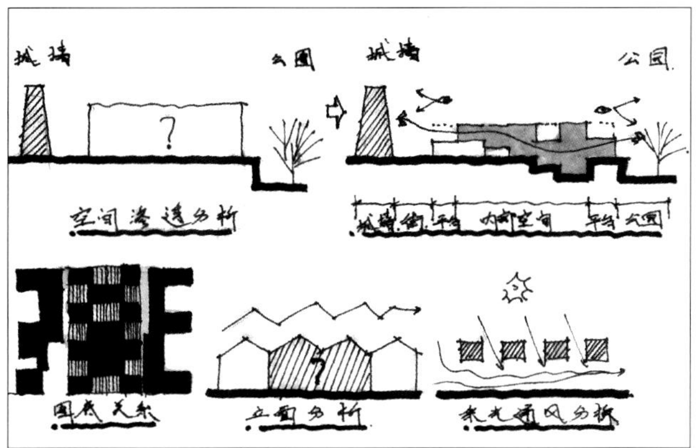

图 1.4–1

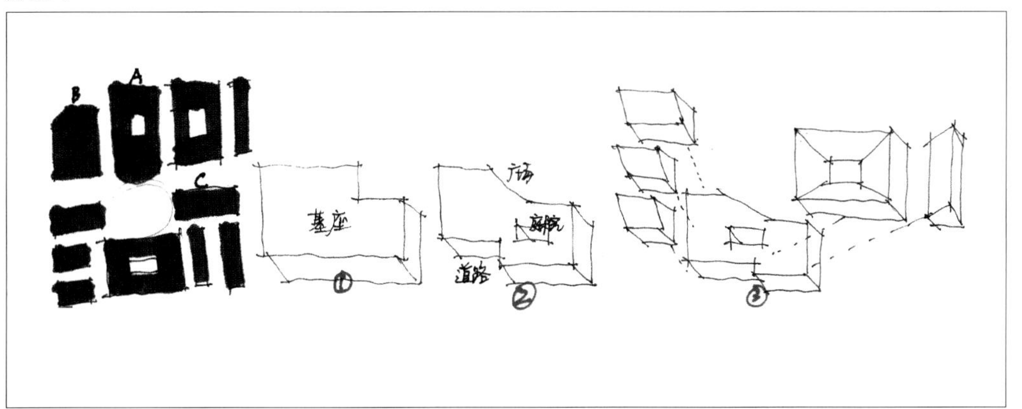

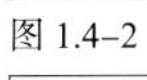
图 1.4–2

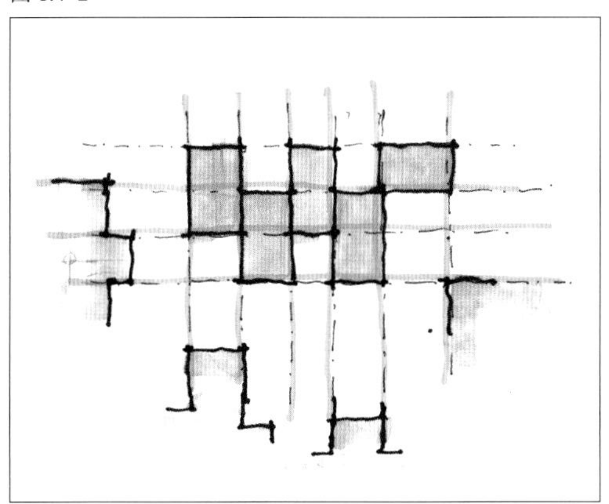

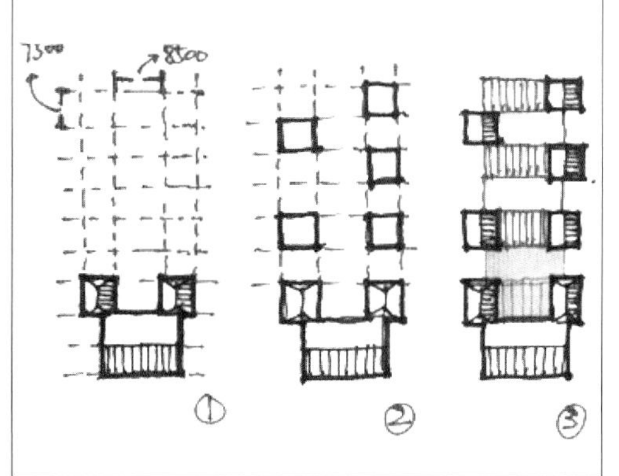

图 1.4–3

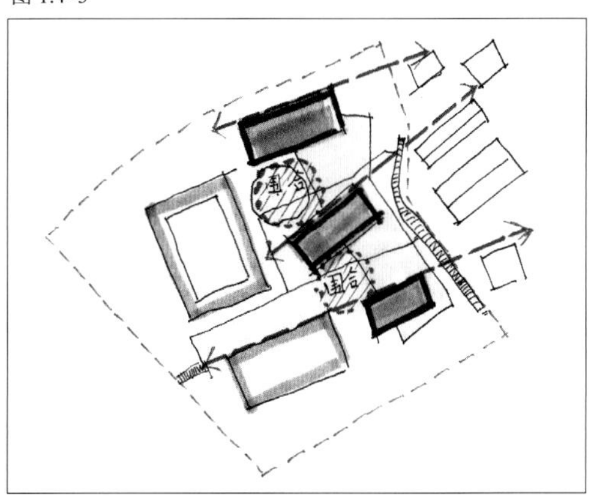

图 1.4–4

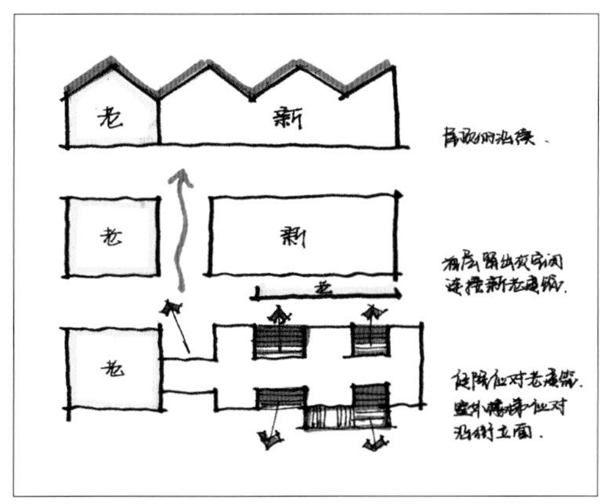

图 1.4–5

1.5 分区分析

总平面功能分区主要体现不同功能与外部环境的关系，同时应组织好动静分区、洁污分区、服务与被服务功能的分区。

图 1.5–1：由主要道路经过广场进入教学楼，其他功能分置两侧，功能分区合理。

图 1.5–2：以 3 条主要轴线划分场地，形成动静分区。

图 1.5–3：根据轴线划分动静分区。

图 1.5–4：人流量大的功能置于中间，公寓等私密空间置于内侧，操场靠近高架处。

图 1.5–5：空间层层递进，动静分区。

图 1.5–6：会所区将大会所布置在西南角，具备公共形象。中型会所布置在东北角，面向东侧林地。小会所布置在东侧，可全部面向湖面，形成对景观价值及交通价值的最大利用。公共展览区布置在靠近主道路的一侧，形成动静分区及公共的城市形象。

图 1.5–7：运动设施靠近马路，安静区域临近滨水。

图 1.5–8：方案将低层商业街布置在南侧滨湖面，将商业综合体布置在西北侧，将住宅布置在东北侧，形成对景观、交通及文化价值的最大利用。

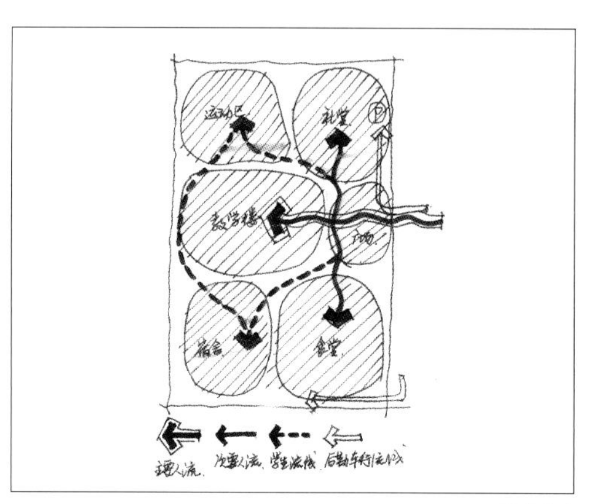

图 1.5–1

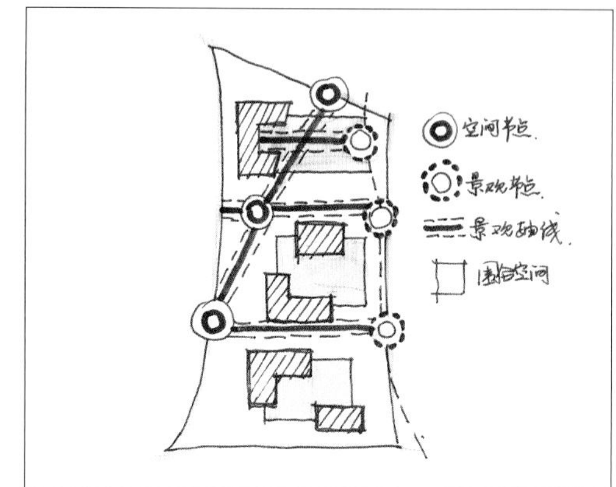

图 1.5–2

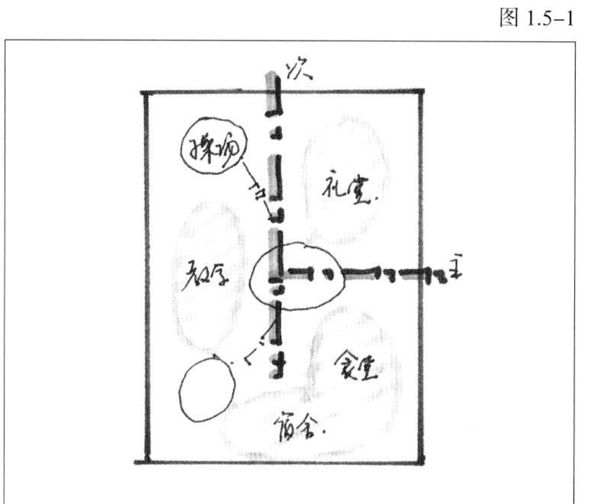

图 1.5–3

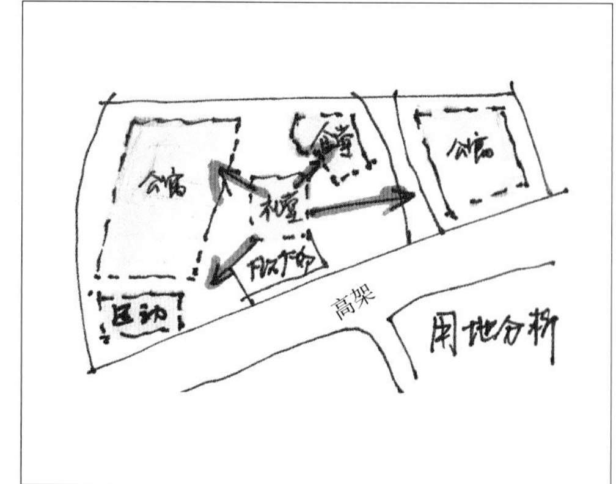

图 1.5–4

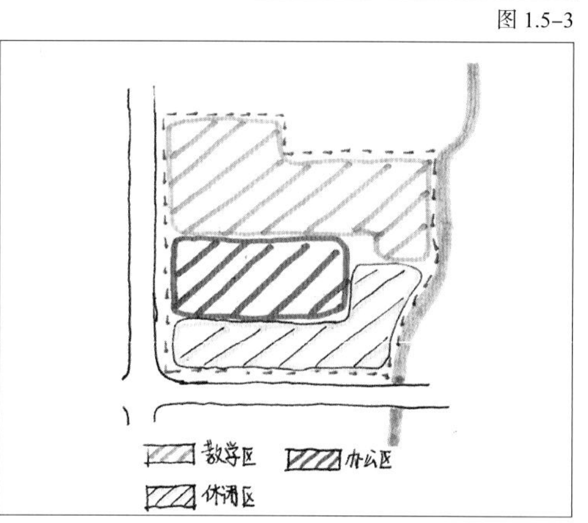

图 1.5–5

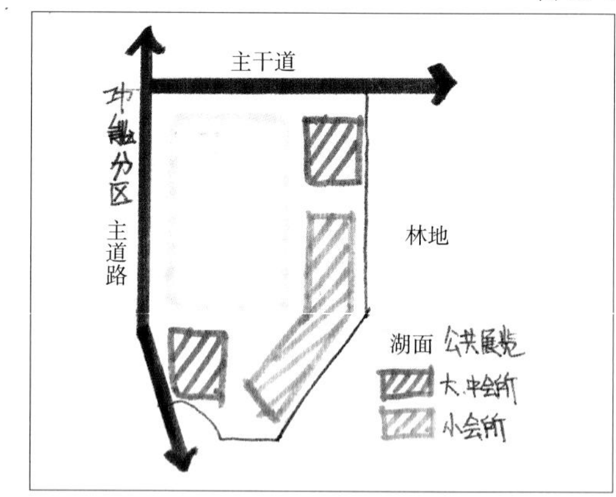

图 1.5–6

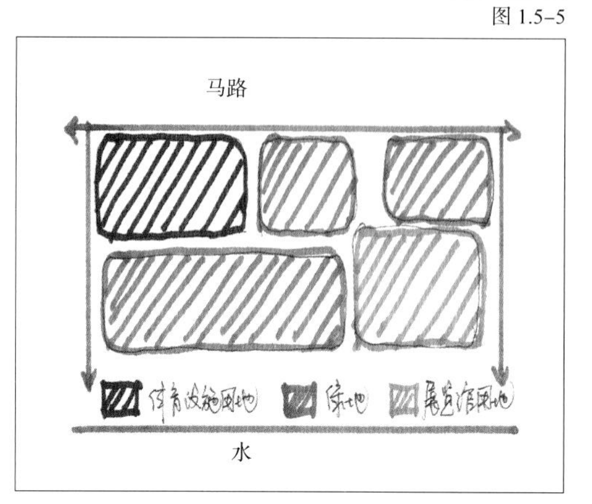

图 1.5–7

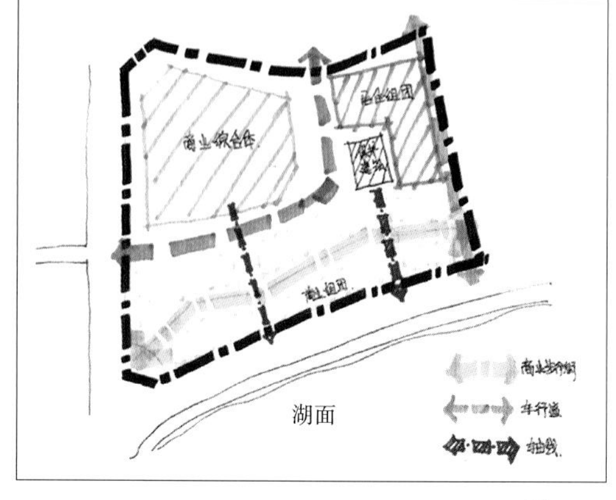

图 1.5–8

1.6 景观分析

景观分析是建筑对于周边景观回应的概括，建筑一般通过架空的方式形成灰空间，或通过形体的错落、切割等方式形成室外平台，来回应周围的景观。

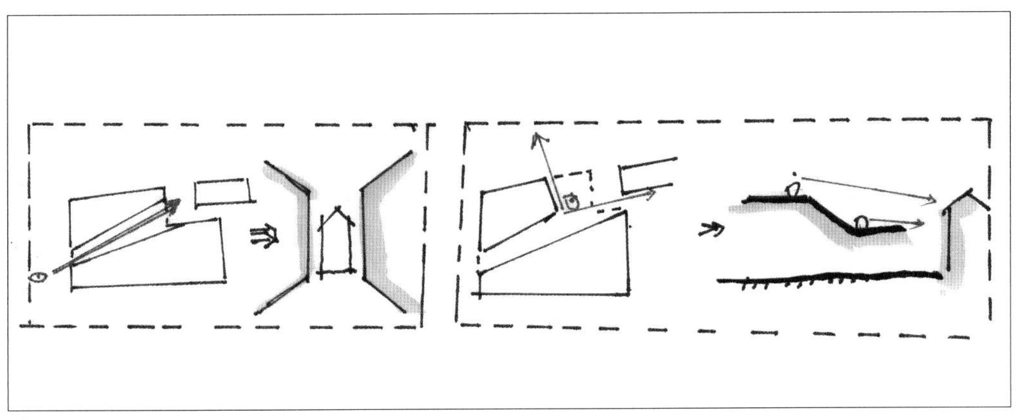

图 1.6–1

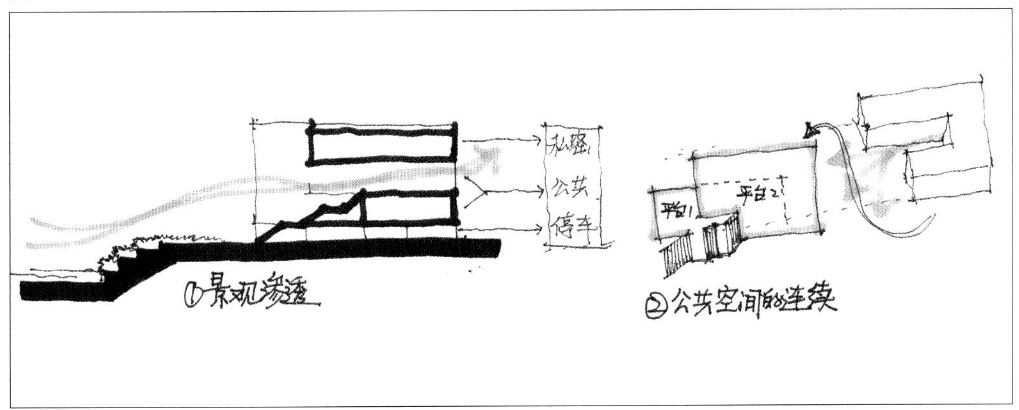

图 1.6–2

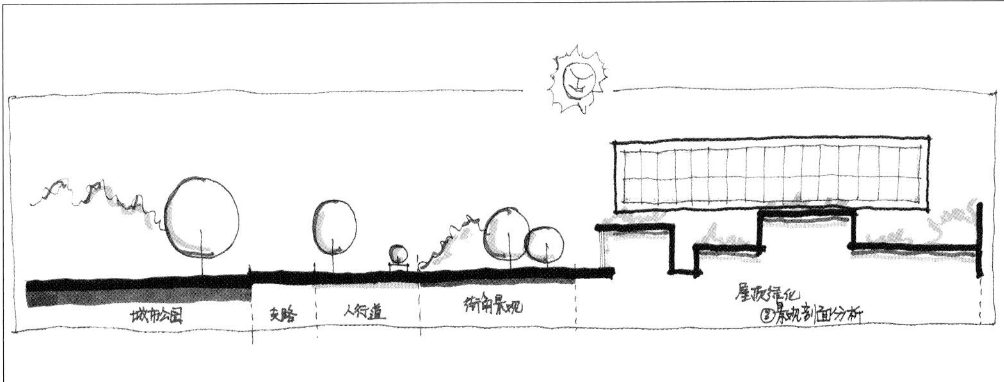

图 1.6–3

图 1.6–4

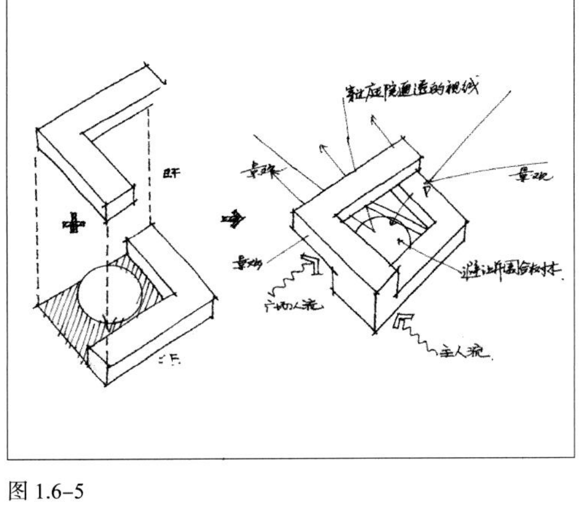

图 1.6–5

图 1.6–1：通过轴线切割形体，形成观看老建筑的视线通廊，并通过广场及高低平台形成观看老建筑的最佳场所。

图 1.6–2：通过退台设计呼应场地中的下沉景观，实现景观的连续和渗透。

图 1.6–3：将城市公园和街角绿化延续至建筑屋顶平台，并根据各功能空间所需层高的差异，形成高低不同的屋顶花园。

图 1.6–4：通过形体四角的抬升，形成与周边景观的渗透。

图 1.6–5：两个 L 形反向叠加，产生架空空间，从而形成庭院与景观的空间渗透。

图 1.6-6：两个建筑形体通过切割形成朝向河道的空间，并产生对河道的退让。

图 1.6-7：通过屋顶平台的错动形成室外路径来呼应景观。

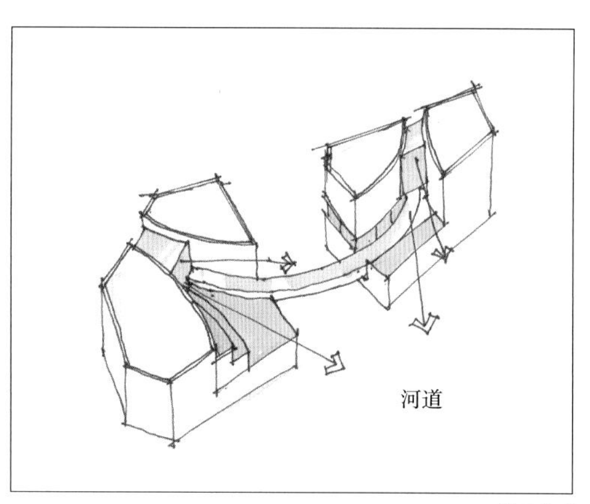

图 1.6-6

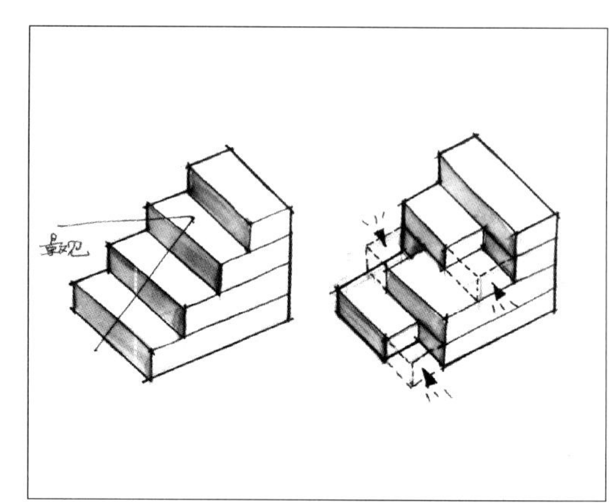

图 1.6-7

图 1.6-8：通过朝向特色历史建筑的观景盒子及观景平台来呼应景观。

图 1.6-9：运用室外楼梯观看场地中保留的老建筑，形成运动的景观流线。

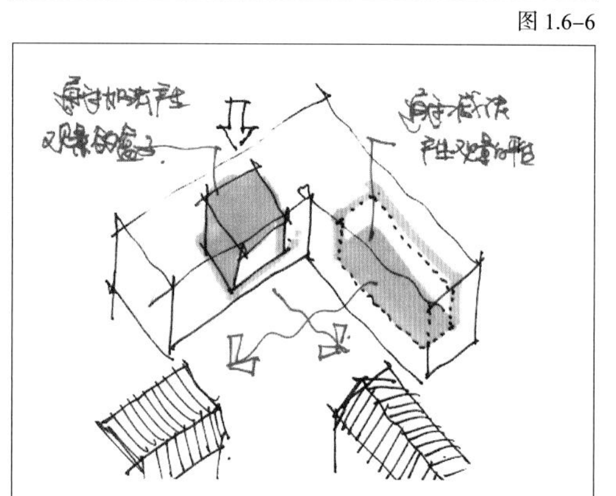

图 1.6-8

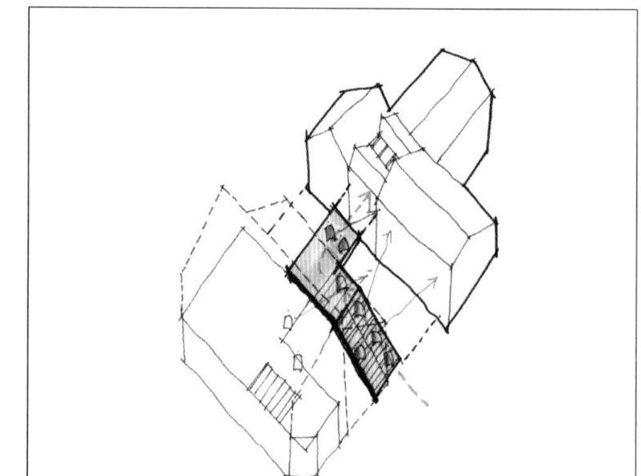

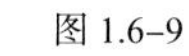
图 1.6-9

图 1.6-10：通过退台及通往屋顶花园的路径呼应花园景观。

图 1.6-11：面向两侧河道的建筑，通过对形体的减法及退台操作形成朝向景观打开的关系及形体间的呼应。

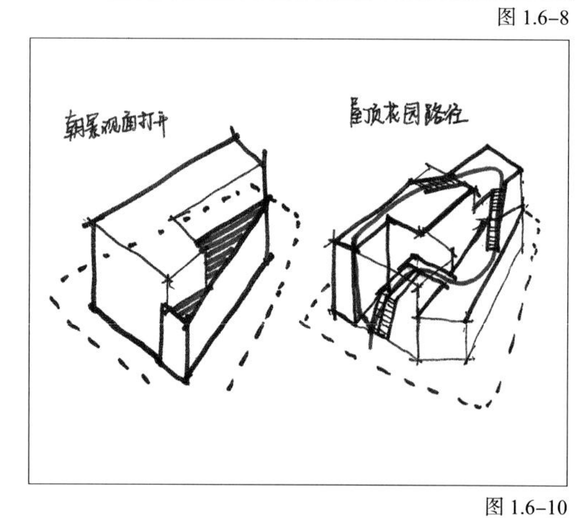

图 1.6-10

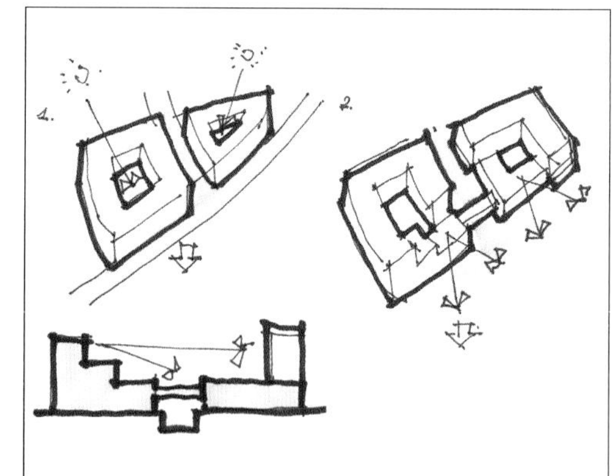

图 1.6-11

图 1.6-12：通过形体的扭动形成面向景观的开口和露台。

图 1.6-13：通过形体的扭转、叠加形成不同功能属性的外部空间应对景观。

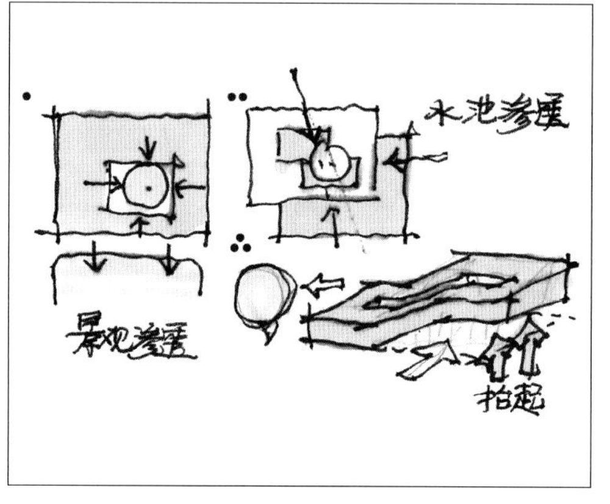

图 1.6-12

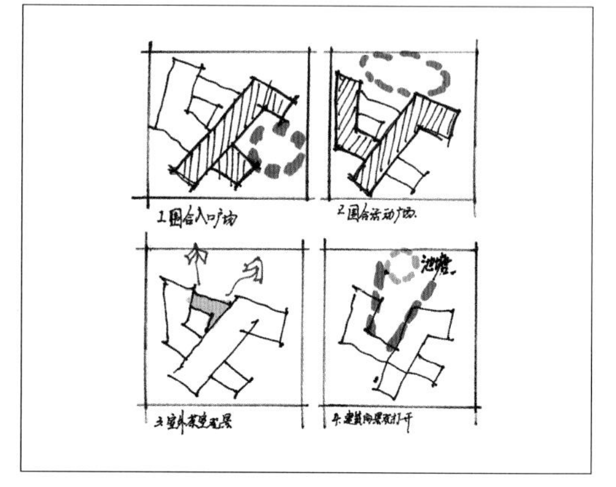

图 1.6-13

1.7 地形分析

地形地貌的限制往往考察形态与地形的契合，以及功能、空间在不同标高平面的合理布置，一般将高差处处理成空间来应对。

图 1.7–1：以错层的形式回应 2m 高差的地形，同时回应景观方向。

图 1.7–2：以退台和架空的形式回应景观。

图 1.7–3：在三层的台地上自然地展开建筑体量，并以顺应地形的方式整合建筑体量，再通过变形更好地呼应山地的趋势，最后运用减法形成庭院和露台解决建筑内部采光。

图 1.7–4：将高差的地方处理成内部台阶式的空间，再根据坡向生成形体。

图 1.7–5：以退台式体量容纳功能、呼应地形，再用整体斜面进行形态整合，并形成露台、内部台阶等空间。

图 1.7–6：用台阶式展览及阅览的方式化解高差，同时置入 3 个庭院丰富整个平面。

图 1.7–7：用三层退台应对北向的景观，形成丰富的室外公共景观与活动平台。流线上将公共的人行路线与车行流线分开，并通过室外楼梯联系南北向人流，通过环形车道联系一二层停车。

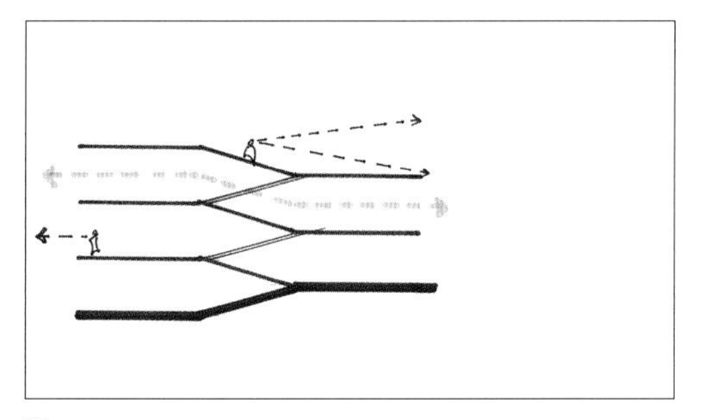

图 1.7–1

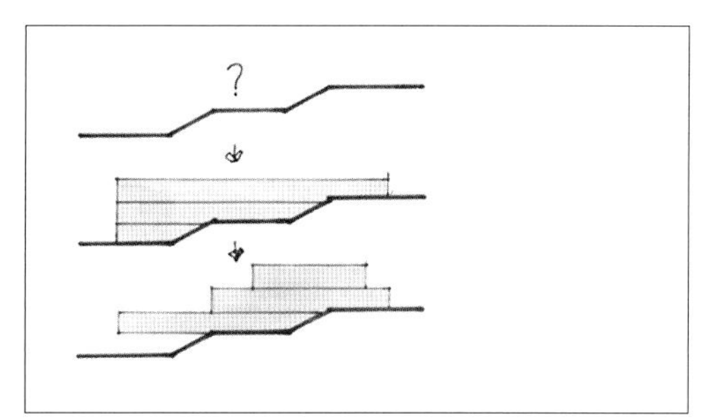

图 1.7–2

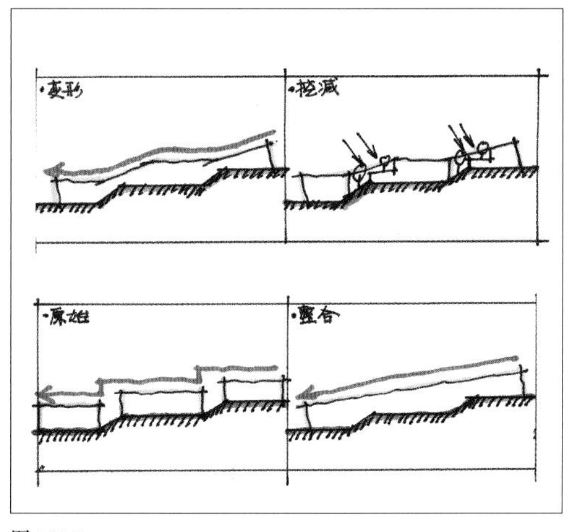

图 1.7–3

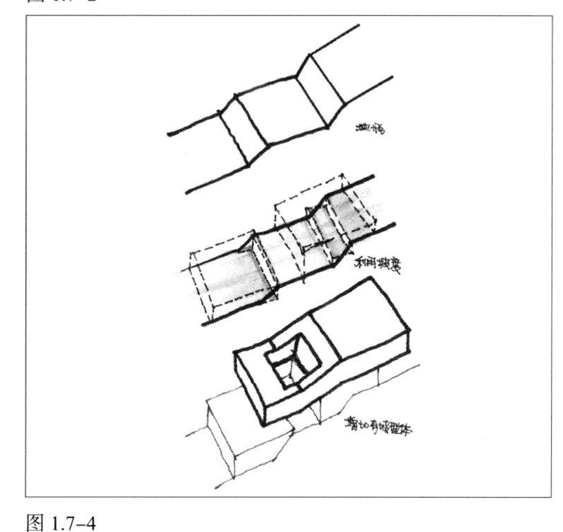

图 1.7–4

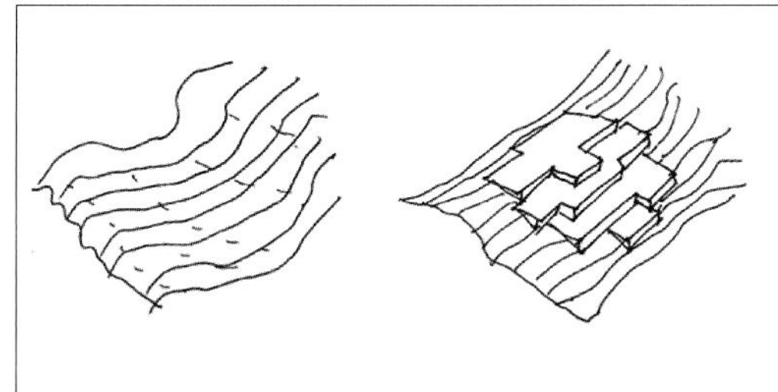

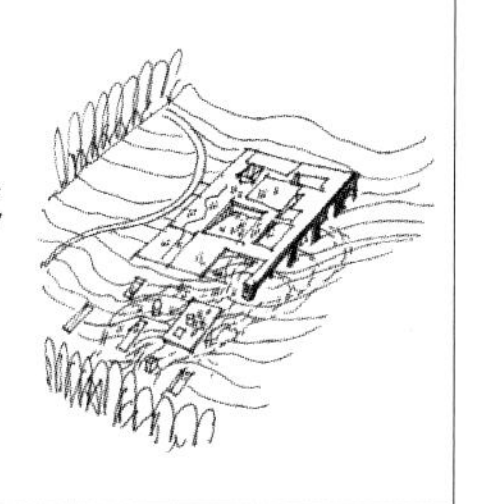

图 1.7–5

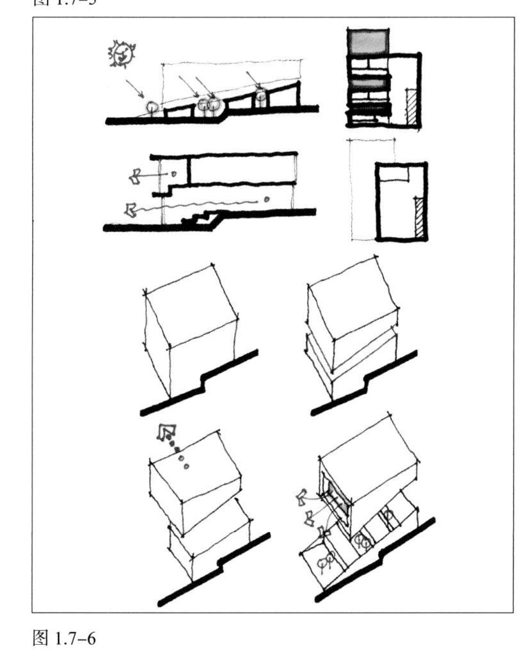

图 1.7–6

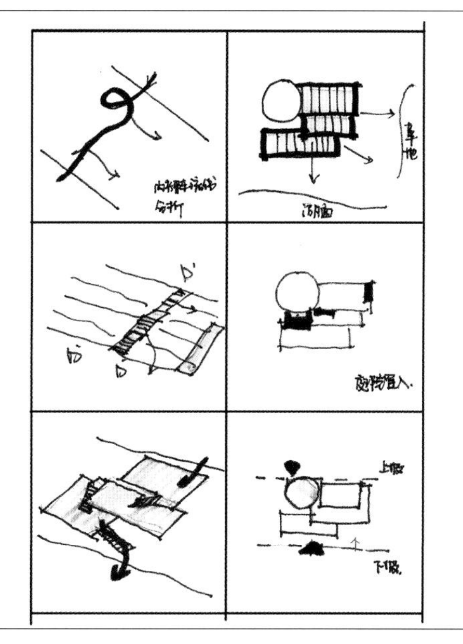

图 1.7–7

2 建筑分析

2.1 功能分析

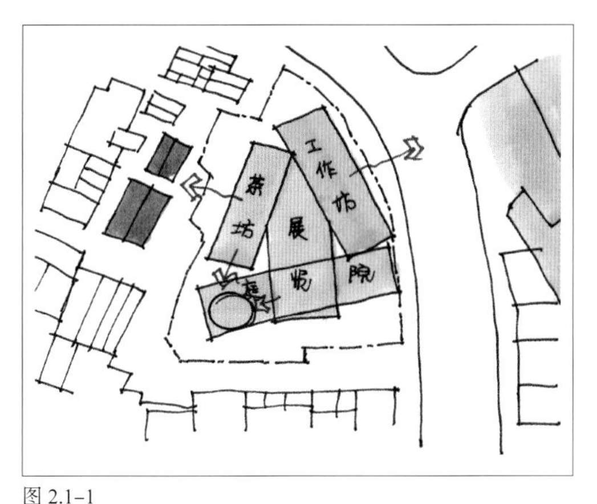

图 2.1-1

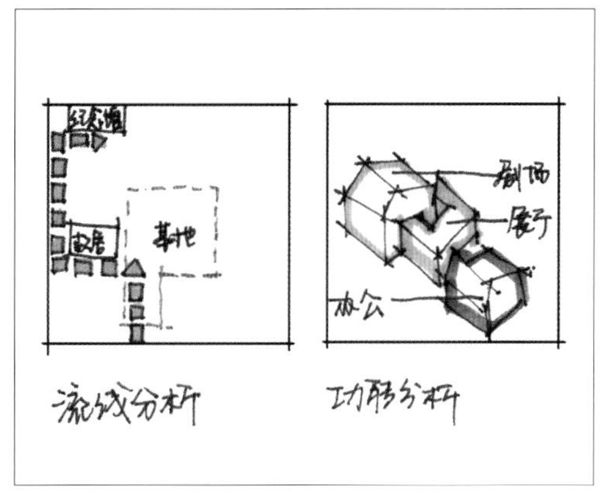

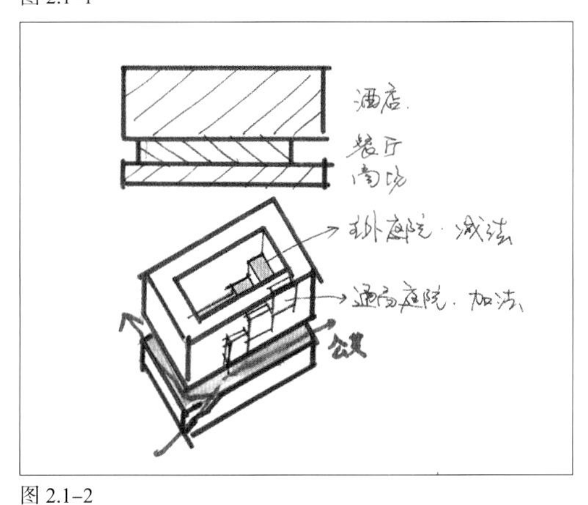

图 2.1-2

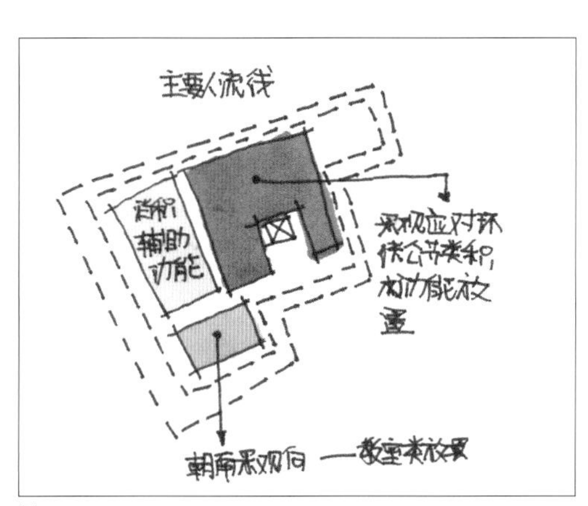

图 2.1-3

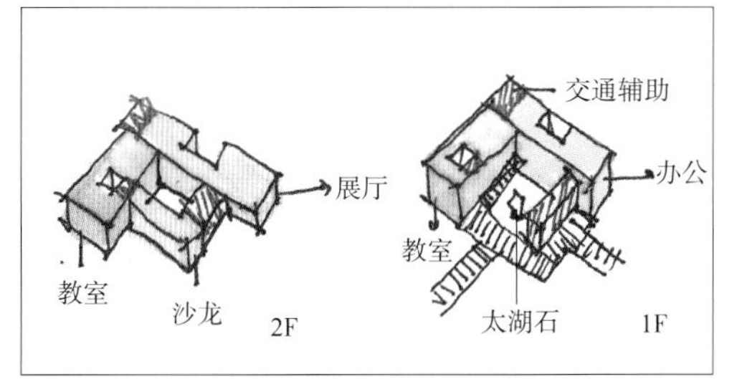

图 2.1-4

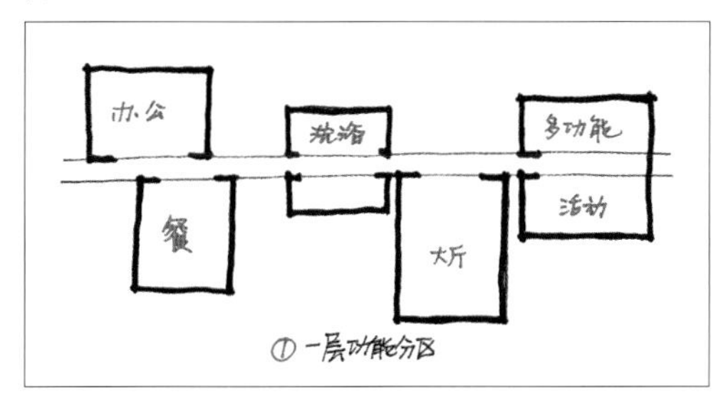

图 2.1-5

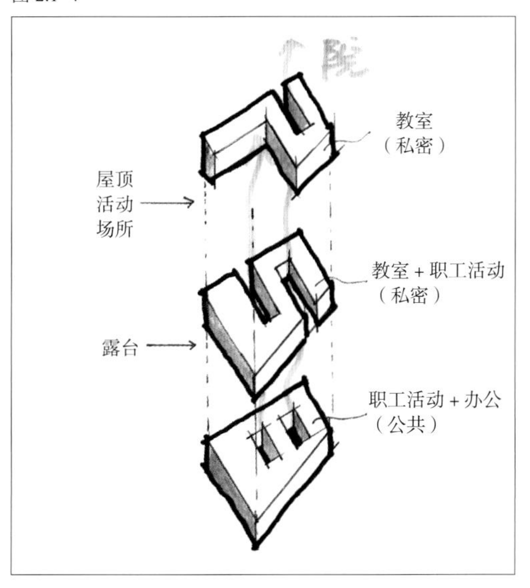

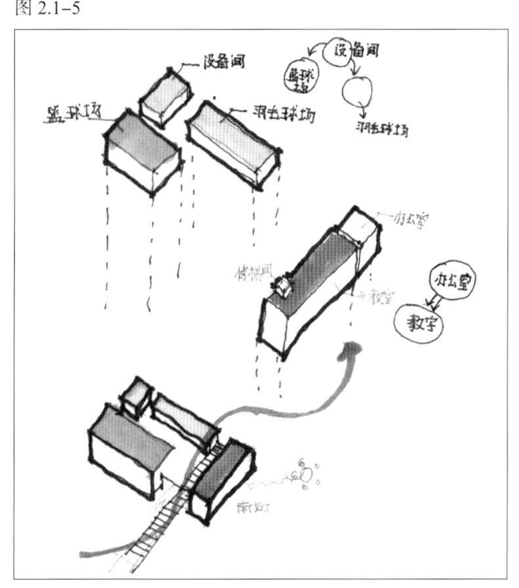

图 2.1-6

功能作为快速设计的基本要素，是设计理念的重要出发点之一。功能分析反映的是建筑的体量关系、组合方式、流线组织以及空间逻辑。

图 2.1-1：综合场地周边的环境，进行功能的平面分区。

图 2.1-2：上部设计为围合式酒店，下层设计为商场，同时在内庭还设计了退台式的交流空间。

图 2.1-3：复杂功能建筑，通过平面分区形成围绕太湖石的公共空间，朝向南向的教室房间，及景观、采光位置较弱的辅助功能。

图 2.1-4：不同形体的竖向叠加，生成功能分区的同时，形成对太湖石围合的外部空间。

图 2.1-5：利用轴线将各功能间隔串联起来，并形成向景观的渗透。

图 2.1-6：功能剖面分区，并运用减法形成庭院和露台，给建筑带来采光和交流空间。

图 2.1-7：通过不同空间形体的叠加容纳功能，并产生丰富的外部与内部空间。

图 2.1-8：通过平面分区，布置公共空间、客房、办公及辅助空间。

图 2.1-9：通过剖面分区，将建筑功能以螺旋上升的方式在水塔内部进行叠加。

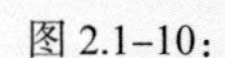

图 2.1-10：

1）功能依据动静进行剖面分区；

2）通过 3 个功能体量及与周边建筑的对位关系对建筑形体进行消减；

3）形成架空、平台呼应场地周边空间。

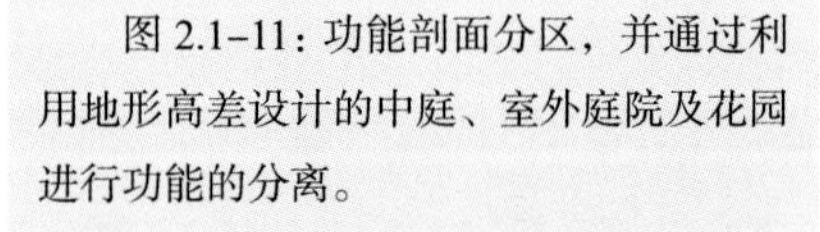

图 2.1-11：功能剖面分区，并通过利用地形高差设计的中庭、室外庭院及花园进行功能的分离。

图 2.1-12：通过剖面分区，布置阅读、辅助、展览空间。

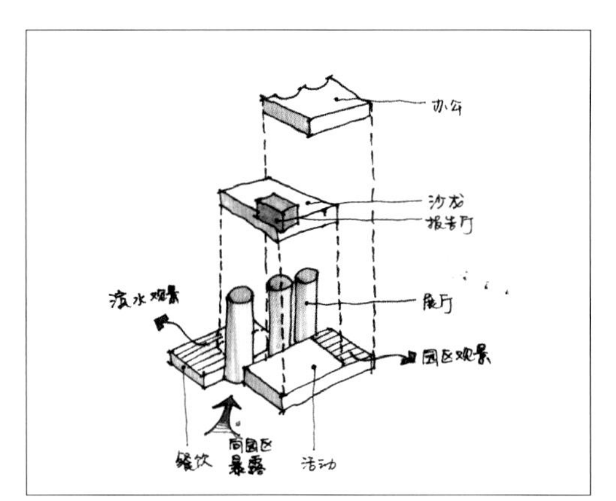

图 2.1-7

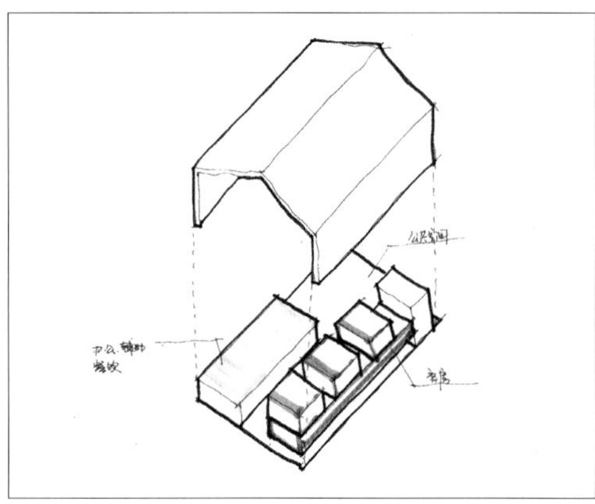

图 2.1-8

图 2.1-9

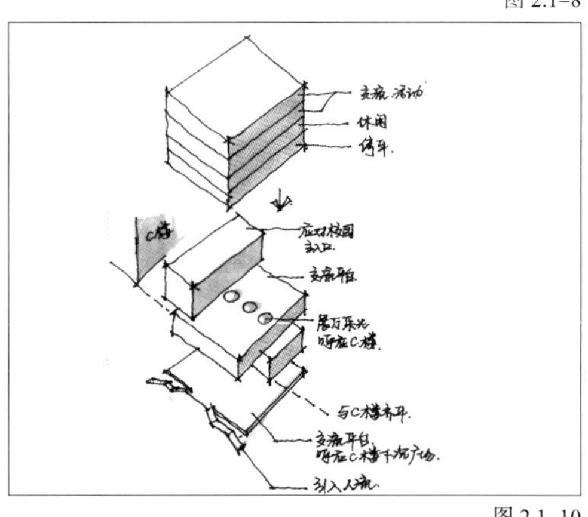

图 2.1-10

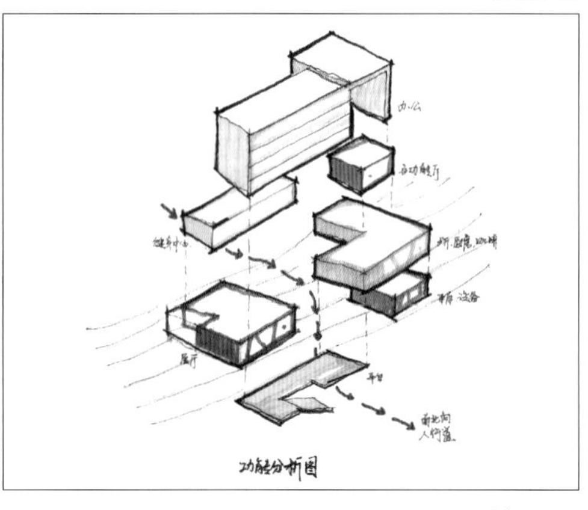

图 2.1-11

图 2.1-12

2.2 流线分析

空间流线是功能分区的侧面体现，同时也是建筑设计的入手点之一，可以通过流线设计呼应景观、控制路径，营造独特的空间感受。

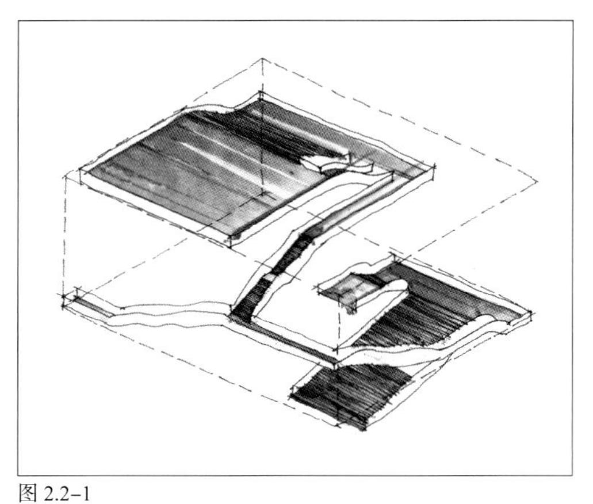

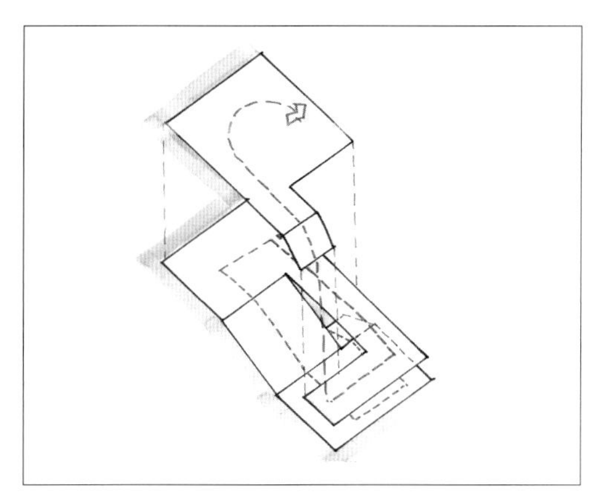

图 2.2–1

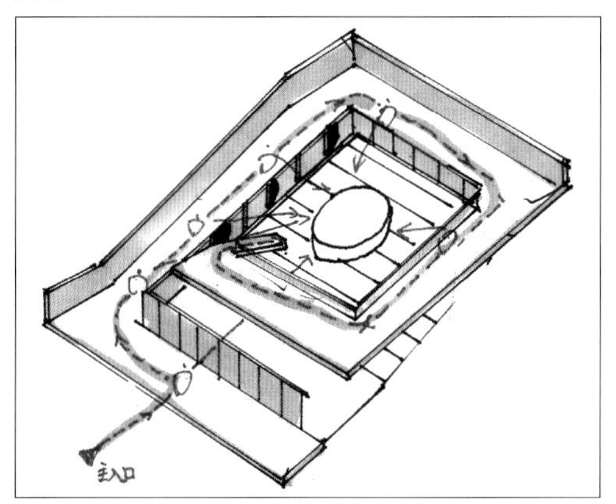

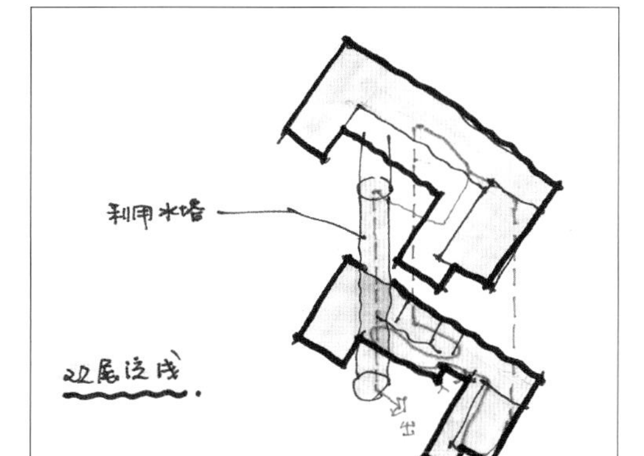

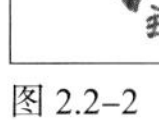

图 2.2–2

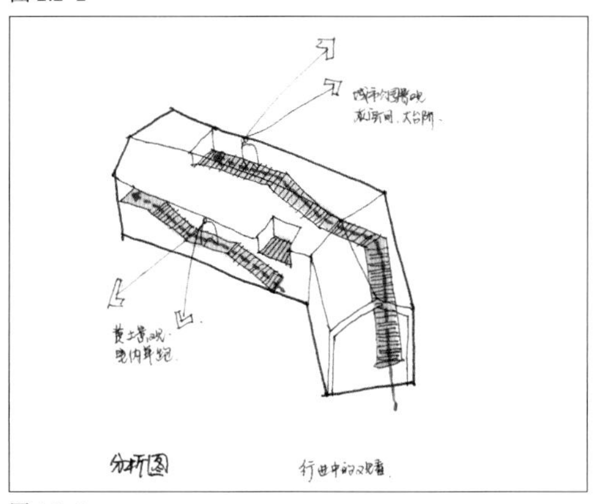

图 2.2–3

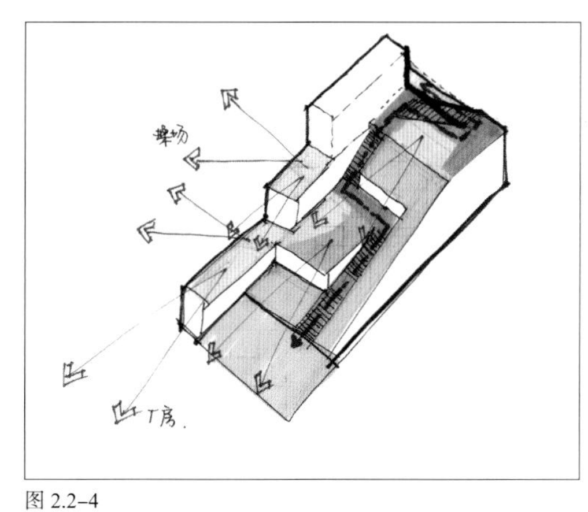

图 2.2–4

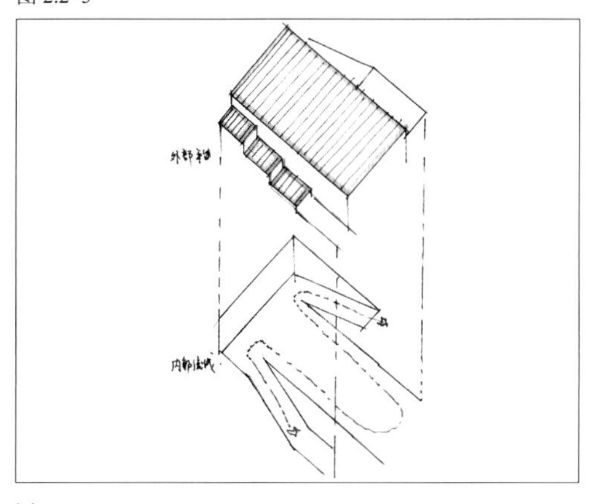

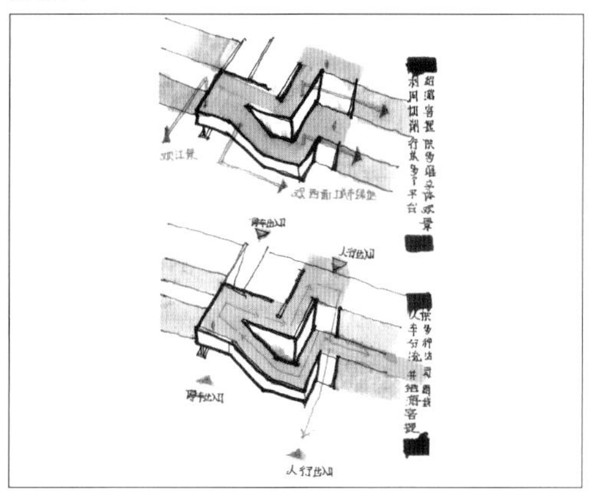

图 2.2–5

图 2.2–1：通过大楼梯及环绕式流线形成丰富的展览路径，并与周边环境产生联系。

图 2.2–2：以古墓及水塔为核心形成环形展览路径。

图 2.2–3：通过一至三层连贯的室外路径来回应两侧景观。

图 2.2–4：通过层次丰富的室外平台、退台和坡道路径来回应周围环境。

图 2.2–5：通过汽车流线及坡道组织来控制外在形体，同时呼应周边景观。

2.3 形态分析

2.3.1 加法

形体叠加是建筑形体处理的主要手法之一，以单元形体为基本元素，通过叠加和组合，化解建筑体量，形成平台、灰空间等外部空间，以适应周边环境，丰富建筑形体。

图 2.3–1：通过对主体建筑的加法操作，容纳公共及辅助功能，并呼应不同界面的景观。

图 2.3–2：通过基座上叠加小体量的做法，来呼应周边肌理。并通过扭转的手法形成对树木的围合。

图 2.3–3：条形、L 形横向体量与竖向圆塔进行叠加、穿插，形成巨构的形态。

图 2.3–4：通过单元体块的错位叠加塑造建筑形态。

图 2.3–5：多个相似的坡屋顶体块相加，生成单元式的形体，化解建筑体量，并融于历史环境。

图 2.3–6：两个 L 形体块，通过高低咬合和错位，形成露台空间朝向操场。

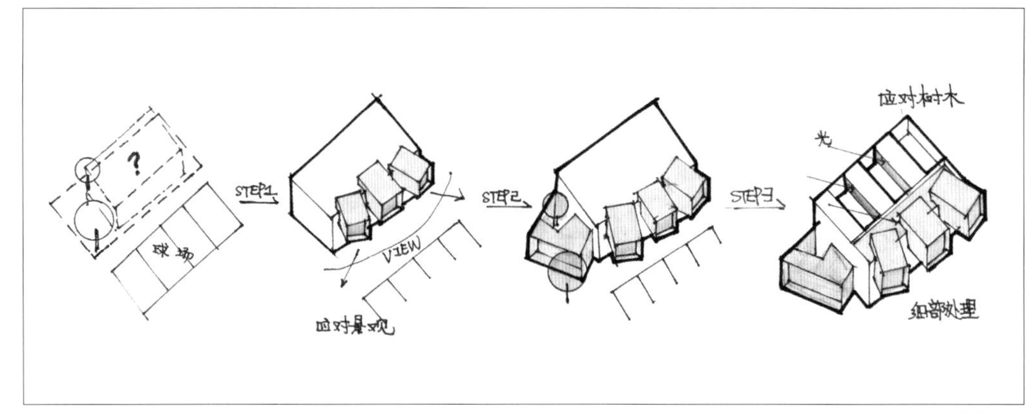

图 2.3–1

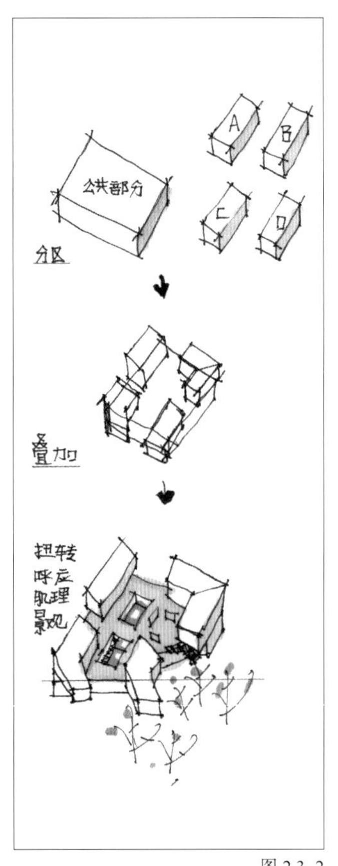

图 2.3–2

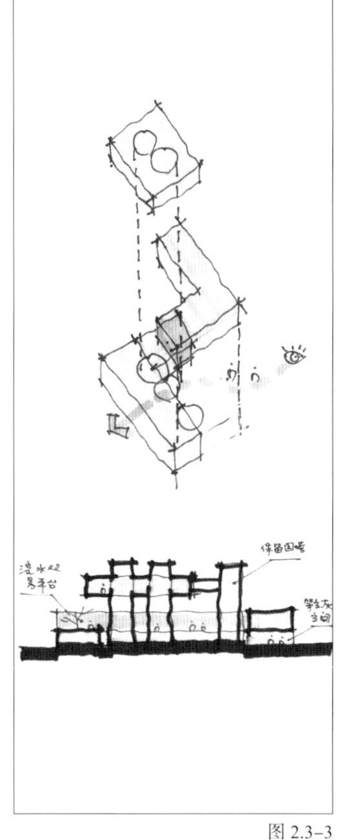

图 2.3–3

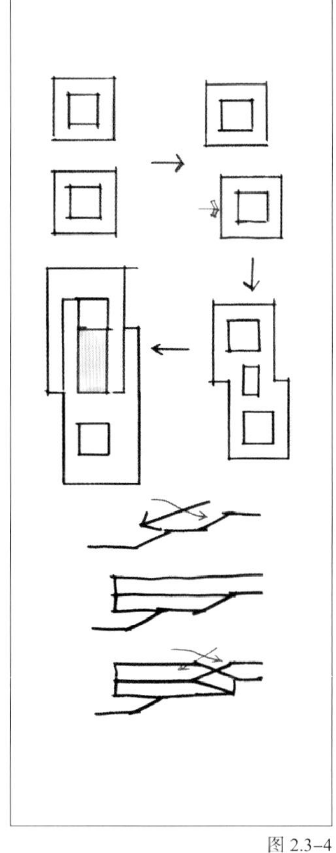

图 2.3–4

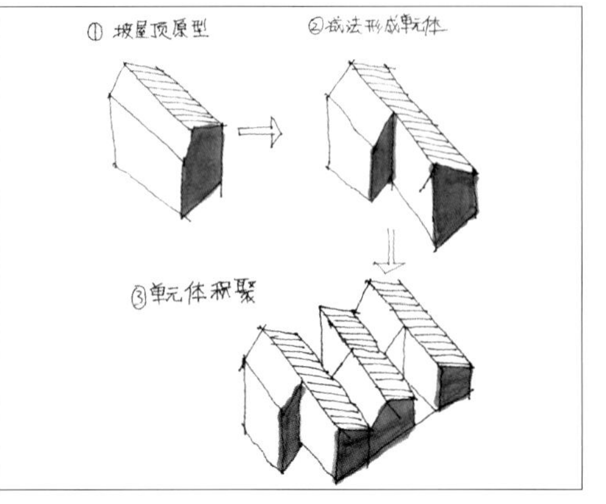

图 2.3–5

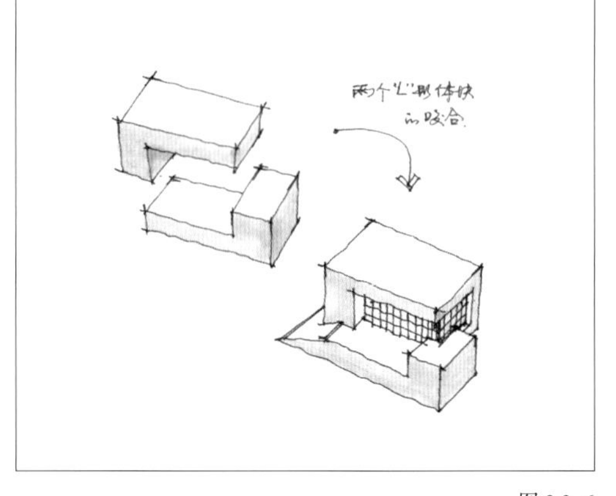

图 2.3–6

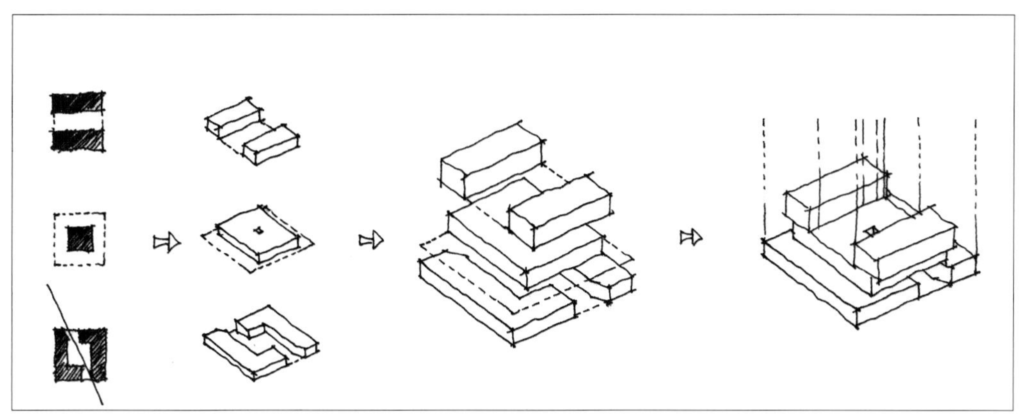

图 2.3-7

图 2.3-7：一层运用两个 L 形围合空间形成底部的穿通，二层叠加一个方形，三层叠加两个条形，形成丰富的外部空间。

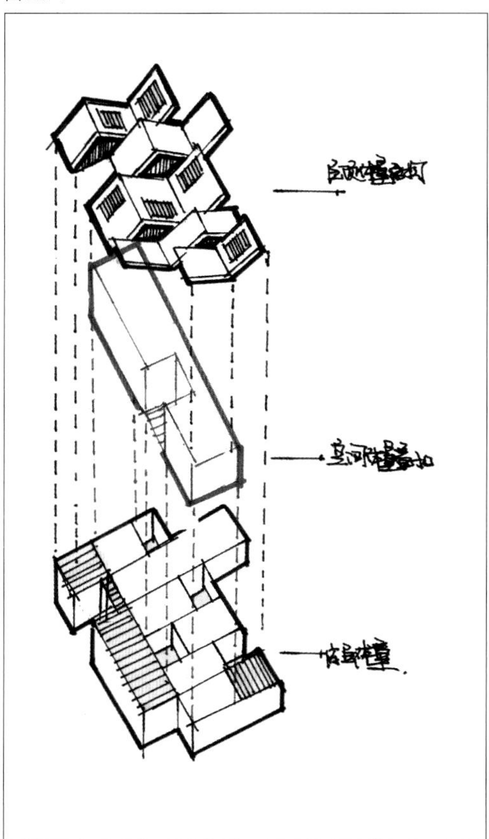

图 2.3-8

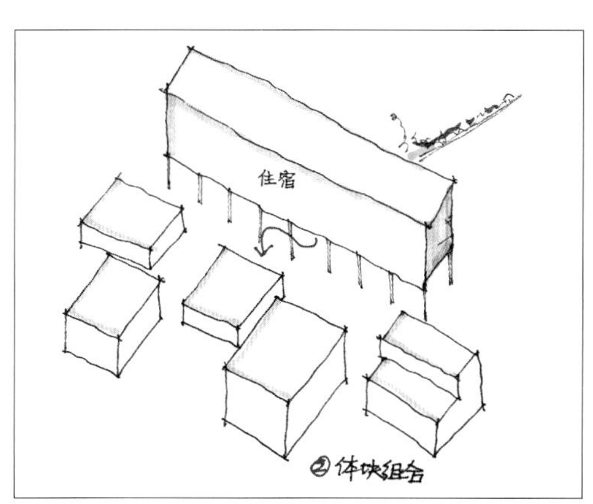

图 2.3-9

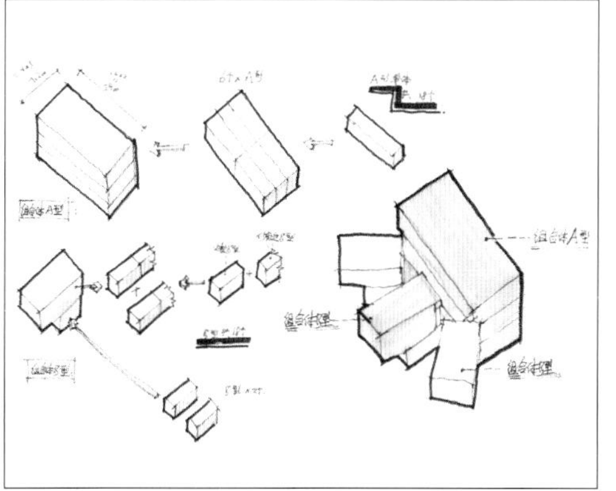

图 2.3-10

图 2.3-8：单元式空间体量与条形体量的叠加，形成丰富的内外空间与统一的建筑形态。

图 2.3-9：完形与单元形体相互组合。将辅助功能设计成高低不同的单元体，并在上面悬架完整的宿舍单元，形成整形与单元体的对比。

图 2.3-10：集装箱建筑改造，通过对不同尺寸集装箱的拼接和加法操作，形成符合功能的新尺度。

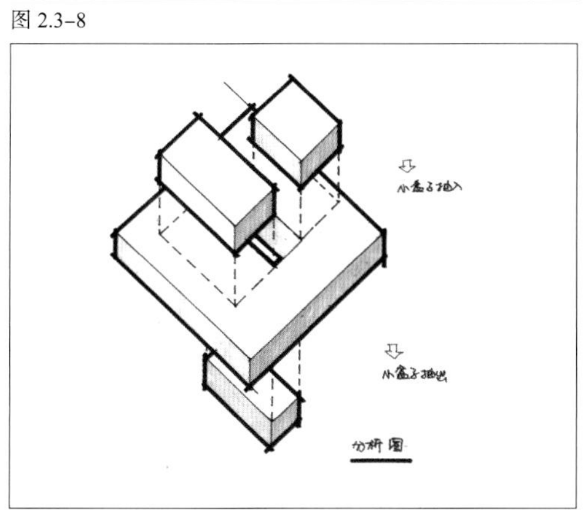

图 2.3-11

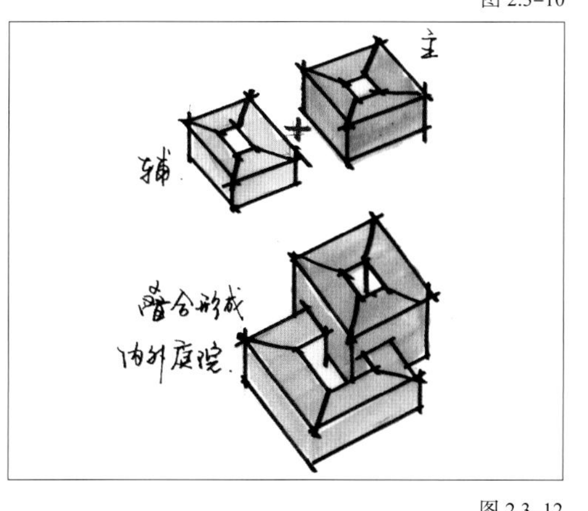

图 2.3-12

图 2.3-11：小体量单元与大体量形体的穿插组合，形成 3 个层次的建筑空间。

图 2.3-12：2 个单元体通过高低咬合和错位，形成内外庭院。

2.3.2 减法

减法则是通过对建筑形体的切削，产生灰空间、屋顶花园、退台等外部空间，以呼应景观，加强室内外空间的渗透。

图 2.3–13：通过对建筑体块切割产生间隙，围合保留的引流渠，并通过外部空间扭转形成对林地的呼应。

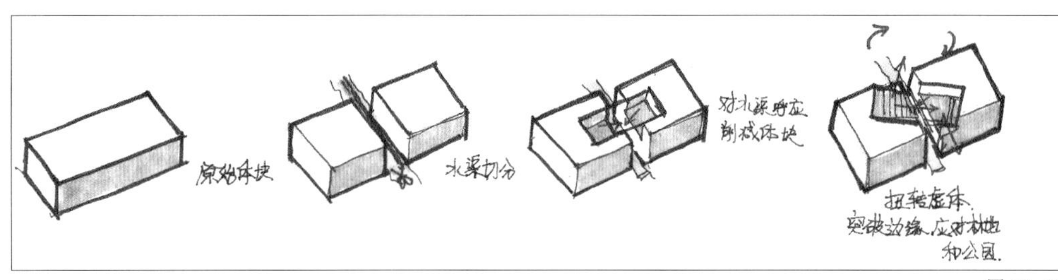

图 2.3–13

图 2.3–14：通过对体块进行减法，形成大小不等的屋顶院落，再通过体块旋转，加强屋顶与河道的联系。

图 2.3–15：通过减法操作形成采光庭院及各活动室的屋顶平台，供室外交流之用。

图 2.3–16：通过二三层平面不同位置的减法形成教室功能的南北采光、通风，并产生多个室外交流平台。

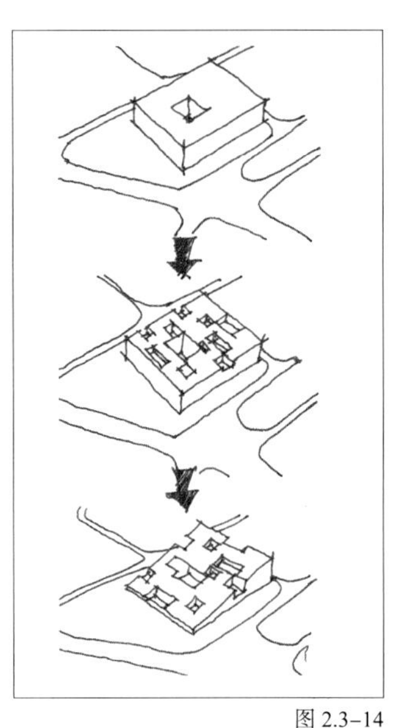

图 2.3–14

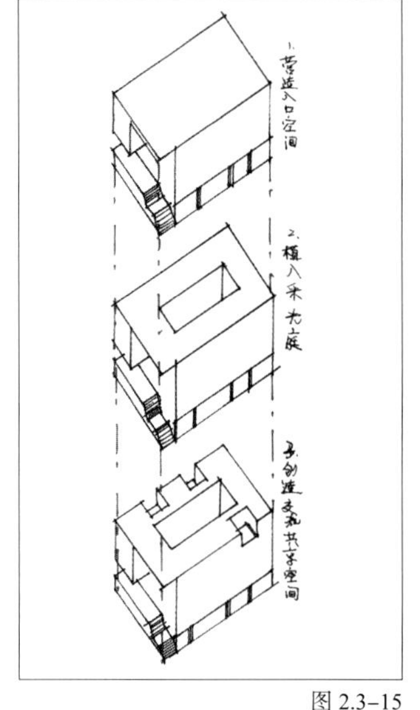

图 2.3–15

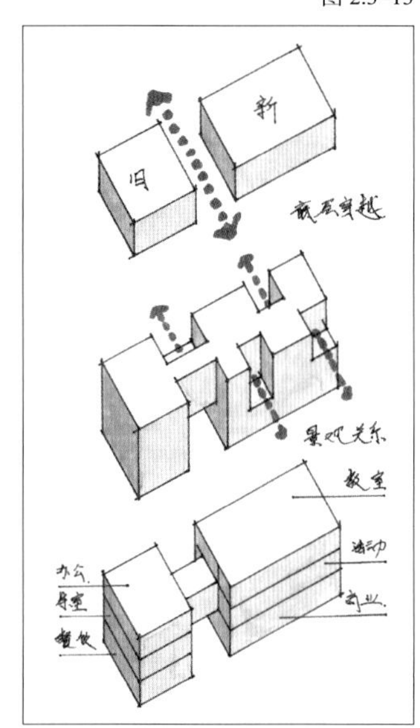

图 2.3–16

图 2.3–17：通过对完形空间进行减法，形成庭院和露台空间。

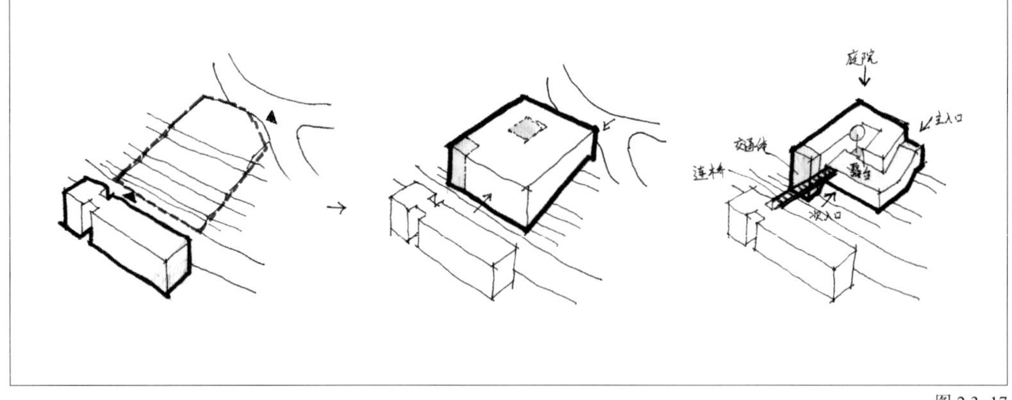

图 2.3–17

图 2.3–18：通过对体块进行减法，形成大小不等、高低错落的庭院空间。

图 2.3–19：通过减法操作形成通风及采光庭院，以及南北向的室外活动平台，符合活动中心的建筑性格。

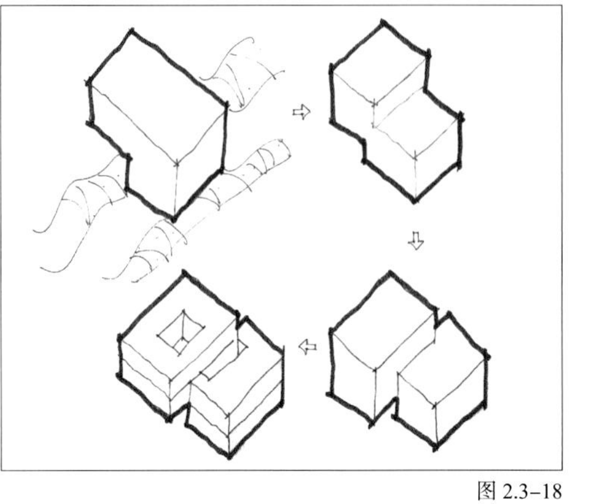

图 2.3–18

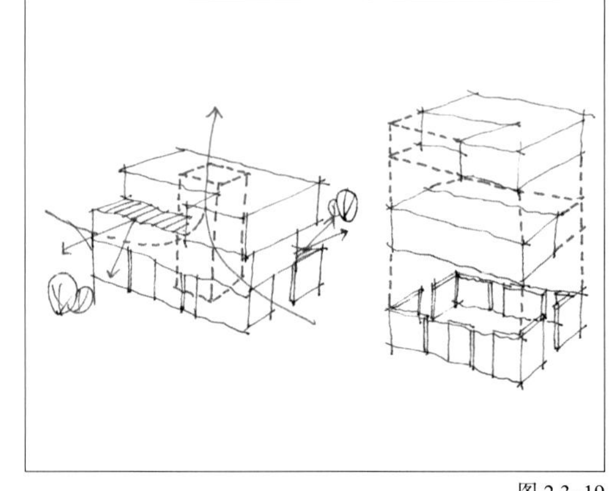

图 2.3–19

2.3.3 围合

围合是通过建筑体量的环绕形成中心空间，如庭院、广场等，以此回应场地中的重要元素或营造空间氛围。

图 2.3–20: 根据场地环境围合树木，生成螺线，形成墙体，模糊自然与建筑空间边界。

图 2.3–21: 建筑形体通过 S 形围合、塑造朝向入口及公园的两个院落。

图 2.3–22: 两个 L 形体量反向叠加，既实现了对雕塑的围合，又达到与外部景观的渗透。

图 2.3–23: 体块围合形成内庭院，再置入路径形成丰富的外部空间。

图 2.3–24: 形体通过减法、围合形成朝向景观打开的形态。

图 2.3–25: 通过 L 形体量对树木进行围合，再剪切出露台形成观景空间。

图 2.3–26: 通过两个 L 形形体的围合及景观轴线的设置，增强建筑的凝聚力和引导性。

图 2.3–27: 通过 3 个不同功能体块围合出中庭和古树，应对环境。

图 2.3–20

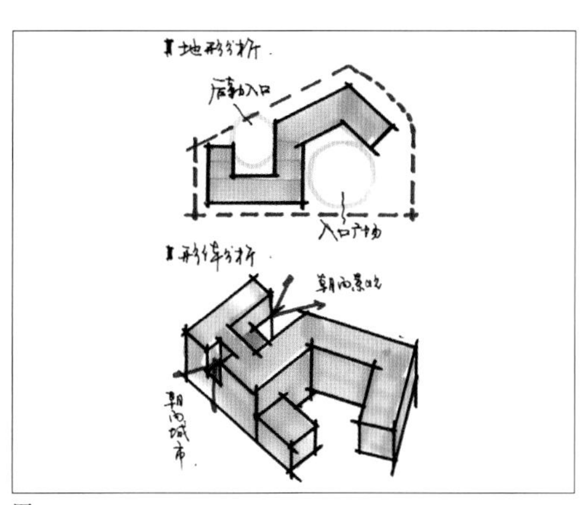

图 2.3–21

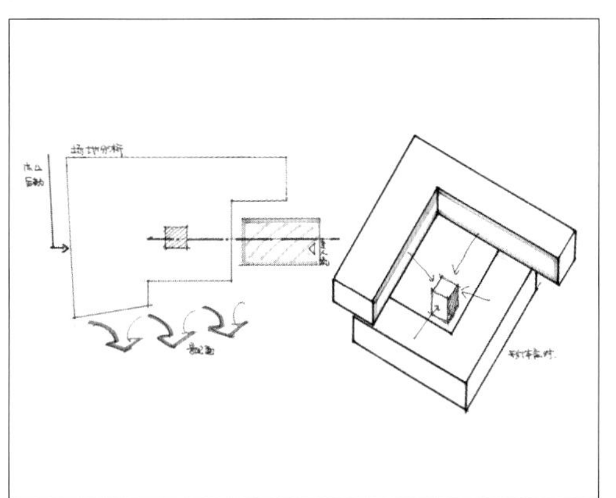

图 2.3–22

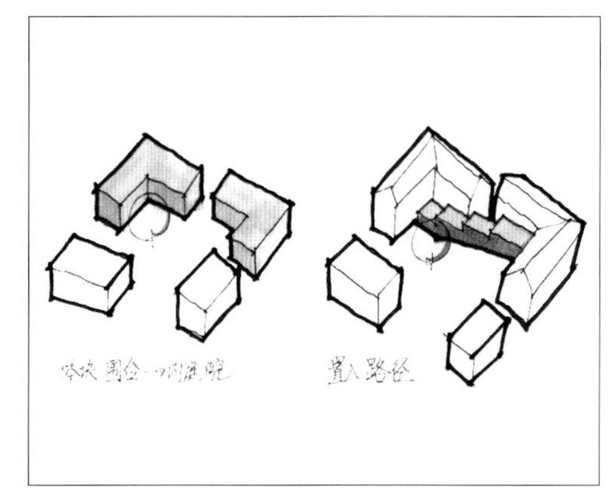

图 2.3–23

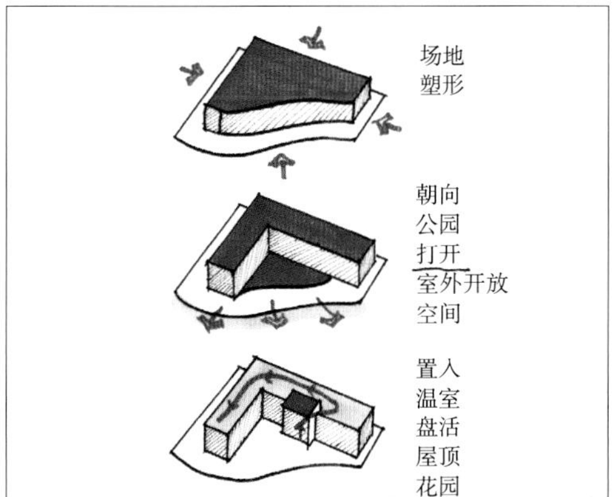

图 2.3–24

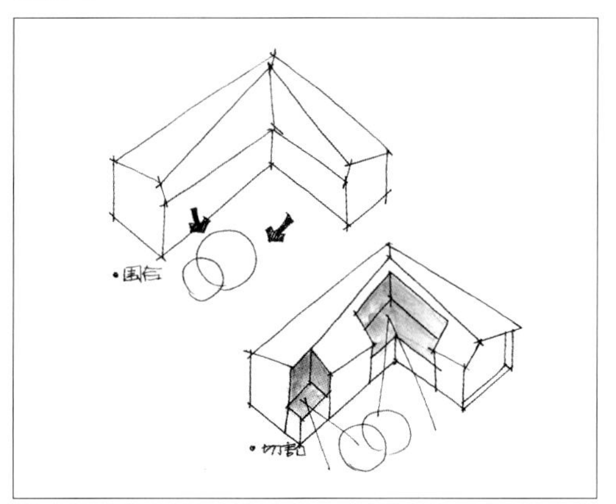

图 2.3–25

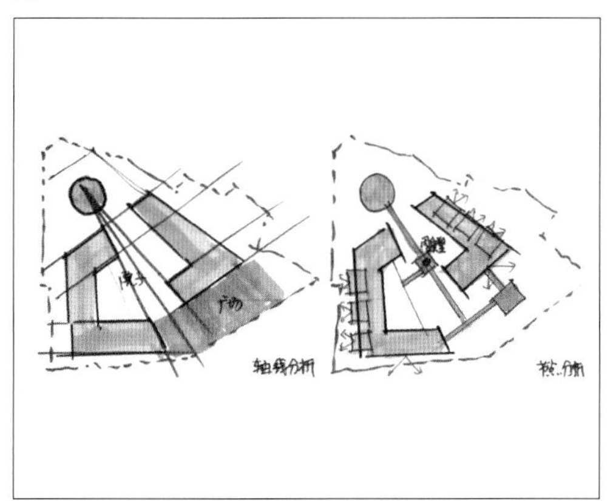

图 2.3–26

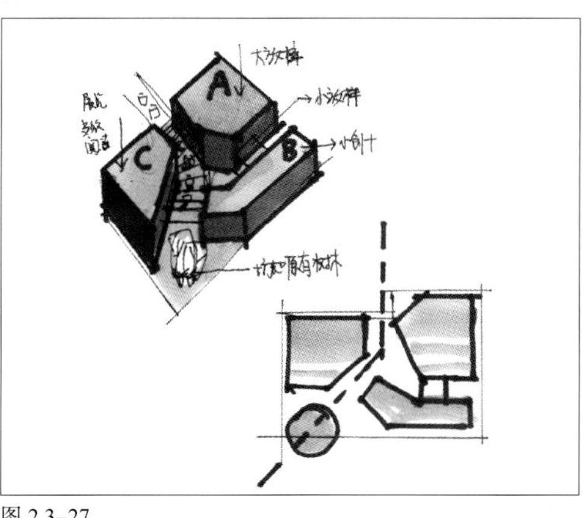

图 2.3–27

2.3.4 错位、推拉

错位、推拉是从功能或者环境出发，通过对形体进行分裂和撕扯，以产生功能合理、高低错落、形态丰富、内外渗透的建筑形体。

图 2.3–28：通过两个形体量的咬合、错位、推拉，形成高低错落的建筑形体。

图 2.3–29：通过对 3 个矩形平面的扭转、错动，形成灵活、动态的平面布局。

图 2.3–30：通过不同尺度和功能体块的竖向滑动和错位，形成不同层次的开放空间。

图 2.3–31：通过形体的错动适应不规则地形，并吻合功能分区、面积及高度。屋顶通过对覆盖折板的推拉形成统一的形态关系。

图 2.3–32：通过平面和剖面上的错动，形成凹进突出的建筑形体。

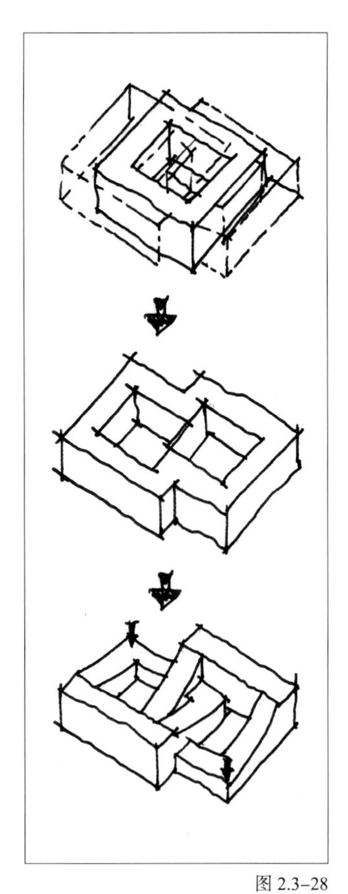

图 2.3–28

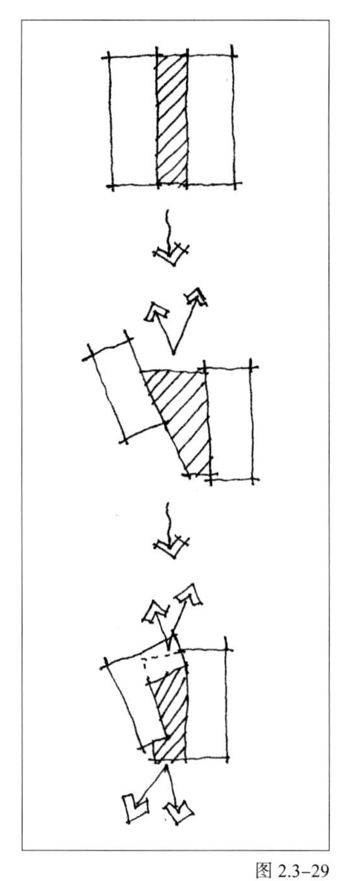

图 2.3–29

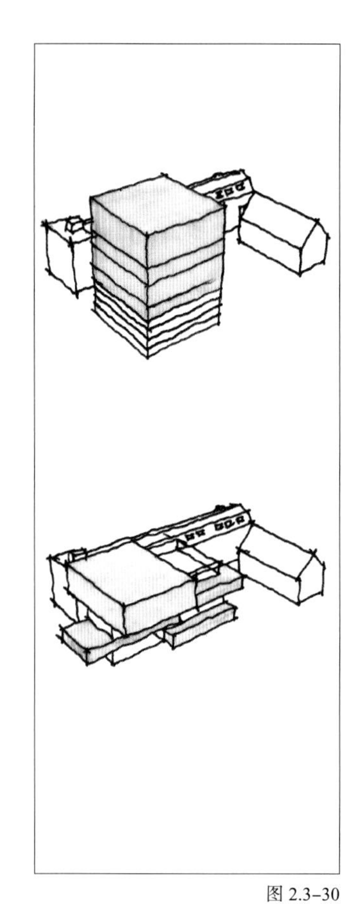

图 2.3–30

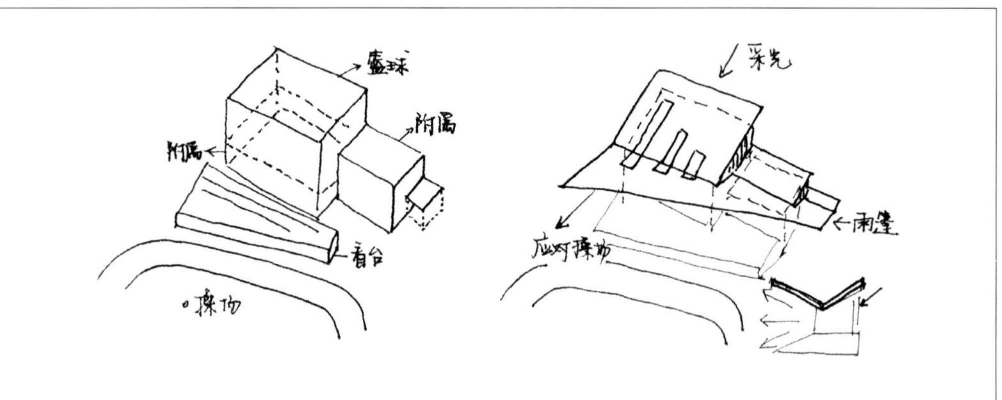

图 2.3–31

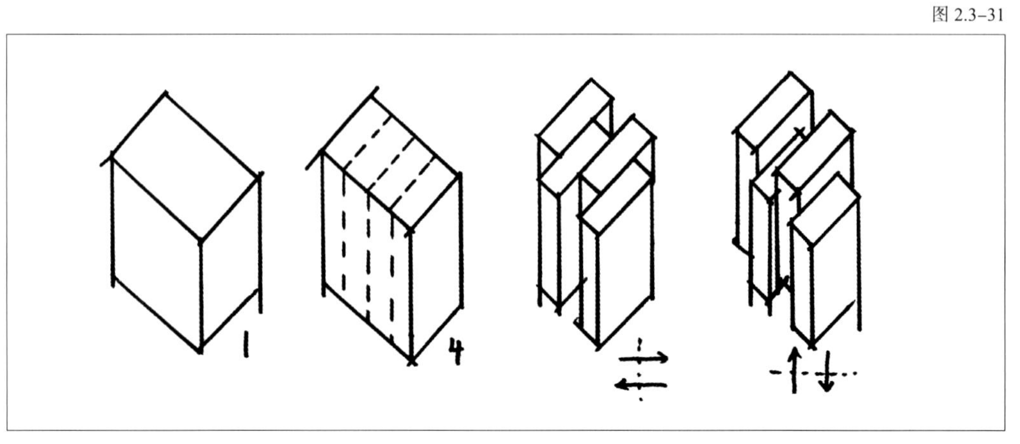

图 2.3–32

2.3.5 折叠

折叠是通过板块或者形体的立体弯折来塑造整体感、雕塑感、围合感。其中，板块的折叠是通过折板将复杂或零散的形体统一起来，创造多样的外部空间。形体的折叠是利用“形体”自身的弯折，创造虚实变化的体量。

图 2.3-33：通过折叠形成被切割的体量，塑造丰富的外部空间。

图 2.3-34：先将折板切割，再通过弯折形成一层和三层的台阶空间，以此呼应场地中的树木，并形成开放的景观视野。

图 2.3-35：运用折板统一多个体量，并通过主要人流的台阶结合折板形成 2 条主要的路径。

图 2.3-36：通过对 54m × 54m 的正方形板块进行剪切、滑动、折叠，生成形态丰富的坡屋顶式单元体量。

图 2.3-37：通过切割、按压、弯折等操作丰富建筑形体。

图 2.3-38：通过形体的弯折获得更为开放的景观视野，弯折处设计室内大台阶空间。

图 2.3-33

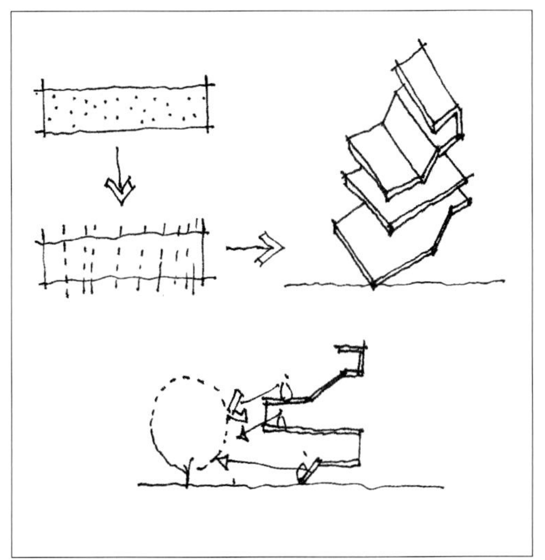

图 2.3-34

图 2.3-35

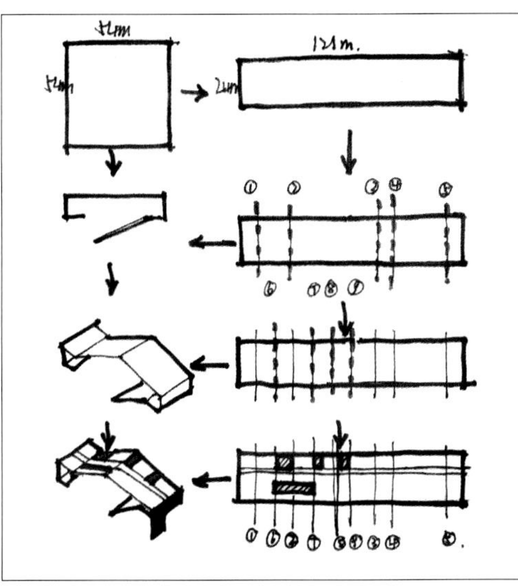

图 2.3-36

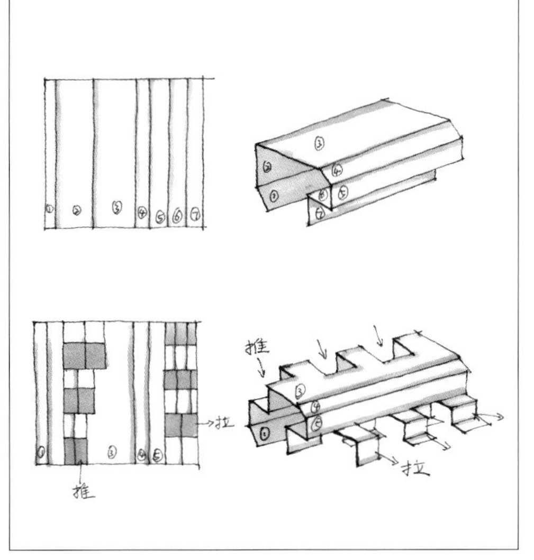

图 2.3-37

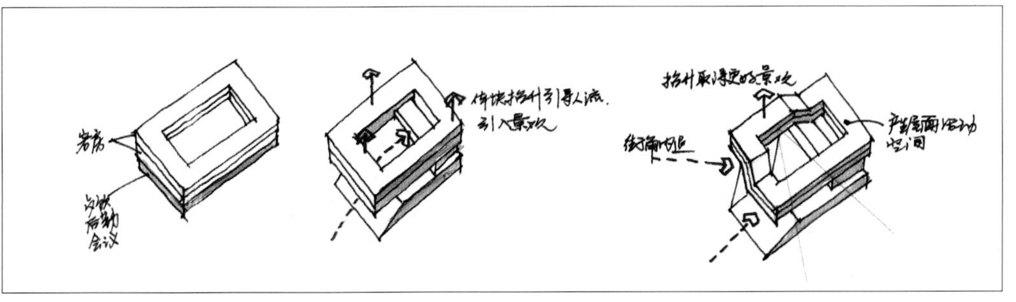

图 2.3-38

2.4 空间分析

建筑空间分为外部空间和内部空间。建筑内部空间包括功能房间和共享空间，共同构成了内部的虚实关系，其中虚的空间为门厅、中庭、庭院、展厅等。

图 2.4–1：黄色部分为内部共享空间，黑色部分为主要功能空间。

图 2.4–2：整体之中插入长方形体量，并通过扭转形成丰富的空间关系。

图 2.4–3：通过减法获得内外部空间的连通和转折，形成丰富的室内空间。

图 2.4–4：利用轴测图表现丰富的内部虚实和高低空间。

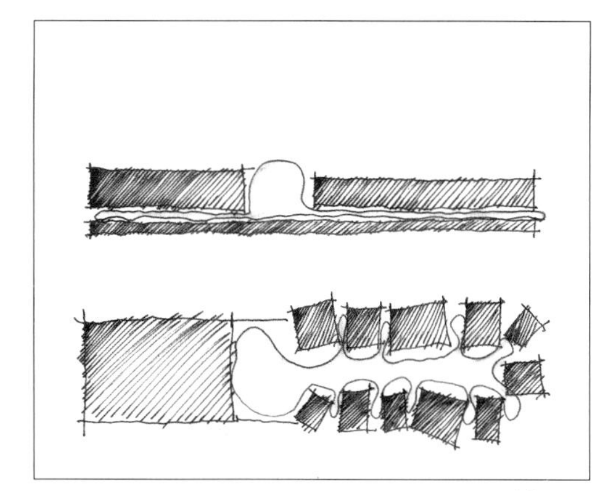

图 2.4–1

图 2.4–2

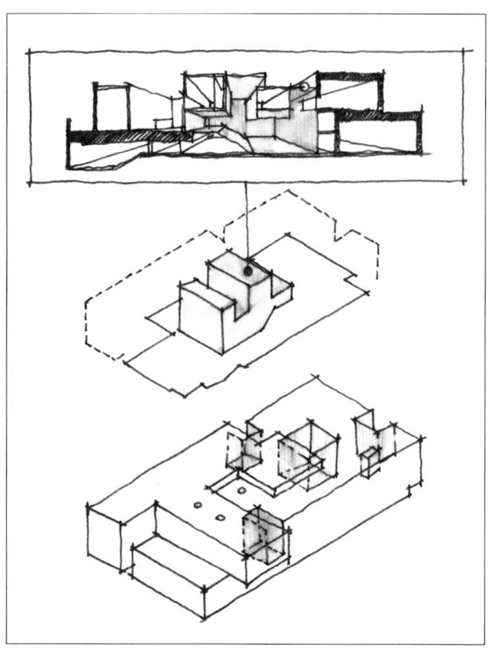

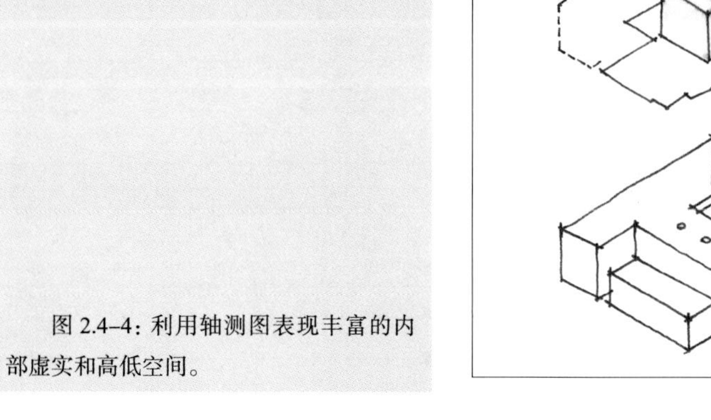

图 2.4–3

0 建筑表皮 / Building envelope

1 廊 / Arcade

2 礼堂 / Auditorium

3 中庭及休息厅 / Atrium and lounges

4 室内空间 / Interior voids

图 2.4–4

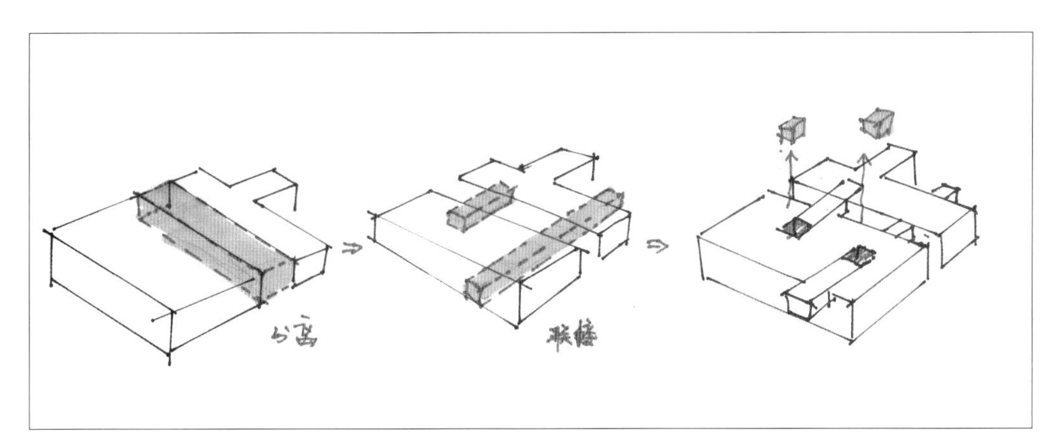

图 2.4–5

图 2.4–5：新老建筑通过分离与连接进行空间整合，并通过减法形成庭院空间。

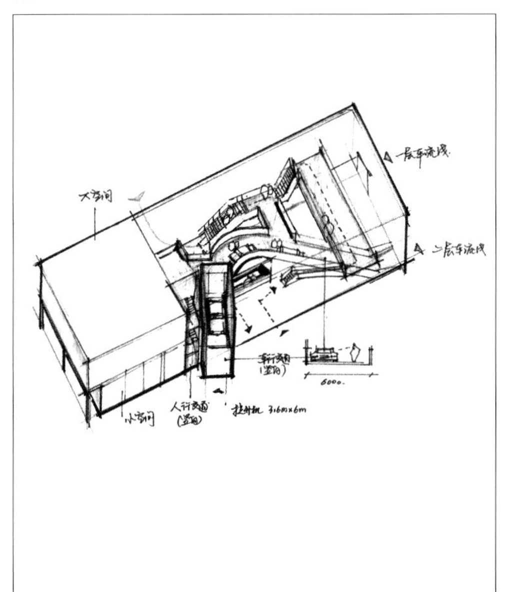

图 2.4–6

图 2.4–6：将辅助功能设计在一侧进行叠加，使得汽车展示的空间完整。

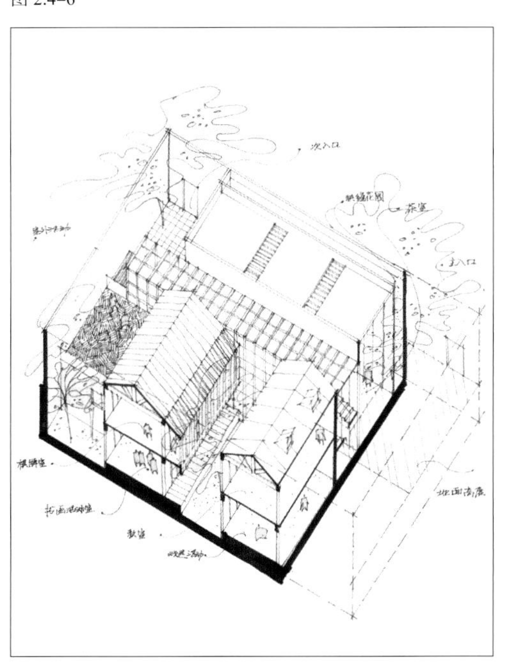

图 2.4–7

图 2.4–8

图 2.4–7：通过剖轴测清晰地表达房间、庭院、交通、屋顶等要素之间的关系。

图 2.4–8：通过圆管穿插方形体量形成主要的交通空间和外部空间。

2.5　新旧加建分析

图 2.5–1：通过新旧建筑结构之间增加转换层来进行不同结构的衔接。

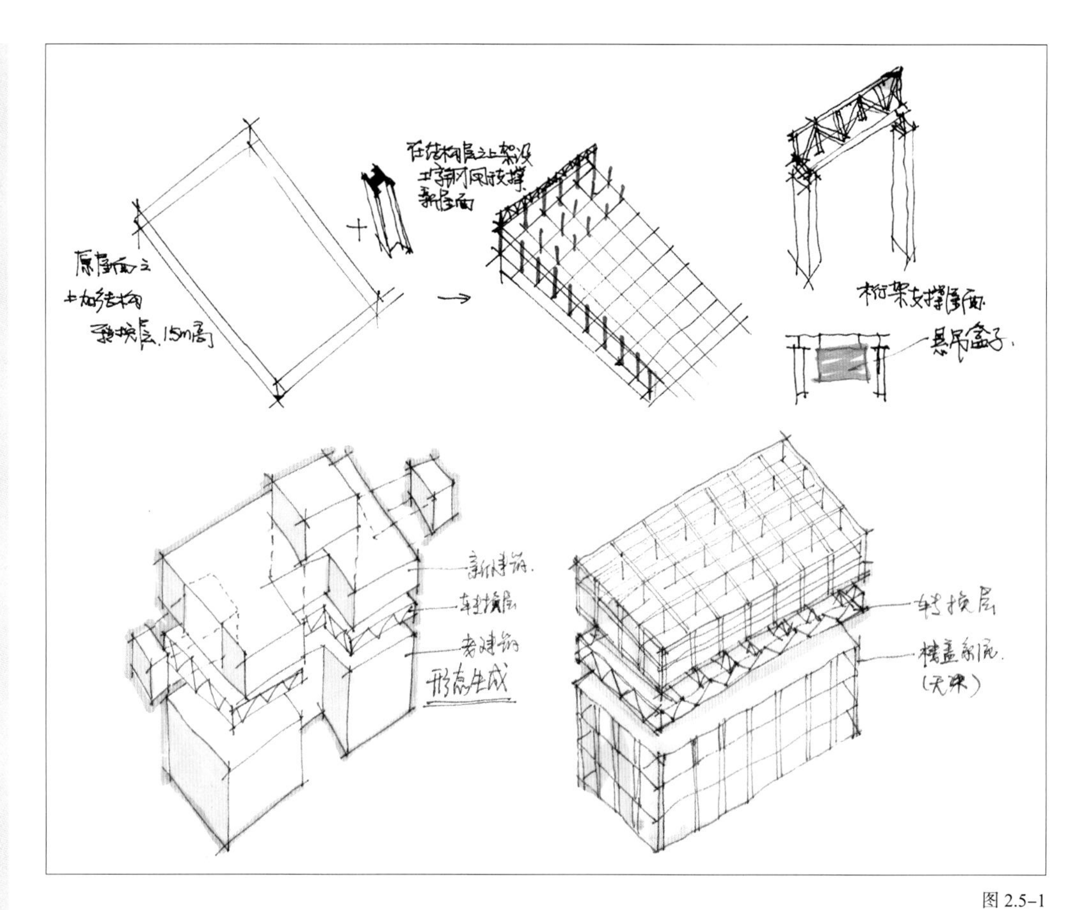

图 2.5–1

图 2.5–2：通过结构脱开来进行新旧的建筑结构处理，避免对旧建筑结构的破坏。

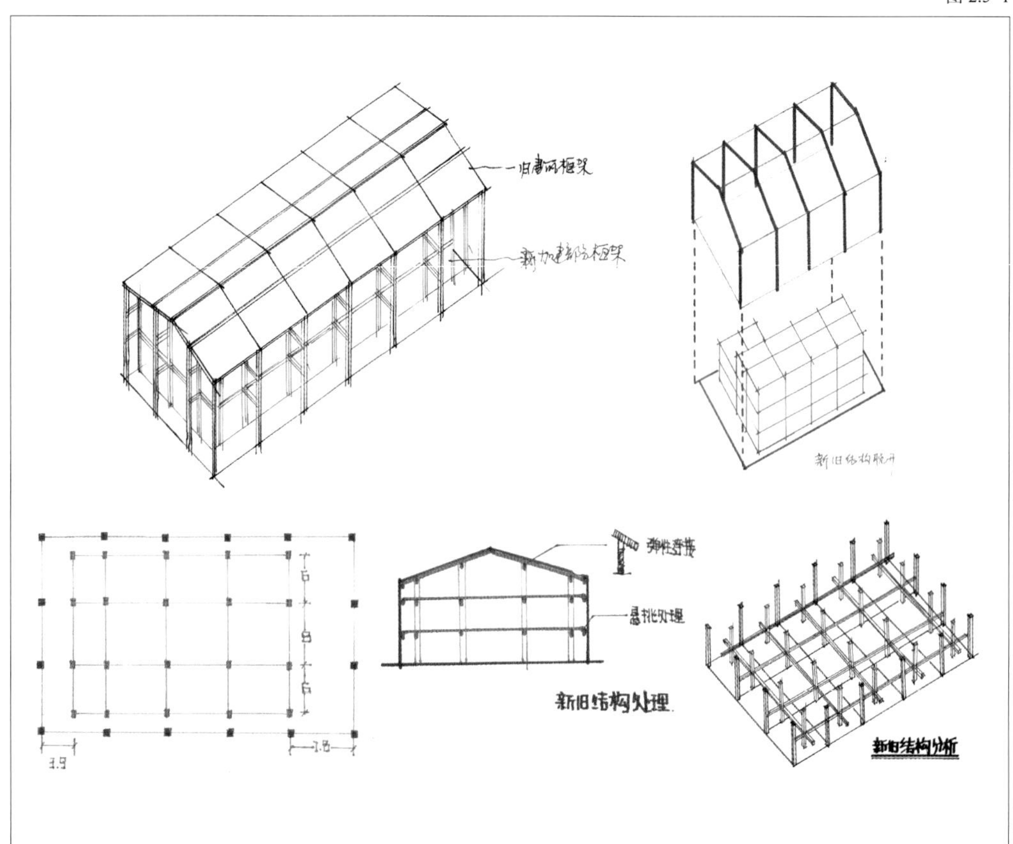

图 2.5–2

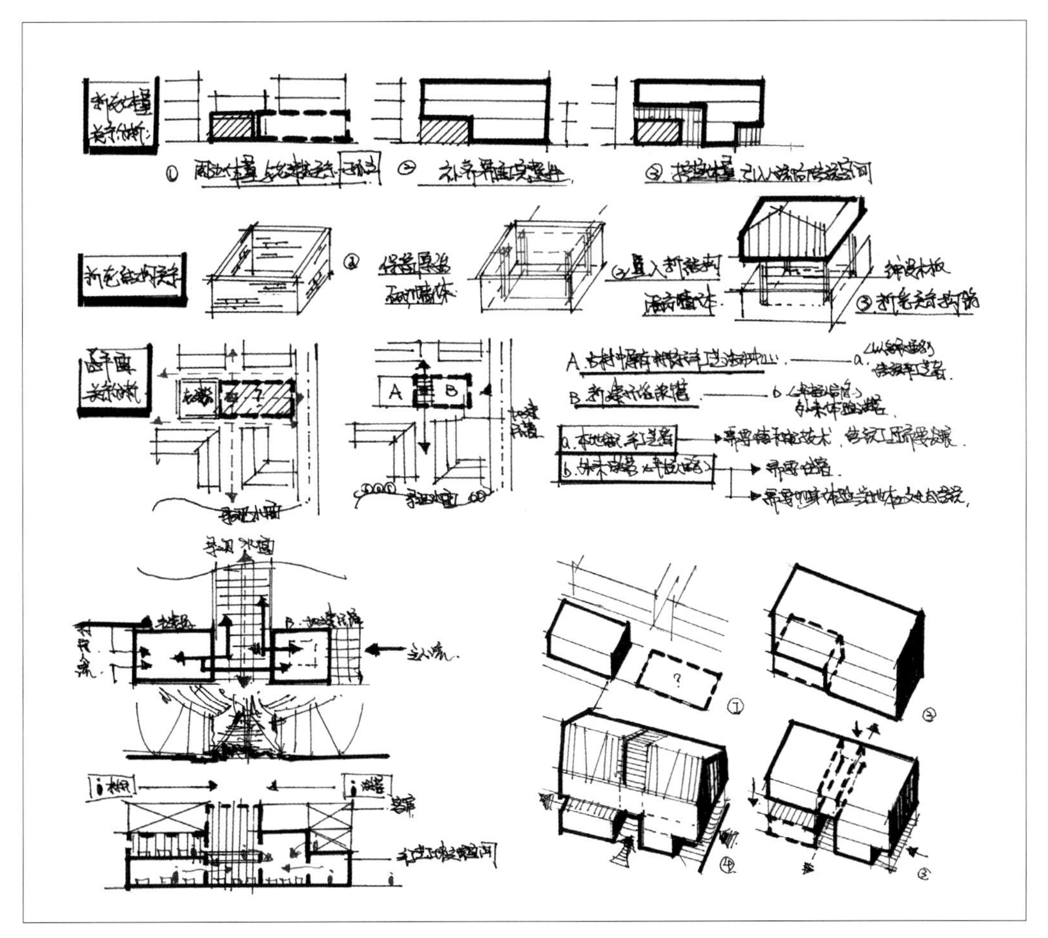

图 2.5–3

图 2.5–3：通过新建筑包含旧建筑，保留原有结构的同时置入新结构，新旧融为一体又间接脱离，形成暧昧模糊的新旧关系。

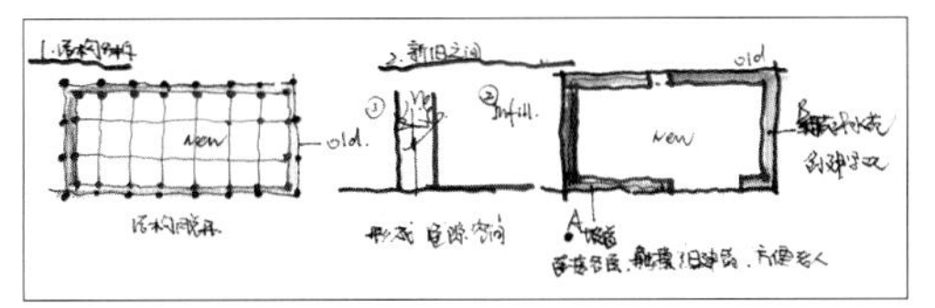

图 2.5–4

图 2.5–4：通过新旧建筑的结构脱离来处理新旧关系，并形成绿化、坡道等积极的使用。

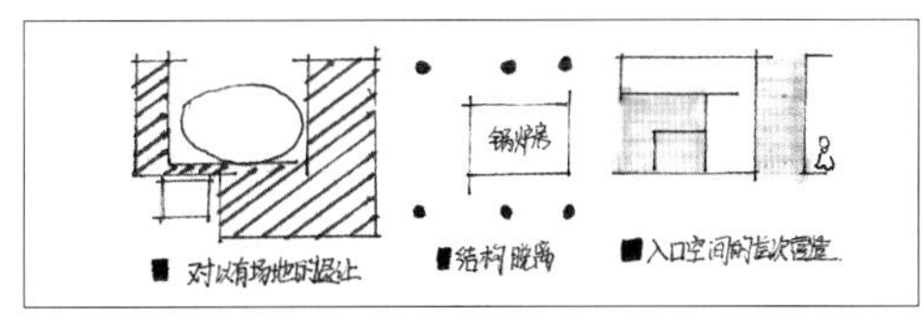

图 2.5–5

图 2.5–5：通过结构及空间上对保留锅炉房的脱离退让体现了建筑改造的技术原则及对旧建筑的态度。

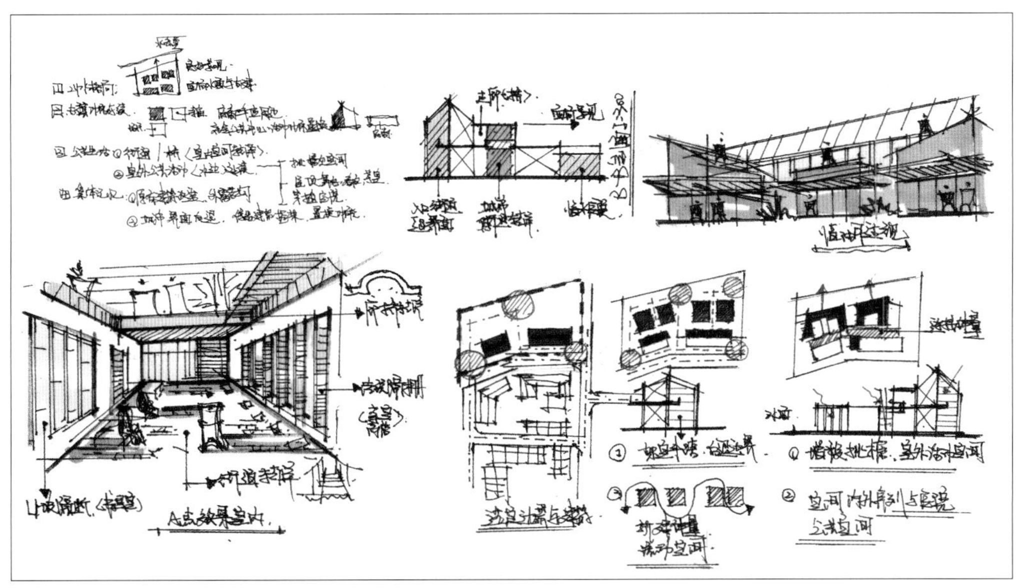

图 2.5–6

图 2.5–6：将“城市街道”作为集体记忆媒介加以转换，置于新旧建筑之间，以此衔接新旧建筑。

图 2.5-7：以场地环境中的两棵树为核心进行新加建体量与旧建筑的围合，形成主次有别的庭院空间。

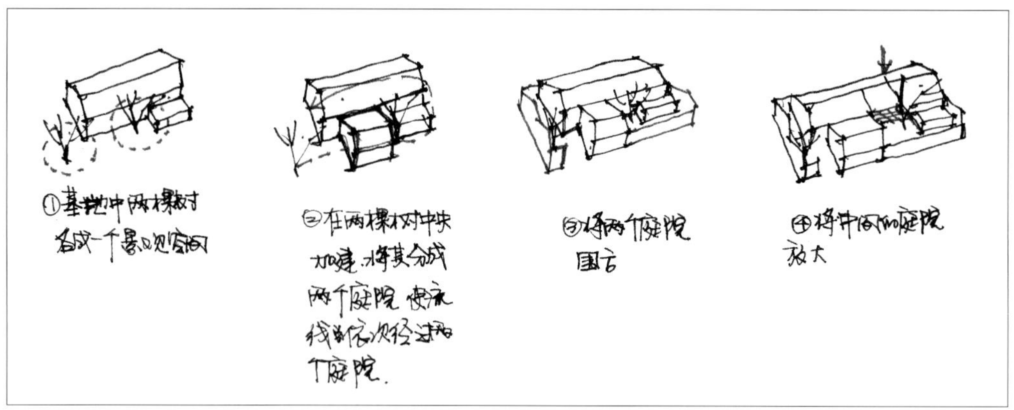

图 2.5-7

图 2.5-8：通过新建筑对旧建筑的围合及连续的坡屋顶操作形成整体的形态关系，并通过减法及裸露老建筑的屋架，形成特色的室外展场。

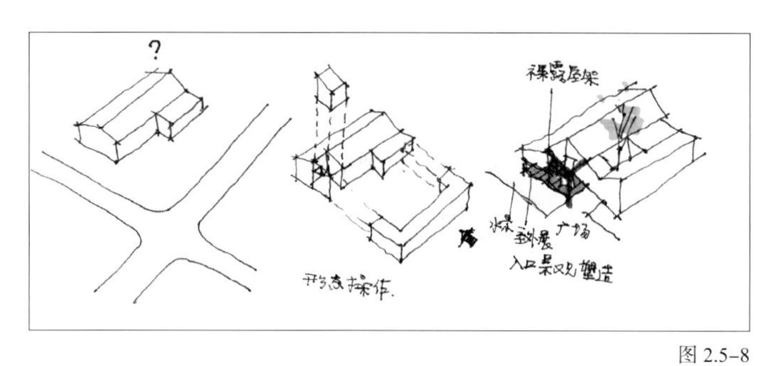

图 2.5-8

图 2.5-9：通过交接处置入庭院和玻璃体来统一新旧建筑，并在形式上进行统一。

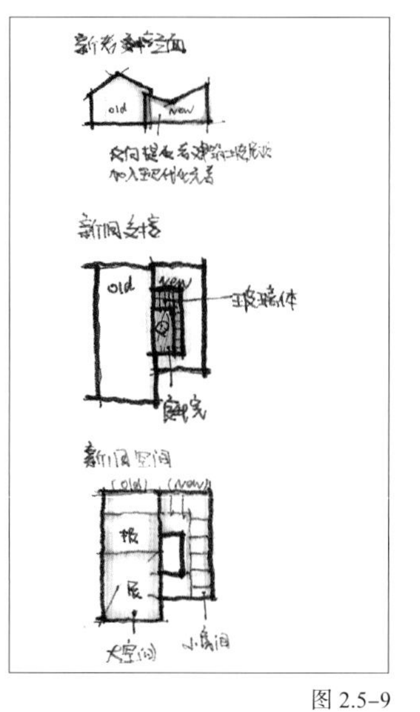

图 2.5-9

图 2.5-10：通过在旧建筑的圆筒内置入不需要太多通风采光的展厅来充分利用圆筒的空间潜力，其余功能围绕圆筒展开。

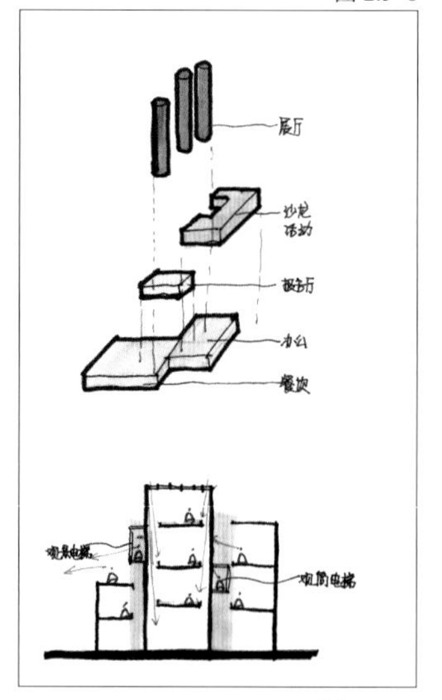

图 2.5-10

图 2.5-11：以“体验”为设计出发点，设计出丰富灵活的空间流线来体验旧建筑及其环境。

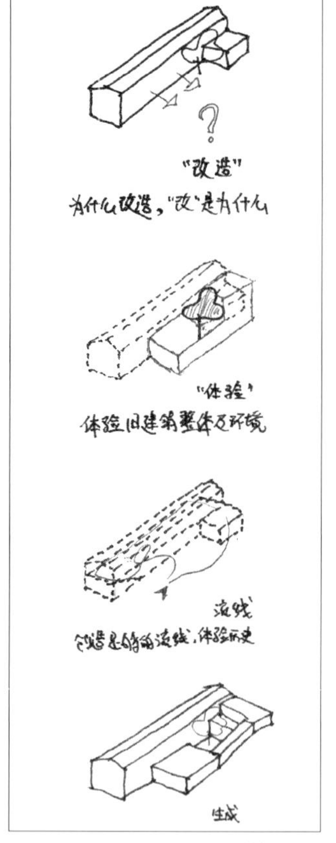

图 2.5-11

图 2.5-12：通过拆除旧建筑，但保留旧建筑的体量感，运用现代手法设计新地域性建筑，以此进行新旧建筑对比。

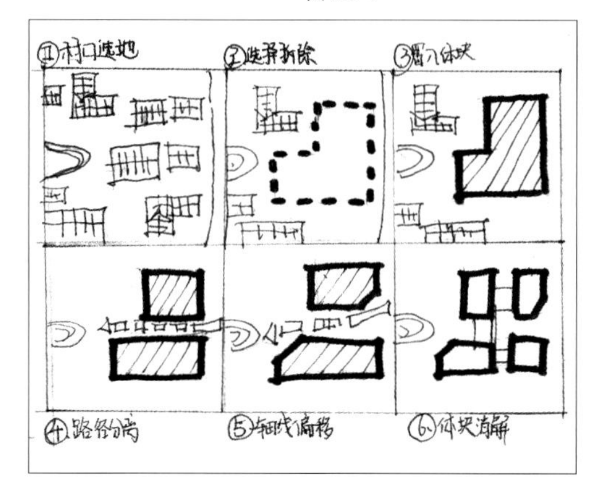

图 2.5-12

图 2.5-13：通过庭院空间进行新旧建筑的整合，并通过架空及双层屋顶的加建措施形成微观生态环境应对地域气候。

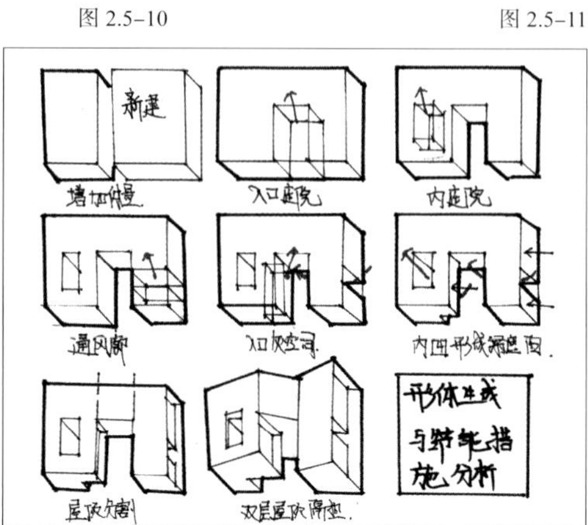

图 2.5-13

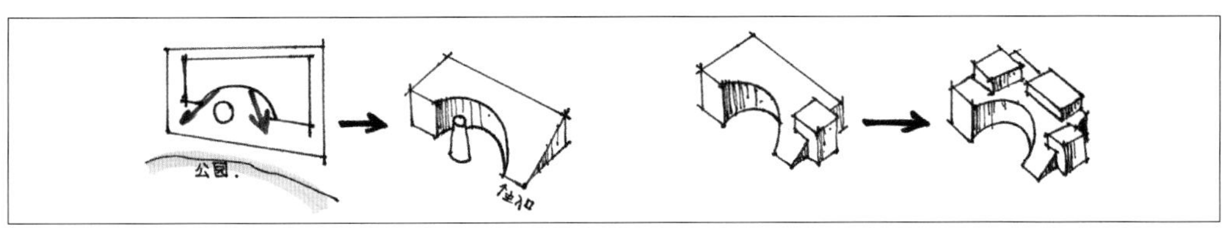

图 2.5-14

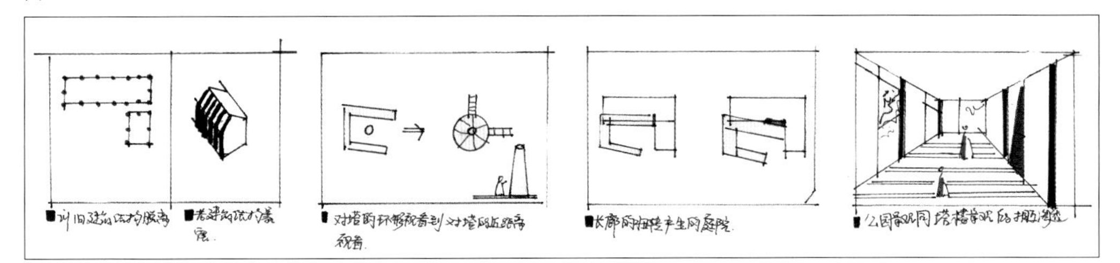

图 2.5-15

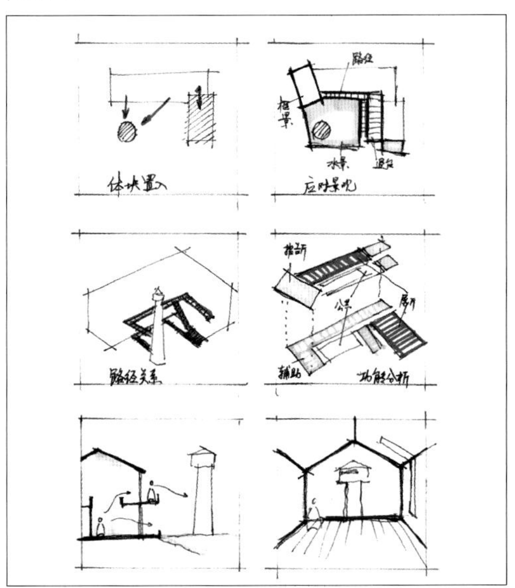

图 2.5-16

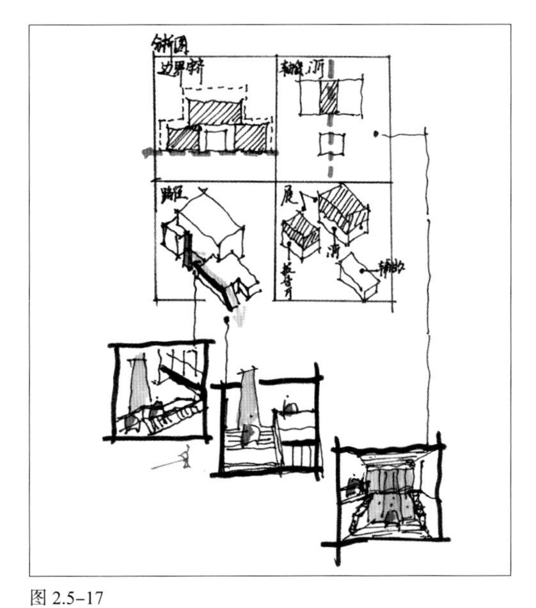

图 2.5-17

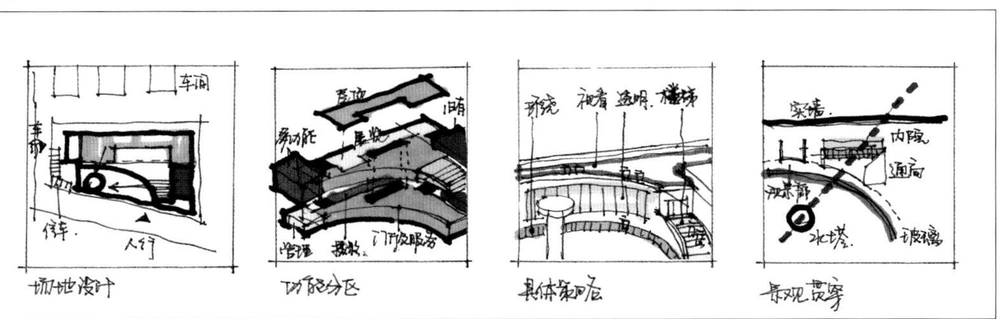

图 2.5-18

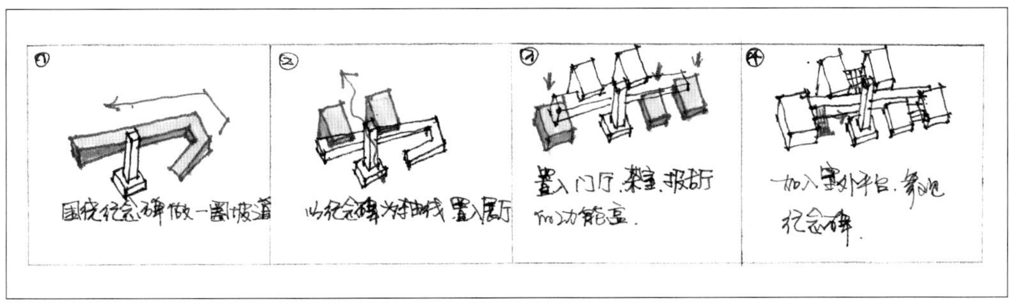

图 2.5-19

图 2.5-14：通过弧线的切割围合圆塔，使建筑形态形成旋转界面并咬合老厂房，再通过局部功能的高起容纳层高较高的展厅并丰富建筑形态。

图 2.5-15：通过设计环绕水塔的室内立体通廊，形成对水塔的多角度观看。

图 2.5-16：通过路径、退台及朝向水塔的框景，形成对水塔的视觉关联。

图 2.5-17：通过轴线、室外楼梯、内部中庭形成对水塔的视觉关联。

图 2.5-18：通过弧形体量形成围绕塔的观赏路径，并通过退台和朝向塔的体量来呼应景观。

图 2.5-19：通过围绕纪念碑的坡道和以其为轴线的体块设计，形成对纪念碑的多角度的观看及纪念性的建筑形态。

2.6 叙事分析

对于教堂、展厅等空间，如何通过叙事营造空间意境，增强空间感受是设计的关键。

图 2.6–1：根据“沉香救母”的故事情节，设置“起—承—转—合”的空间路径，营造光影变换、开合有序的空间意境。

图 2.6–1

图 2.6–2：根据电影艺术的叙事结构，以“人物—激励事件—力量积蓄—危机 & 高潮—结局”为主线，将电影分镜转化为建筑语言，营造出跌宕起伏、收放自如的空间意境。

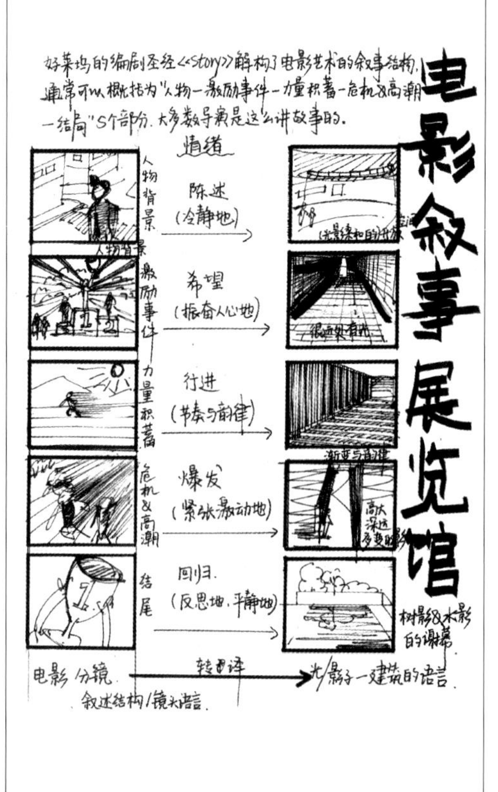

图 2.6–2

图 2.6–3：根据“序列—开端—发展—高潮—结尾”为叙事线索，从“观者”以不同方式观察“雕塑”的“影”的角度出发，营造光影丰富的空间意境。

图 2.6–3

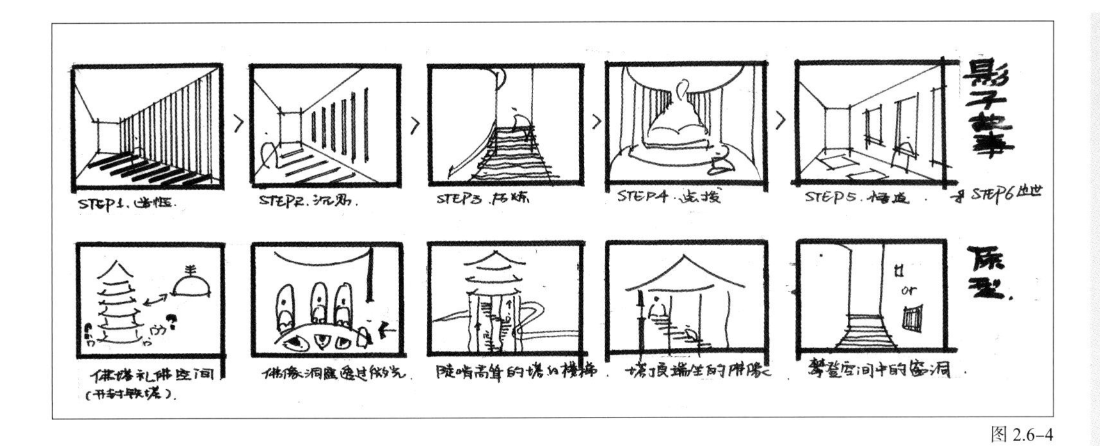

图 2.6-4

图 2.6-4：根据佛教建筑的空间原型，设置“迷惘—沉思—历练—点拨—悟道—出世”的禅修路径，营造佛系空间意境。

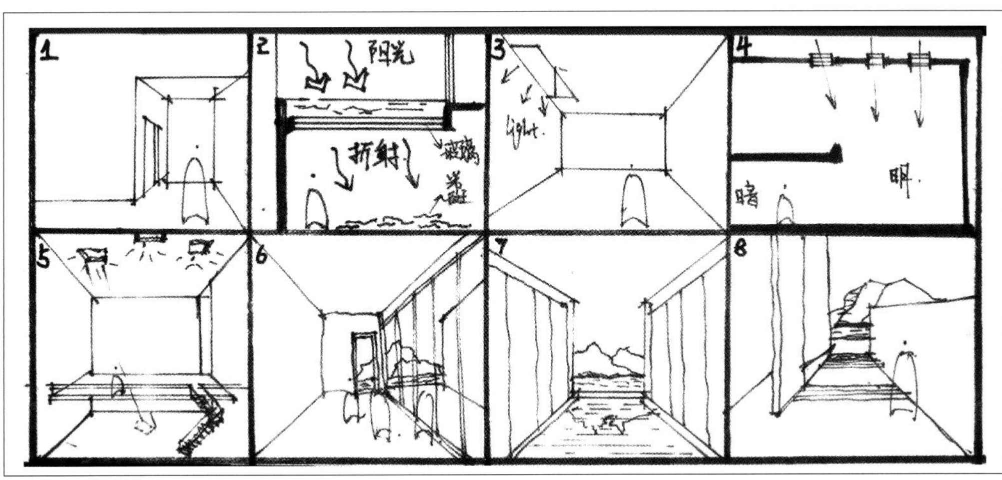

图 2.6-5

图 2.6-5：根据“光”与“影”的不同表现形式，营造出忽明忽暗、光影变换的空间意境。

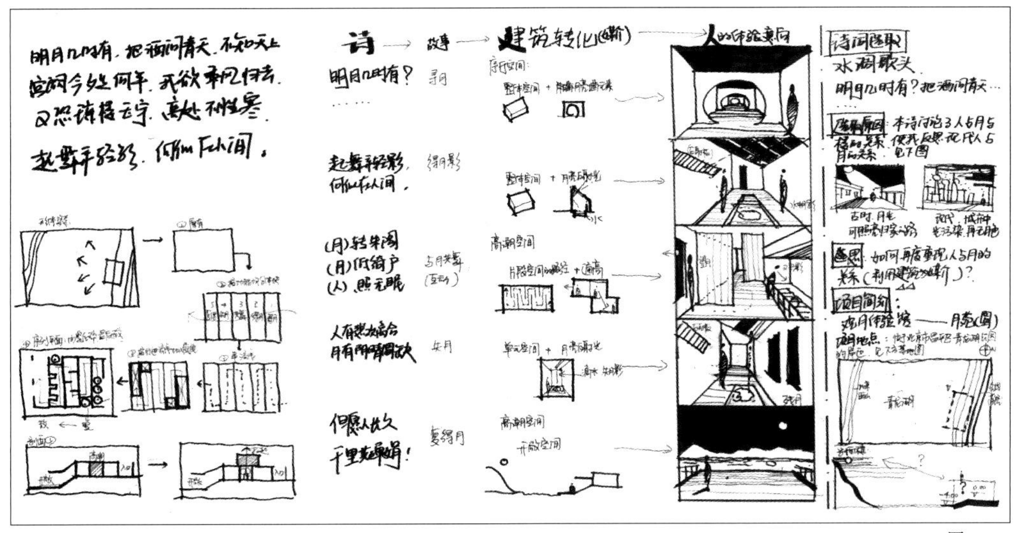

图 2.6-6

图 2.6-6：根据“诗—故事—建筑转化（媒介）—人的体验意向”为空间营造路径，从“人”与“月”的关系的角度出发，通过“寻月—得月影—与月共舞—失月—复得月”的故事情节，营造开合有序、收放自如的空间意境。

图 2.6-7：通过串联“秋千院—廊院—水院—进院—泊院—桑院—梅院—盆景小院”等不同庭院空间，利用对景、借景等造园手法，实现园林式空间漫游，描述出画家、妻子、孩子一家的日常生活。

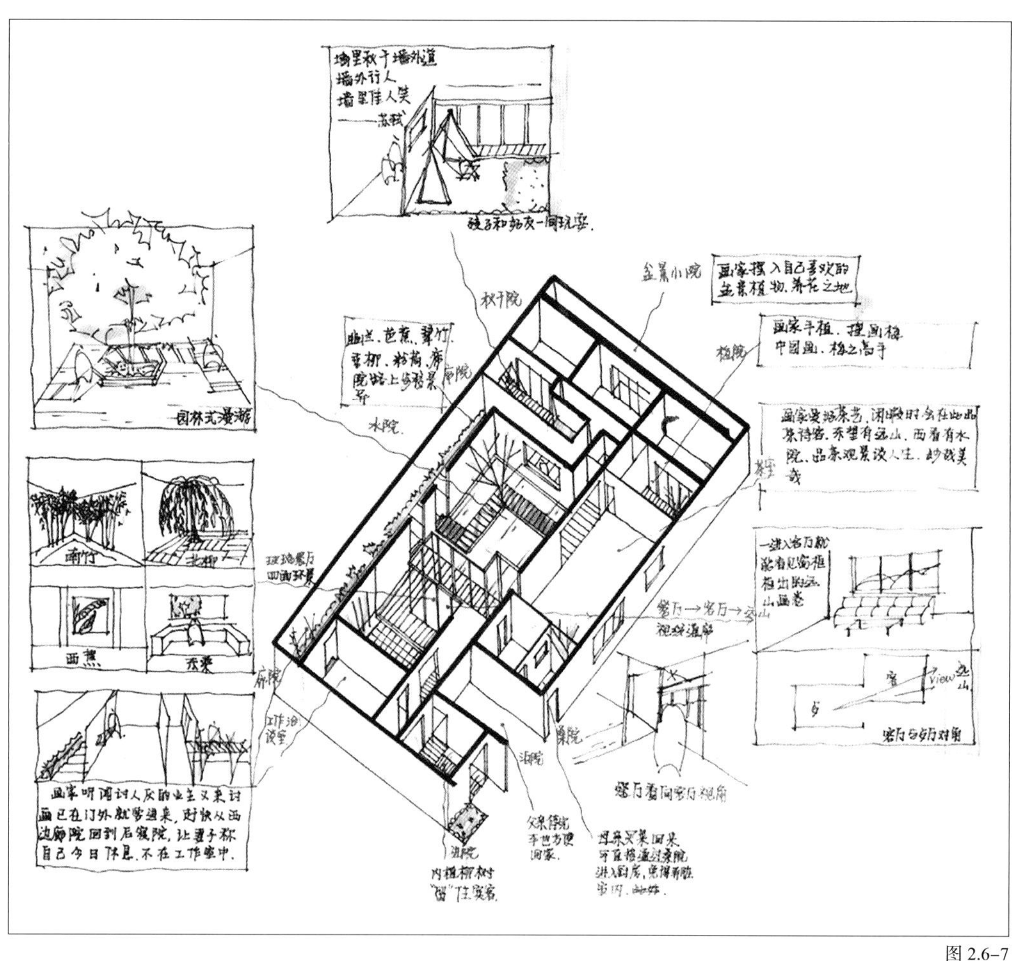

图 2.6-7

图 2.6-8：通过欲扬先抑、开放有序的手法营造收放自如的空间意境。

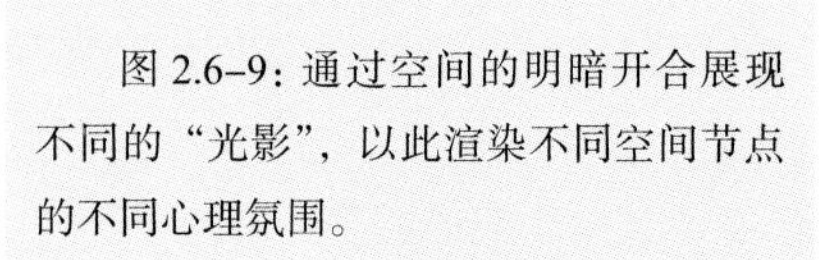
图 2.6-9：通过空间的明暗开合展现不同的“光影”，以此渲染不同空间节点的不同心理氛围。

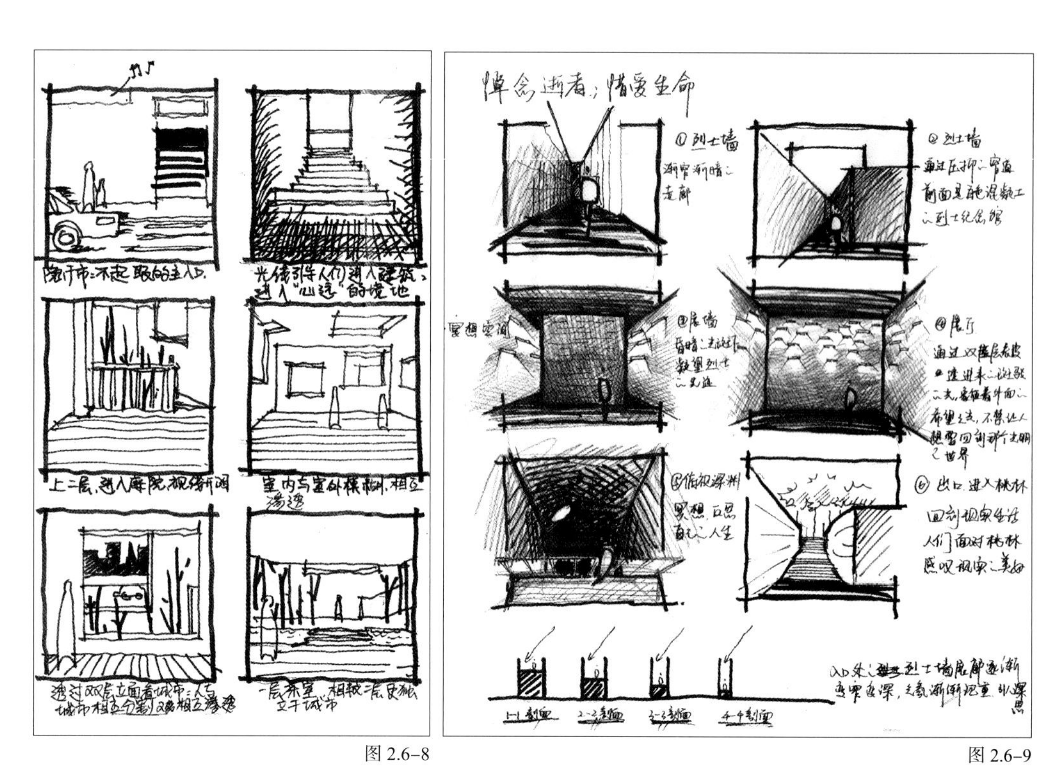

图 2.6-8

图 2.6-9

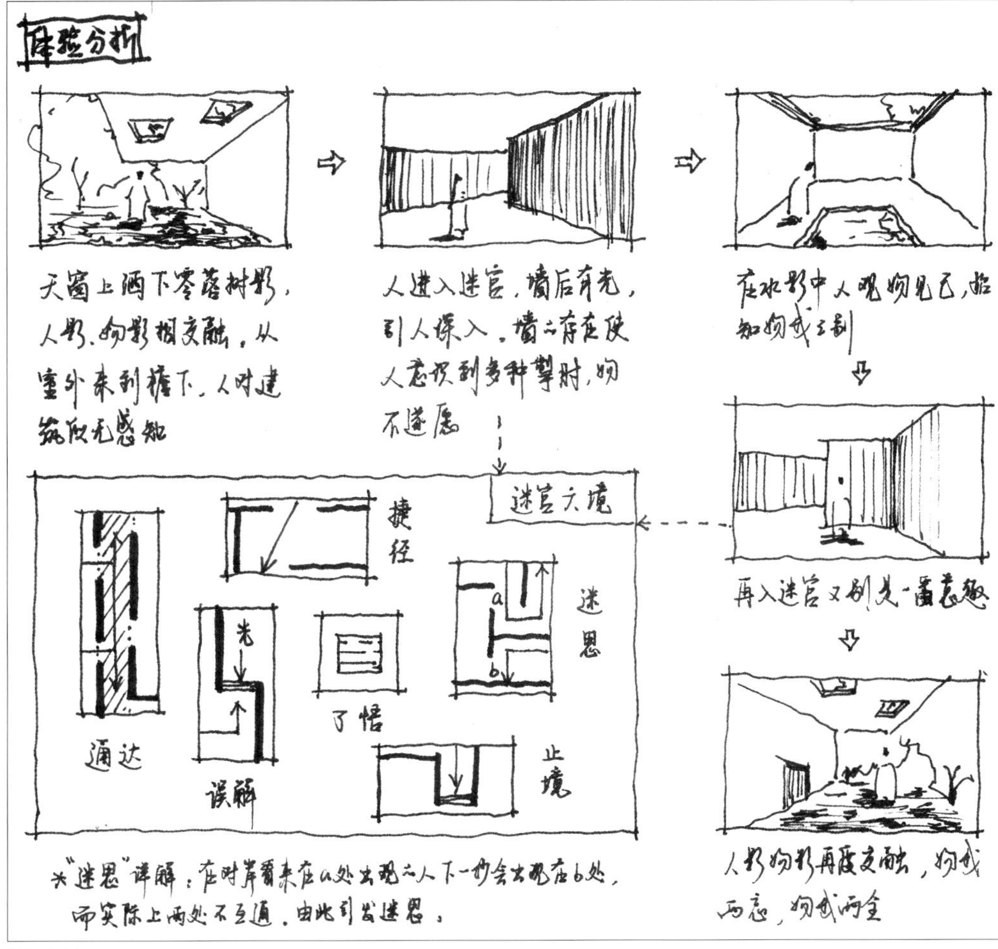

图 2.6–10

图 2.6–10：根据“迷思—止境—了悟—捷径—误解—通达”的迷宫六境为叙事线索，以“人影”“物影”的不同呈现方式来营造光影变换、开合有序的空间意境。

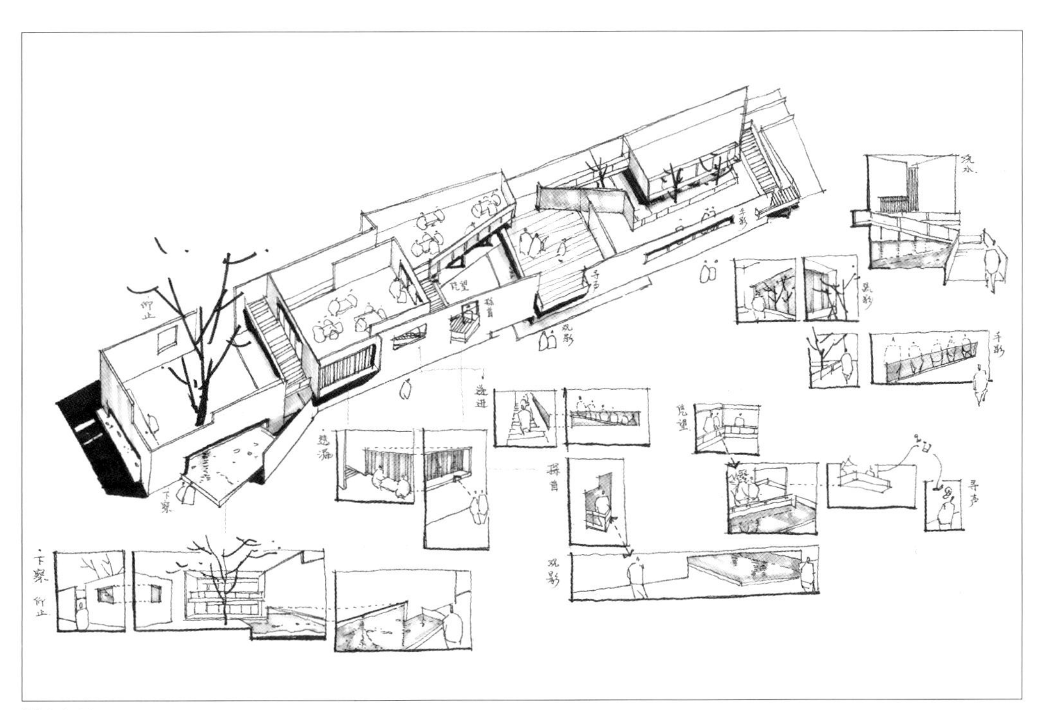

图 2.6–11

图 2.6–11：通过游览路径中人的一系列肢体动作作为叙事结构进行空间设计，营造出可感知、可交流的趣味性空间意境。

2.7 关系分析

建筑空间往往服务于复杂的人物关系，如何通过空间设计解决不同群体的需求，增强人物间的交流，是设计的关键。

图 2.7–1：通过重塑艺术家与观展人的关系，增进艺术家与观展人的社交机会。

图 2.7–2：通过分析艺术家的生活及工作模式，设置私密空间满足个人独处需求，设置共享空间满足协同工作需求。

图 2.7–3：通过分析留守儿童的生活与心理状态，选取玉米地为关系媒介设置活动空间，既能满足儿童待在爷爷奶奶身边的安全感，又能满足儿童聚集嬉笑打闹的童真。

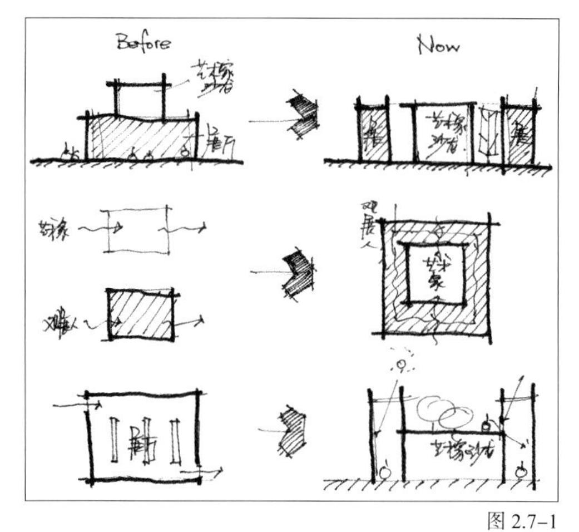

图 2.7–1

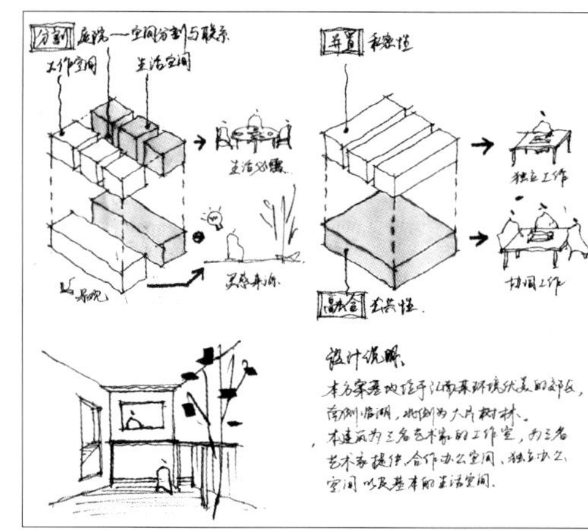

图 2.7–2

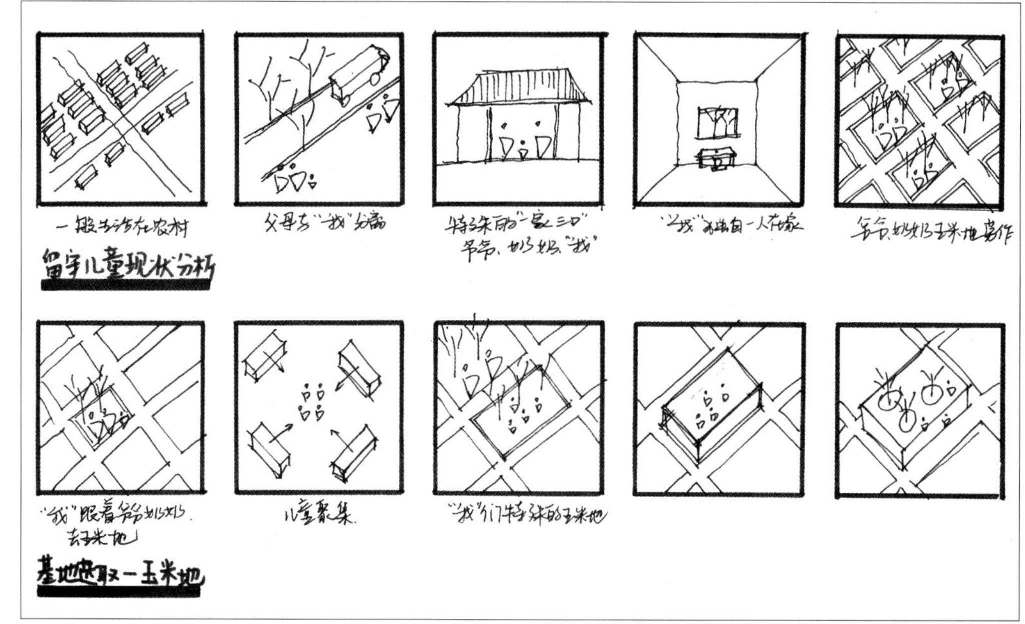

图 2.7–3

图 2.7–4：通过分析原有的人物关系及空间现状，运用共享空间、景观渗透等手法打破原有的独立、隔离的空间模式，增进人与人之间的交流。

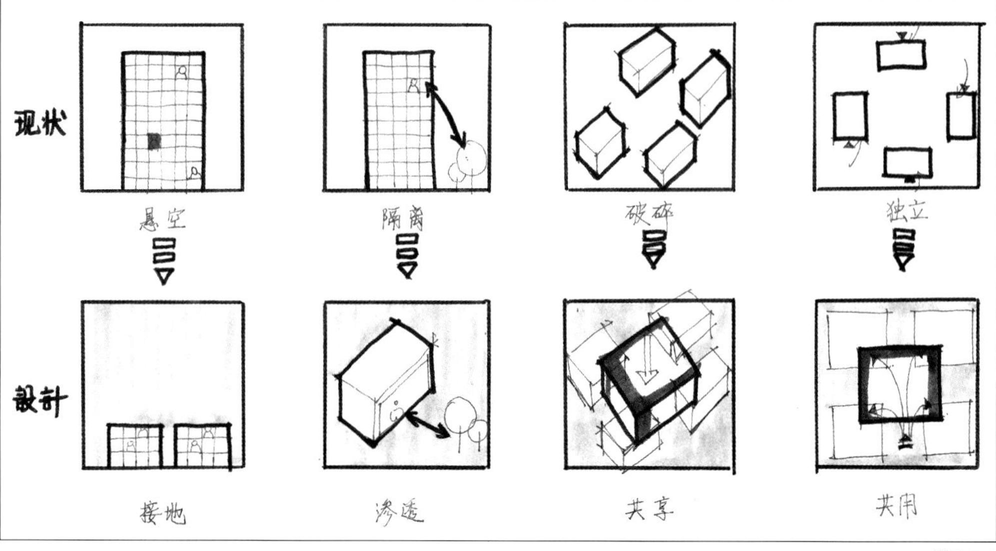

图 2.7–4

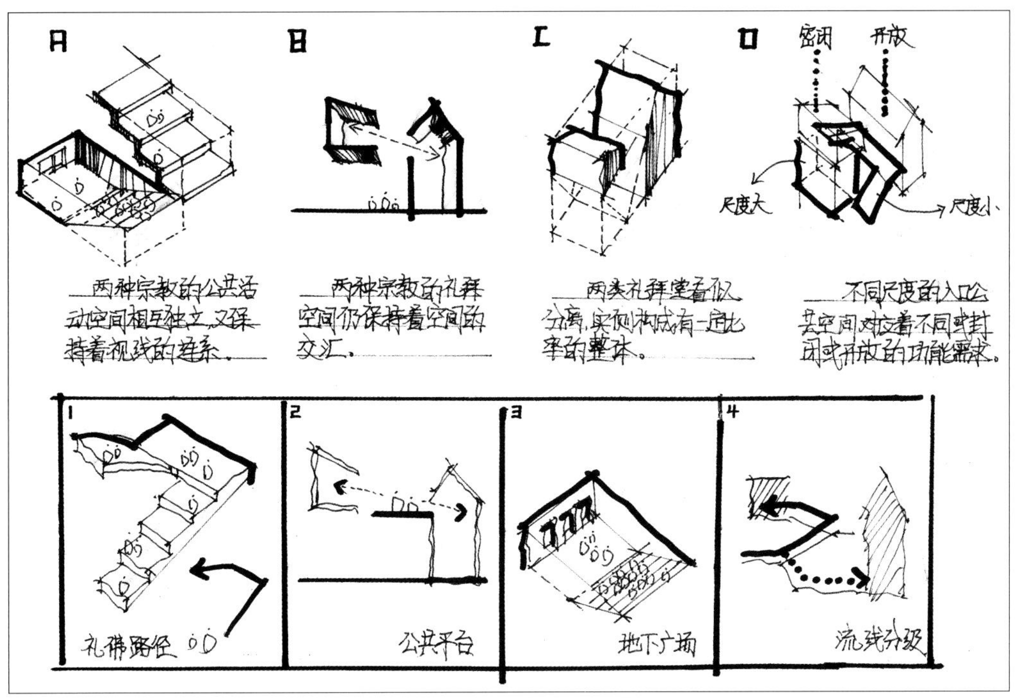

图 2.7–5

图 2.7–5：通过分析两种不同宗教空间类型，在满足独立功能的同时采用视线交流、空间对话的方式增强两种宗教的交流。

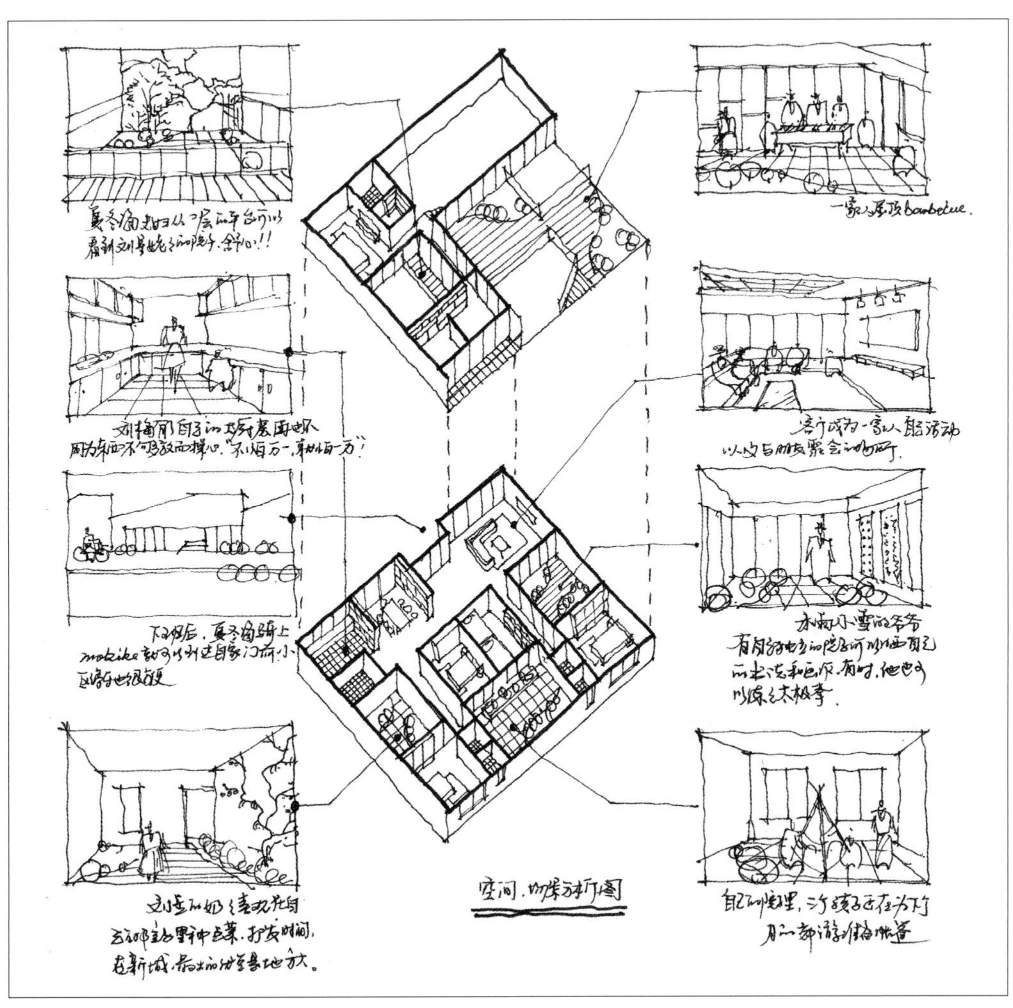

图 2.7–6

图 2.7–6：通过分析《家有儿女》中重组家庭夏东海夫妇、刘星奶奶、小雪爷爷以及 3 个孩子的生活日常及兴趣爱好，设置平台、庭院、屋顶等空间实现一家人其乐融融的生活场景。

图 2.7–7：通过分析流浪者、街头卖艺者的生活现状，设置架空、屋顶平台、爱心捐赠窗口，改善流浪者的生存环境，为卖艺者提供表演平台的同时解决交通阻塞的问题，还充分利用废弃的旧衣物。

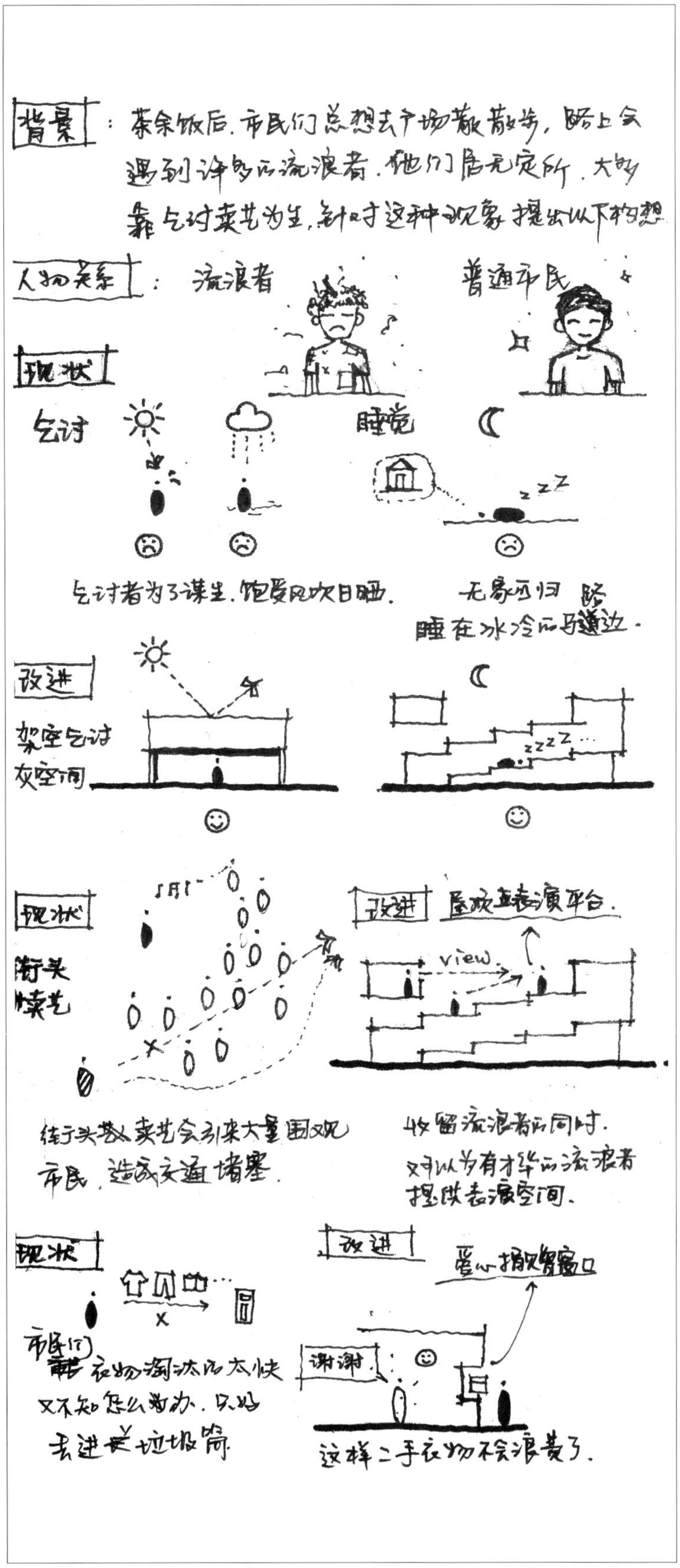

图 2.7–8：通过分析两村村民的历史矛盾遗存，以桥作为联系两村的交往媒介，提取土楼的屋顶原型，以现代手法表现传统，为村民提供交流场所。在解决历史矛盾的同时，改善留守儿童与老人的日常活动环境。

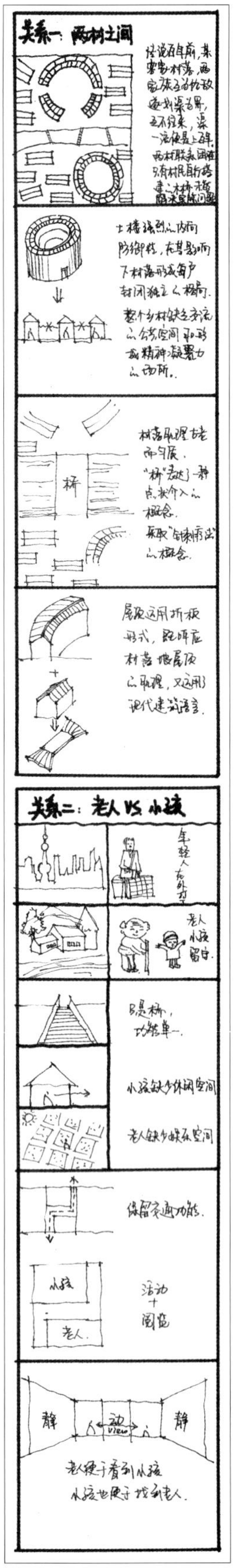

图 2.7–7

图 2.7–8

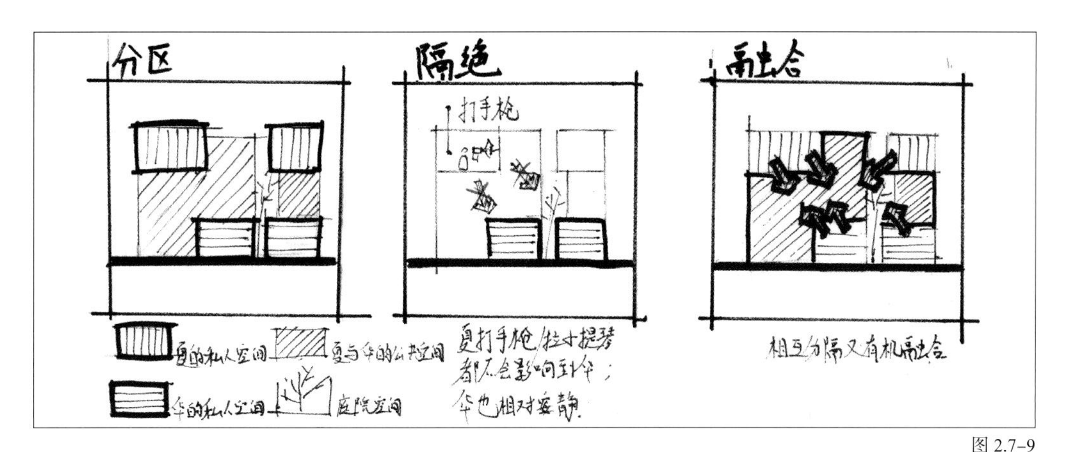

图 2.7-9

图 2.7-9：通过对《神探夏洛克》中华生与夏洛克两人日常生活的剖析，设置共享空间连接两人各自独立的生活空间，达到合理的功能分区。

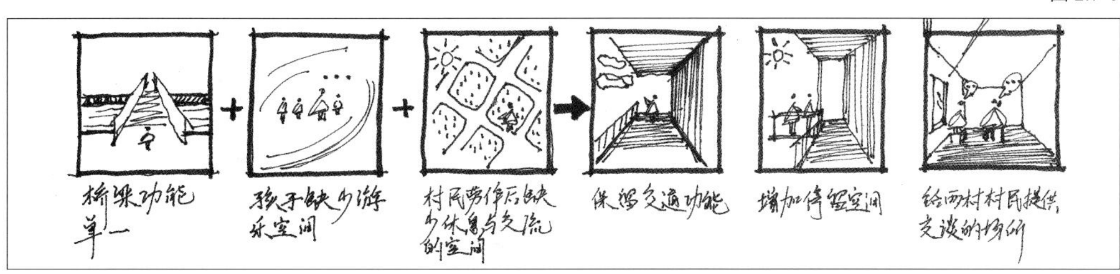

图 2.7-10

图 2.7-10：通过分析村里老人与小孩的生活需求，将交流活动空间置入桥梁，作为联系人与人关系的纽带，增加村民交流互动的机会。

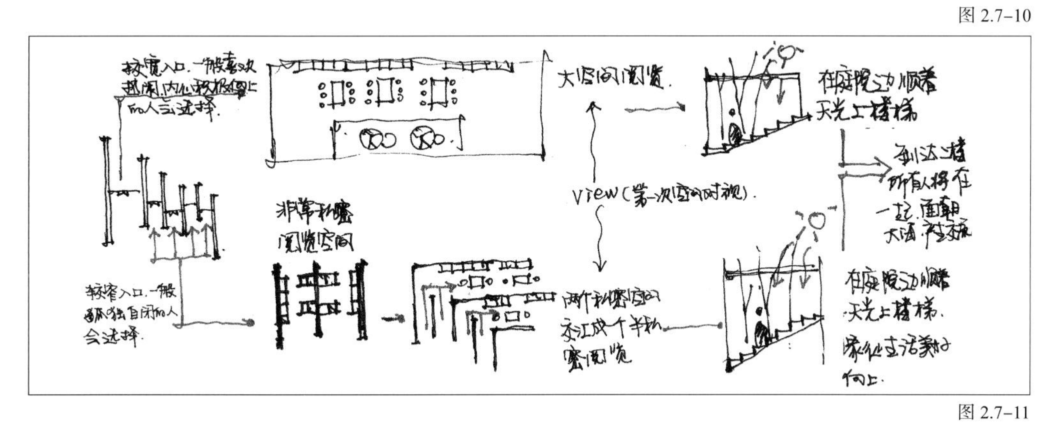

图 2.7-11

图 2.7-11：通过分析两类不同性格人群的心理特征，设置不同的阅览空间类型满足其不同需求，并设置空间引导路径及共享空间节点实现两类人群的交流互动。

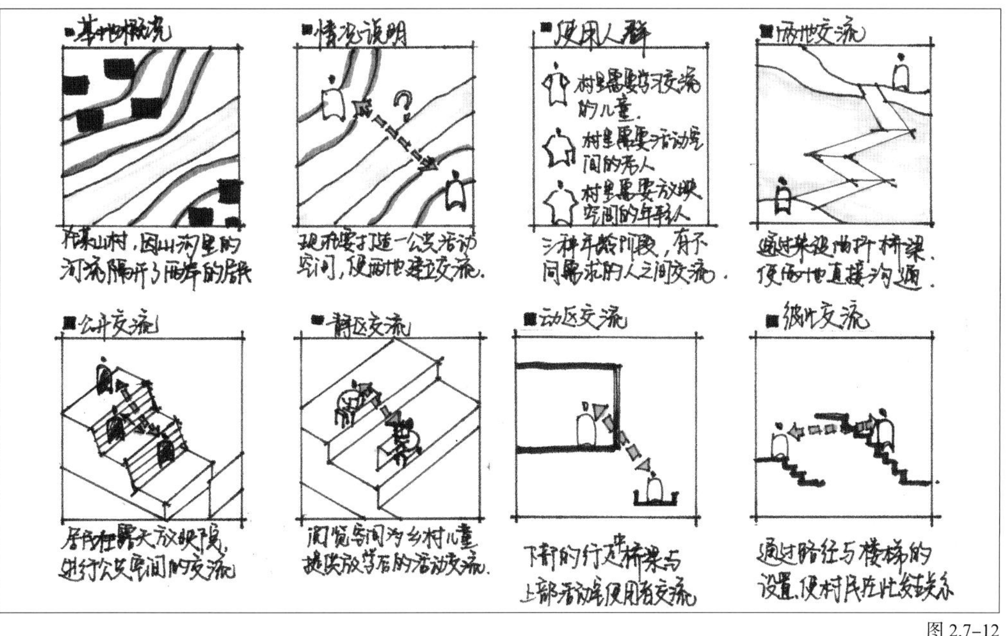

图 2.7-12

图 2.7-12：通过分析村里老人、年轻人、儿童三者不同年龄阶段的不同需求，以桥作为交流媒介连接两地村民，设置不同的公共空间类型以便满足不同人群需求。

2.8 生态分析

2.8.1 采光

图 2.8-1：通过室内退台空间及抬高楼板对书库空间的合理利用，并引入丰富的光线满足阅览者的需求。

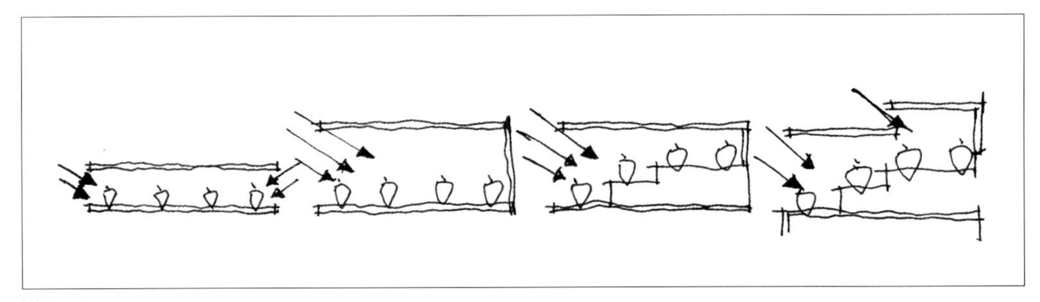

图 2.8-1

图 2.8-2：通过不同坡度的屋顶及间隙，引入不同角度的反射光线，营造光影变换的展示空间氛围。

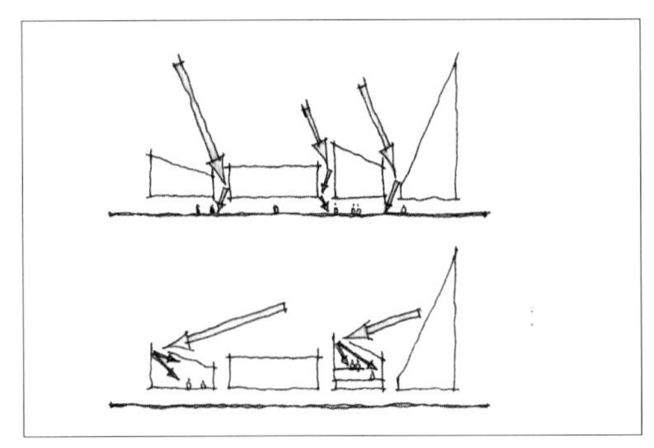

图 2.8-2

图 2.8-3：通过折叠的坡屋顶引入不同角度的光线。

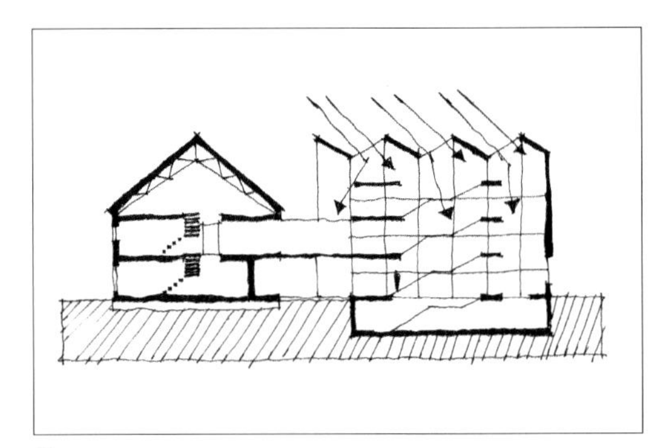

图 2.8-3

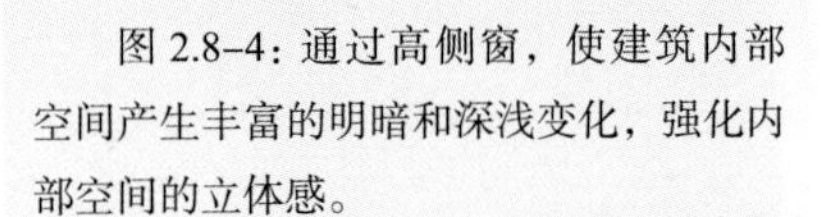

图 2.8-4：通过高侧窗，使建筑内部空间产生丰富的明暗和深浅变化，强化内部空间的立体感。

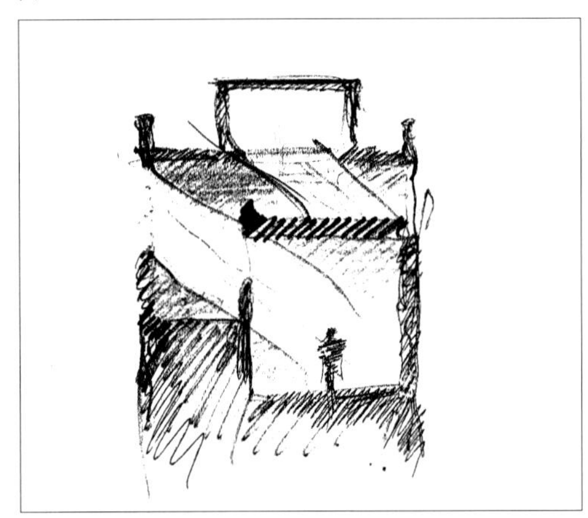

图 2.8-4

图 2.8-5：通过悬挑、百叶、LOW-E 玻璃进行遮阳。

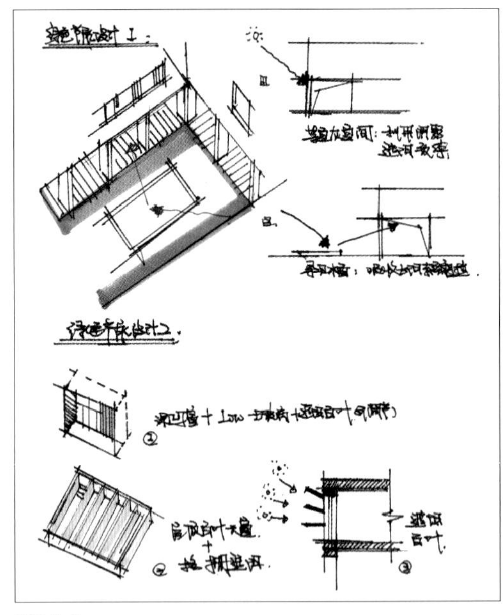

图 2.8-5

图 2.8-6：通过插入锥形体量及扇形功能单元解决改造圆筒的通风采光。

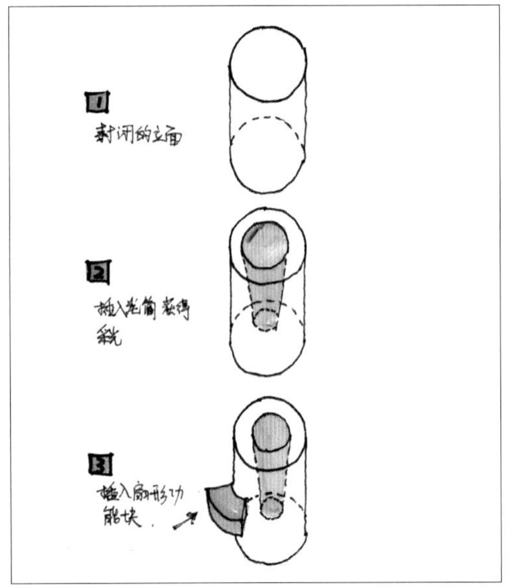

图 2.8-6

图 2.8-7：通过楼板层层出挑进行遮阳。

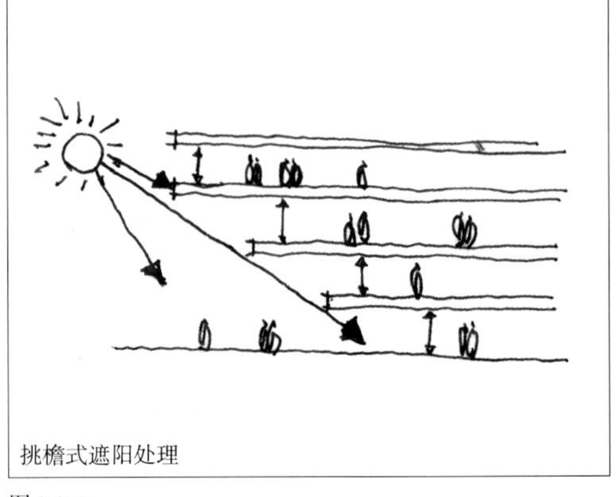

挑檐式遮阳处理

图 2.8-7

2.8.2 遮阳、通风、节能

图 2.8-8

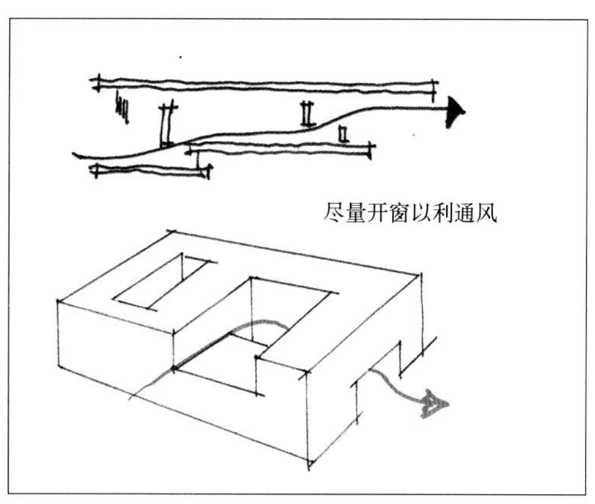

图 2.8-9

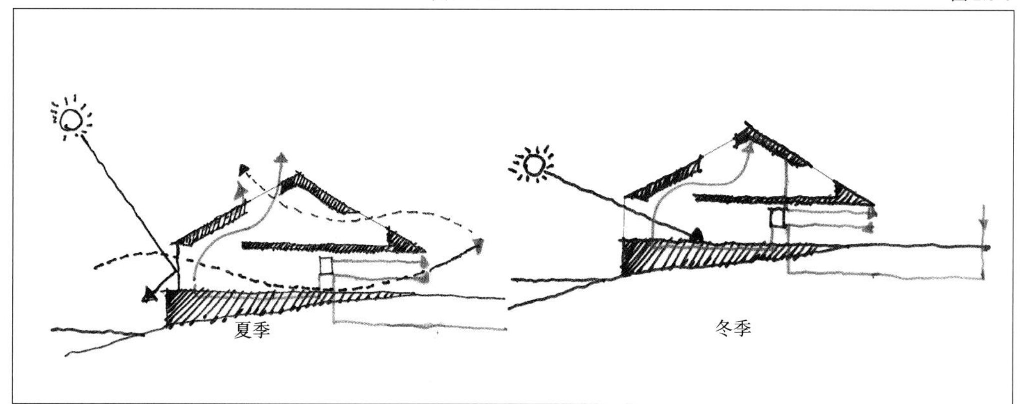

图 2.8-10

图 2.8-11

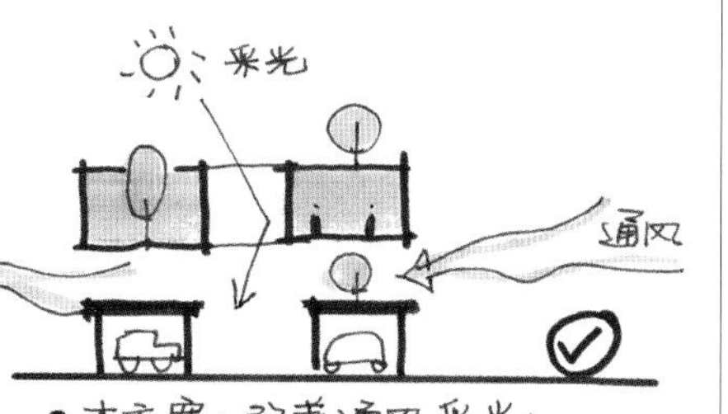

图 2.8-12

图 2.8-8：通过形体之间的折叠错位形成三角形采光面，并获得一定的通风。

图 2.8-9：通过形体的错动及减法形成朝向景观的围合以及通风、拔风的效果，符合生态塑形的题意。

图 2.8-10：夏季通过不同的开窗形式反射日照，加强通风，并通过地下冷源引导风向。冬季通过引导日照，并结合地下热源形成室内热环境。

图 2.8-11：通过底层的小体量的间隔引导风向，结合上部环形体量的抬升，达到通风的效果。

图 2.8-12：通过室外庭院和架空进行采光和通风。

2.9 概念生成分析

图 2.9-1：通过分析外部空间环境对建筑体量进行条形的错动切割，生成建筑形体。

图 2.9-2：通过平面路径的转折变化生成流动空间，弱化空间分割，模糊内外边界。

图 2.9-3：通过连续坡屋顶的采光设计形成错动的条形体量，容纳大空间的体育馆。

图 2.9-4：通过条形体量的错动呼应不规则地形，并对折叠体量进行高低咬合变化及庭院处理，解决采光。

图 2.9-5：通过基座上叠加条形体量容纳连通的公共空间及各自相对独立的客房、办公。小件体量的运用，呼应乡村肌理。

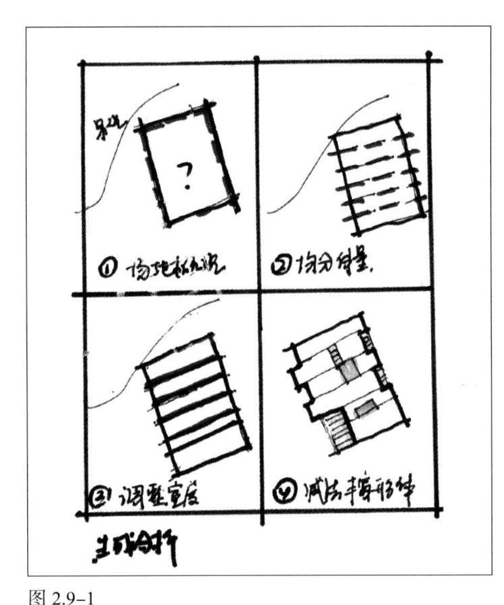

图 2.9-1

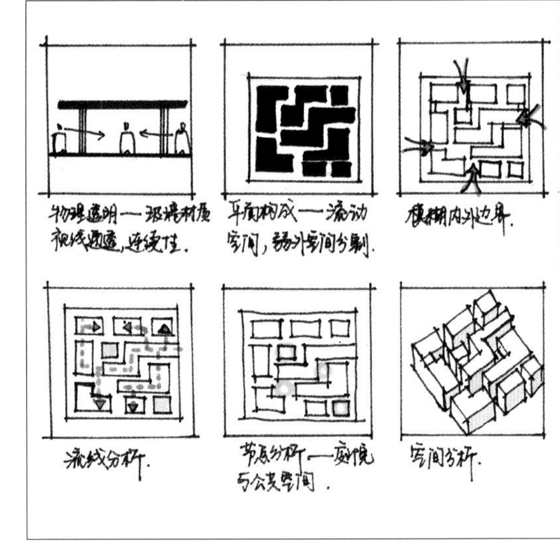

图 2.9-2

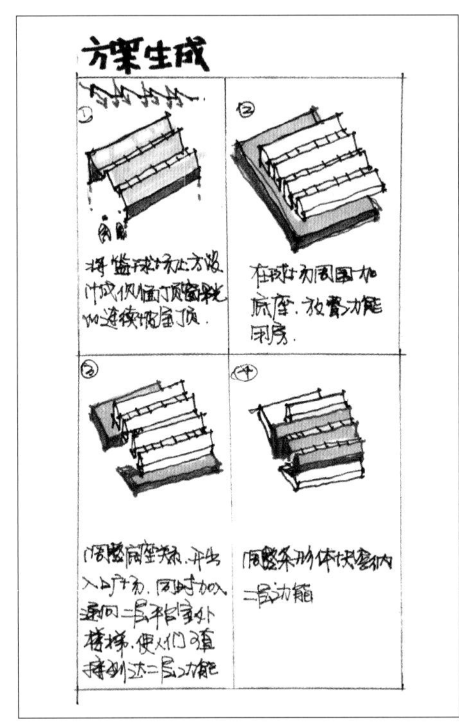

图 2.9-3

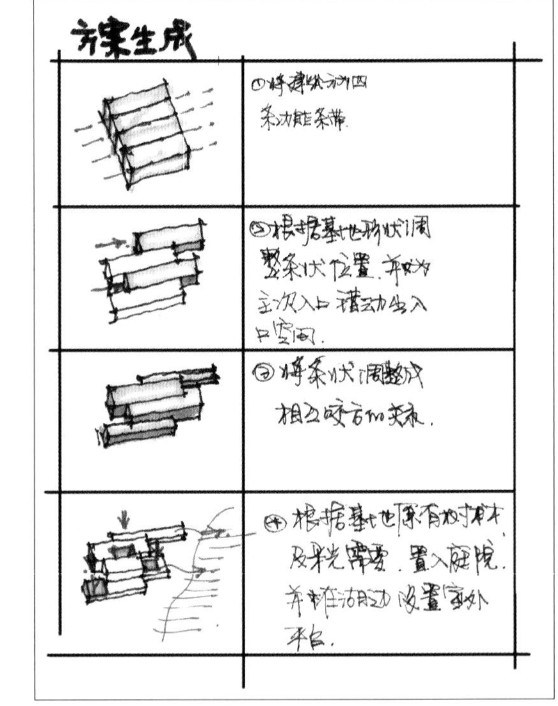

图 2.9-4

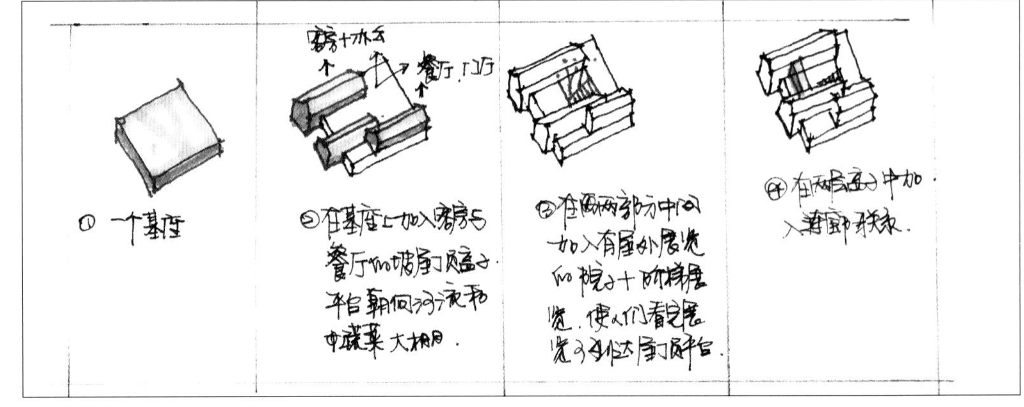

图 2.9-5

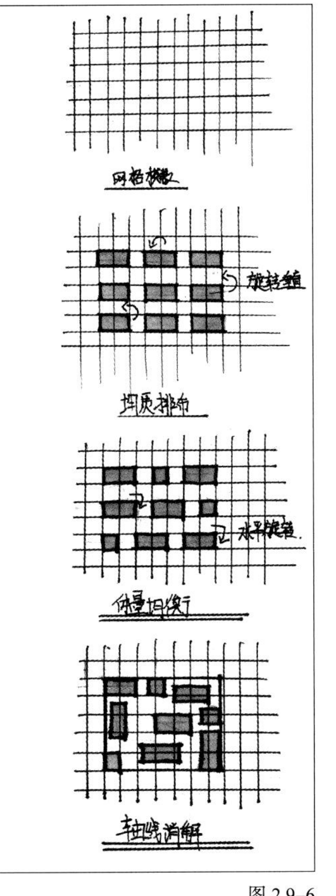

图 2.9-6

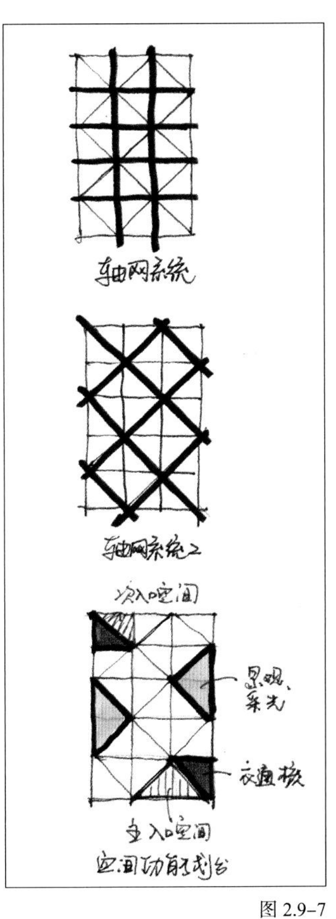

图 2.9-7

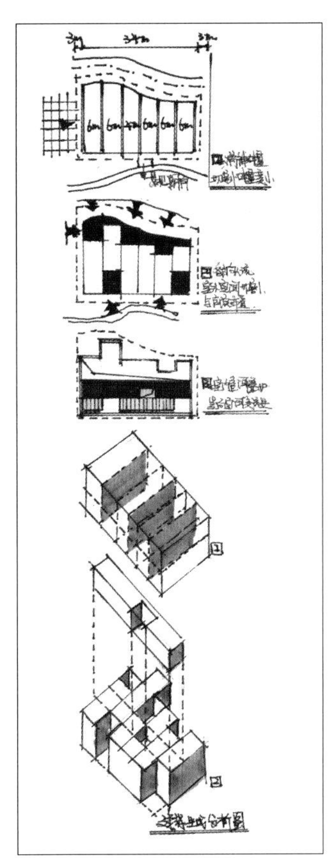
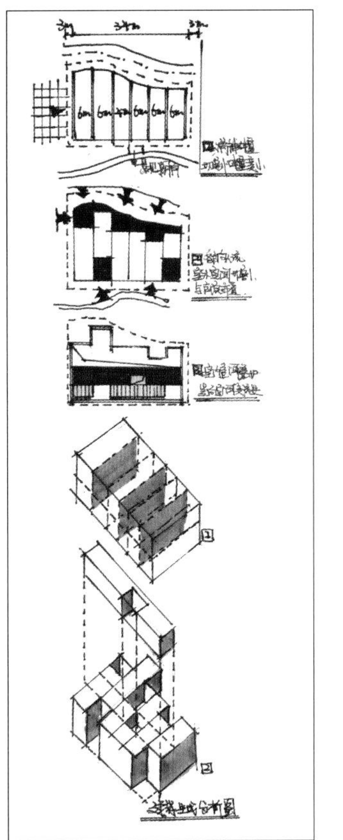

图 2.9-8

图 2.9-6：通过网格模数对建筑体量进行控制，以此生成均质、流动的空间关系。

图 2.9-7：通过斜向网格的操作形成动态的空间及形态，不规则区域多用于庭院、交通等辅助空间。

图 2.9-8：通过条形网格控制下的形体错动形成外部庭院，并呼应地形。再叠加矩形体量，形成复合的竖向空间。

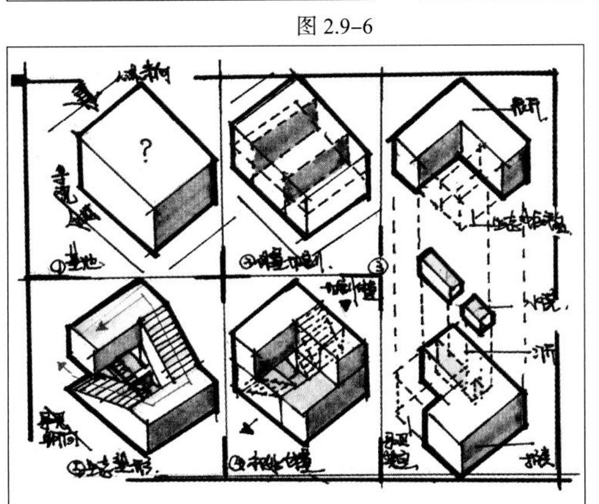

图 2.9-9

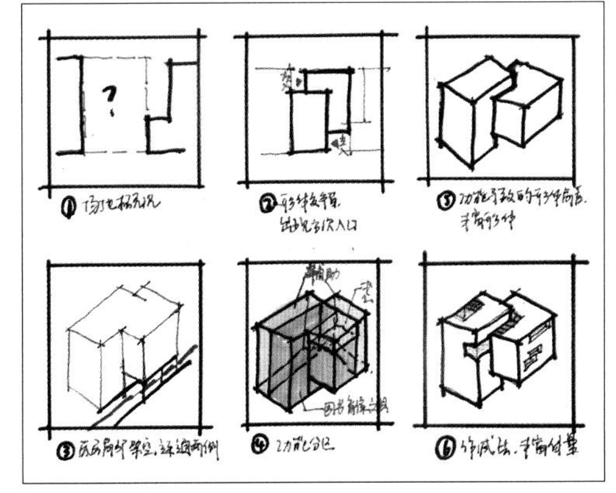

图 2.9-10

图 2.9-9：通过体量切割、置入庭院、屋顶绿化等手法进行生态塑性的操作。

图 2.9-10：通过高低不同的形体咬合叠加，形成主次入口空间。

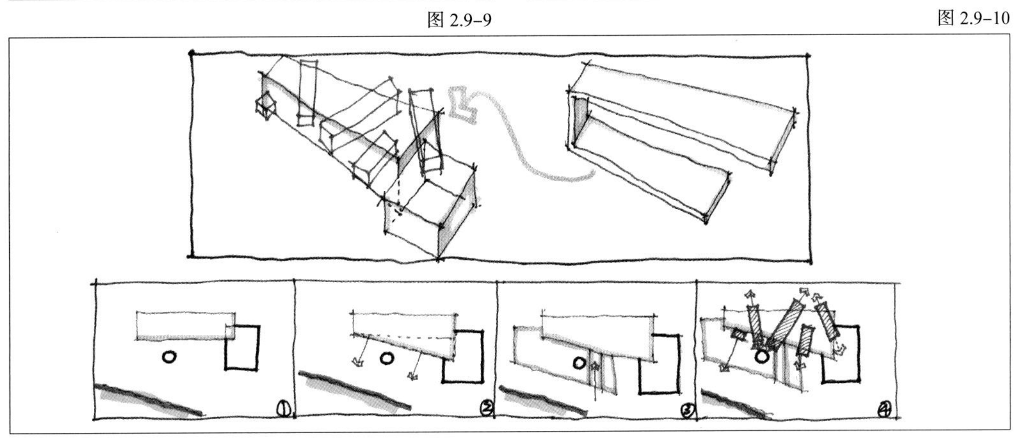

图 2.9-11

图 2.9-11：通过形体的围合、倾斜、穿插、包裹等一系列操作，形成对水塔的多种观看视线及对不规则地形的呼应。

图 2.9-12：用 S 形体量解决教室功能的布局并形成朝向城市的广场及朝向校园的院落。

图 2.9-13：将不同层高要求的展厅具化为空间，并通过切割组合，在完型中形成丰富的室外空间，以及充满层次的流线。

图 2.9-14：通过斜向体量的错动形成对不规则基地的呼应及对古树的围合。

图 2.9-15：通过 L 形体量围合湖面景观，再通过拉入扭转的一层体量，及二层的 3 个重复单元形成对地形及景观的呼应。

图 2.9-16：通过退台式的室外平台、灰空间下的室外展览、露天广场的室外剧场，共同形成对历史建筑围合的室外空间。

图 2.9-17：通过形体的围合、扭转呼应历史建筑及古树，再用立体的环形体量串联新老建筑，形成完整的建筑流线，并适应了高差地形。

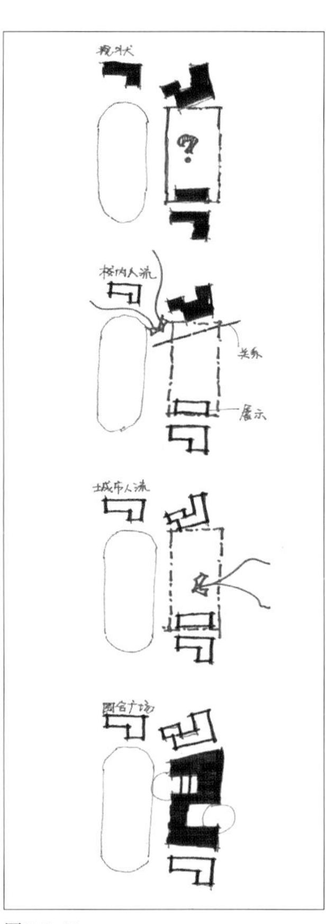

图 2.9-12

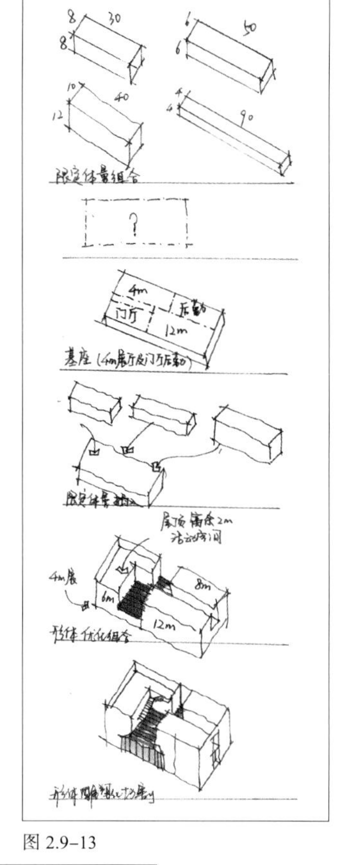

图 2.9-13

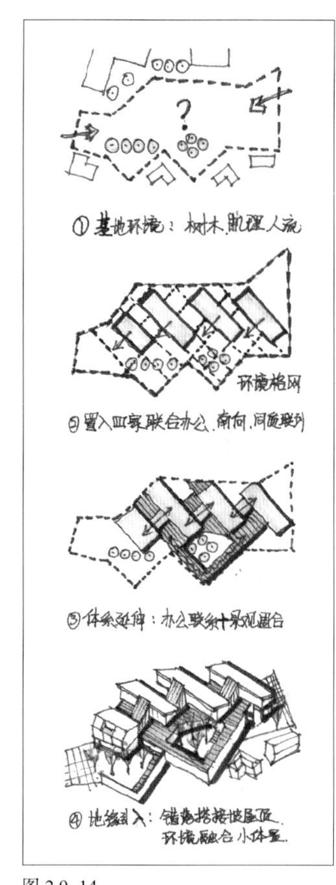

图 2.9-14

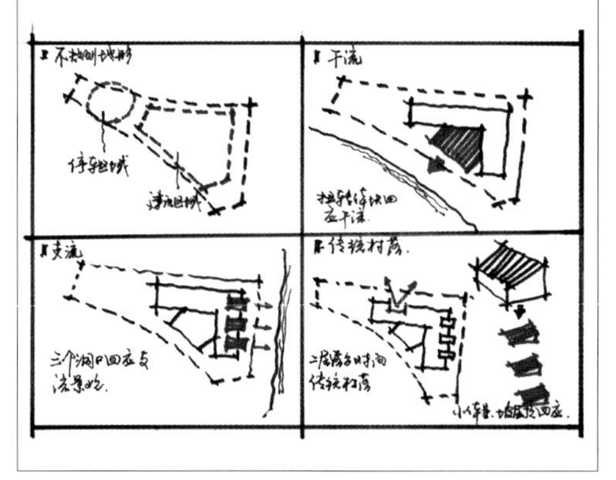

图 2.9-15

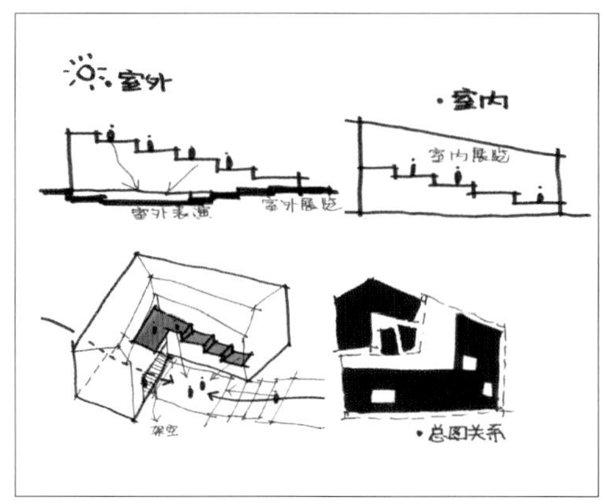

图 2.9-16

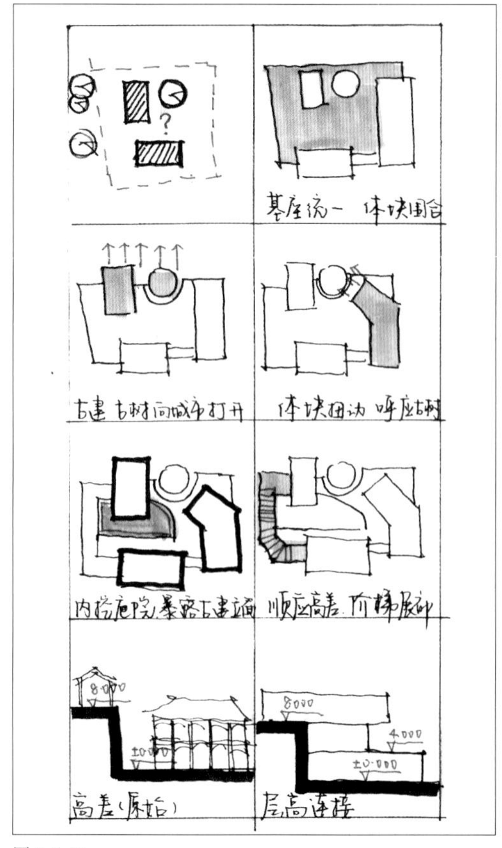

图 2.9-17

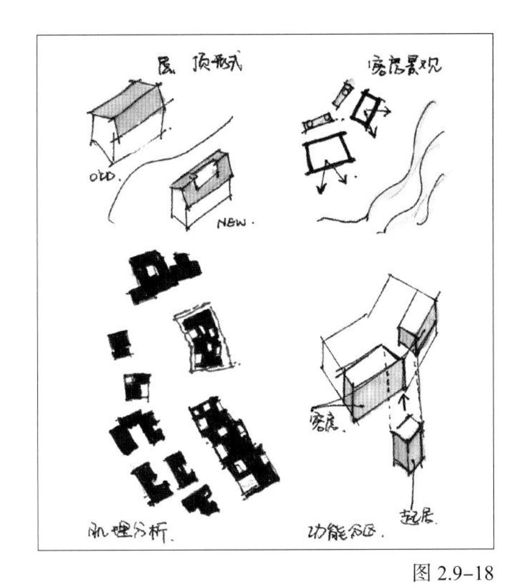

图 2.9-18

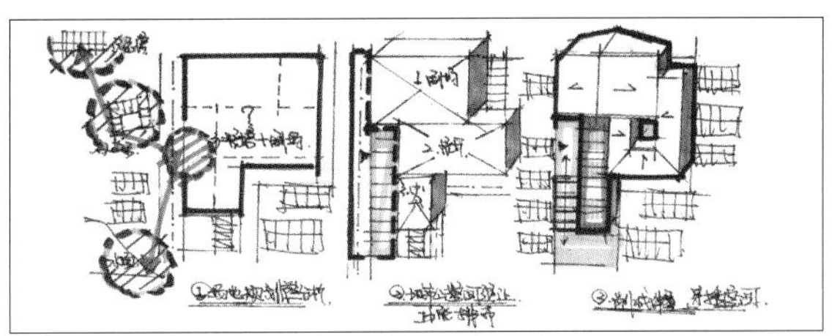
图 2.9-19

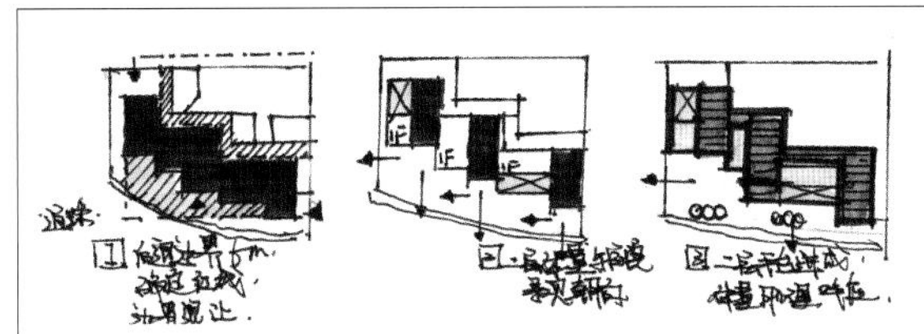
图 2.9-20

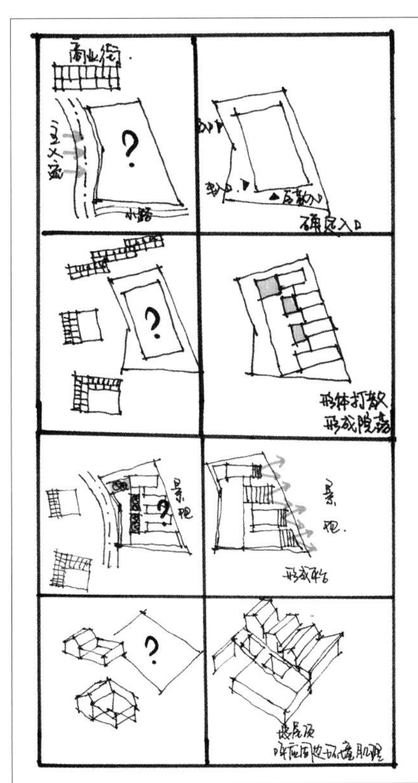
图 2.9-21

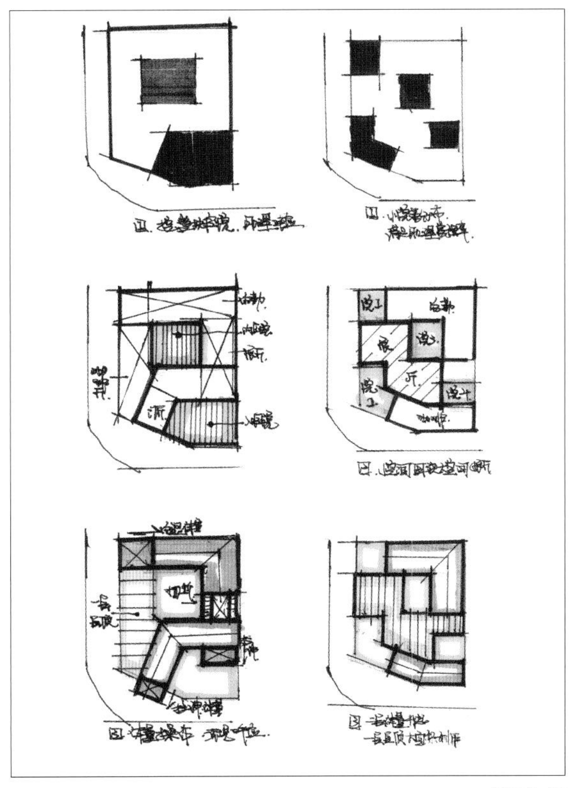
图 2.9-22

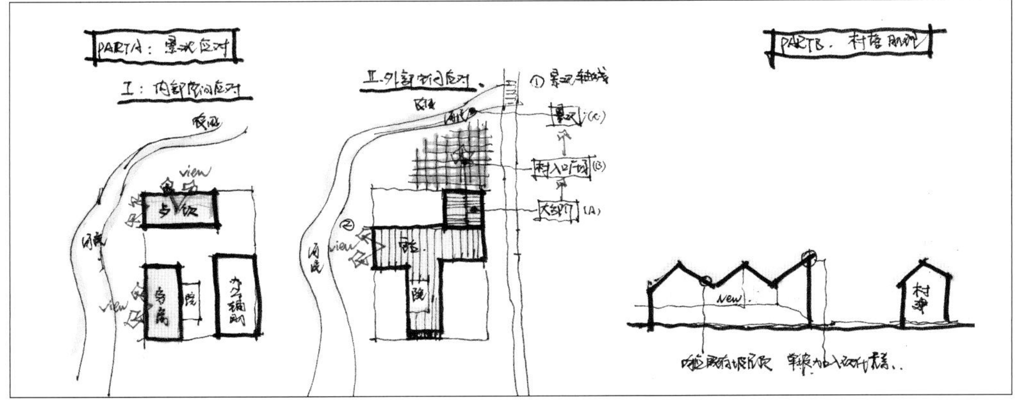

图 2.9-23

图 2.9-18：通过分析老建筑屋顶形式、景观朝向，生成院落式空间布局。

图 2.9-19：通过场地条件及与周边现有建筑的关系合理置入剧场、展厅等功能，形成空间有序引导及南低北高的建筑形态。

图 2.9-20：通过分析基地环境及景观朝向生成单元式空间，并以平台院落呼应湖面景观及乡村肌理。

图 2.9-21：通过形体打散、庭院置入、屋顶平台等手法呼应景观，并采用坡屋顶呼应周边建筑肌理，以此丰富建筑形态。

图 2.9-22：通过大小不同院落的设计呼应周边乡村环境，并通过形体上不同程度的围合及屋顶平台呼应湖面景观。

图 2.9-23：通过面向景观的不同功能布置室外露台充分发挥景观的价值。坡屋顶的形式呼应乡村肌理。

图 2.9-24：提取蝴蝶的不规则形态，将建筑根据不同功能高度的要求，设计成面向公园打开的姿态。

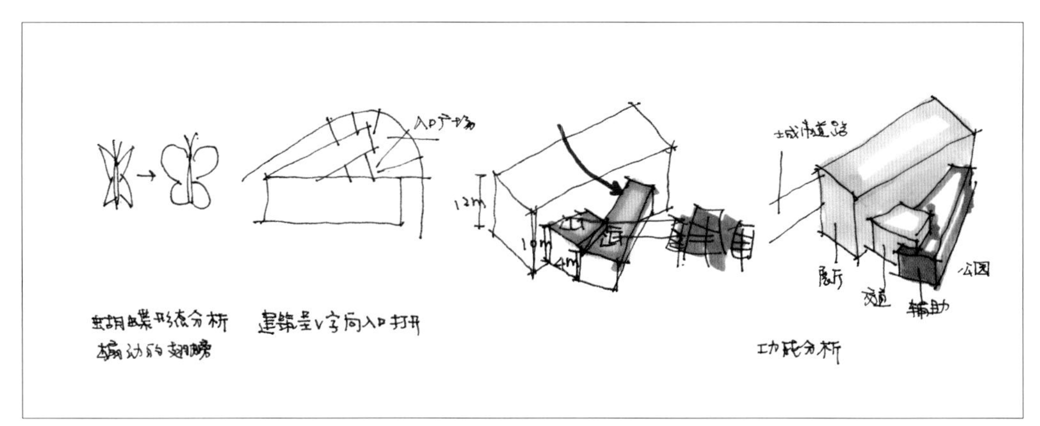

图 2.9-24

图 2.9-25：通过轴线、分割、嵌入、错位等操作形成呼应不规则地形的功能划分及体量的组合。

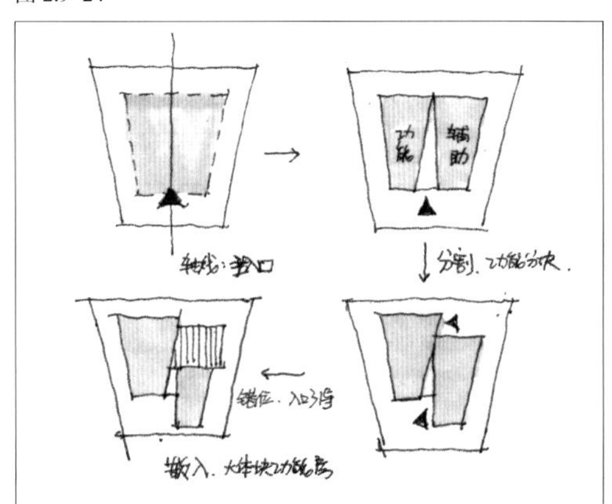

图 2.9-25

图 2.9-26：提取蝴蝶的三角形形态设计折叠的体量，再向景观打开，呼应周边环境。

图 2.9-26

图 2.9-27：通过扭转新插入的建筑体量，形成新老建筑的形态与空间对比，并用减法操作增加建筑的采光。

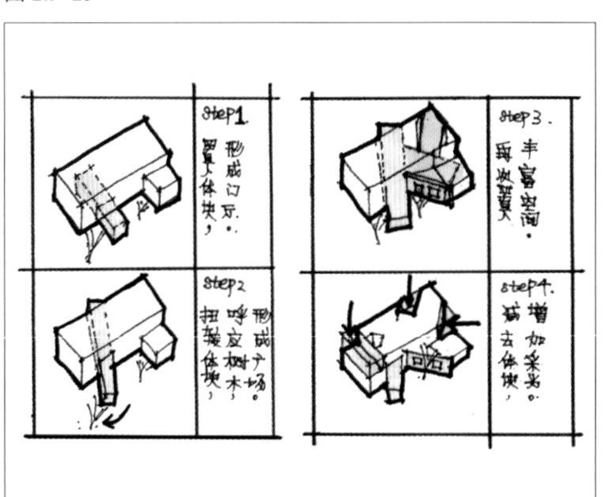

图 2.9-28：通过不同功能高度的建筑体块的咬合形成朝向公园的屋顶平台。

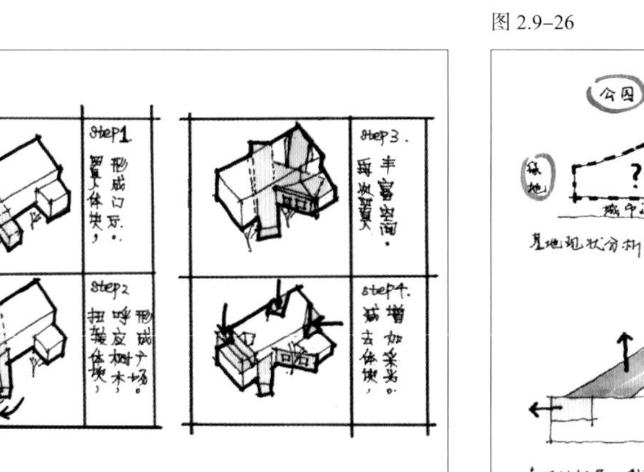

图 2.9-27

图 2.9-28

图 2.9-29：通过“树柱”作为构图母题，以达到平面、空间、功能、采光的和谐统一。

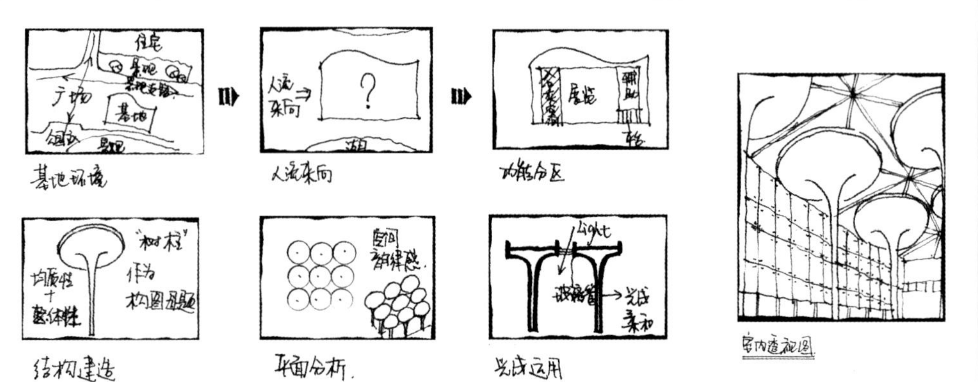

图 2.9-29

2.10 文脉分析

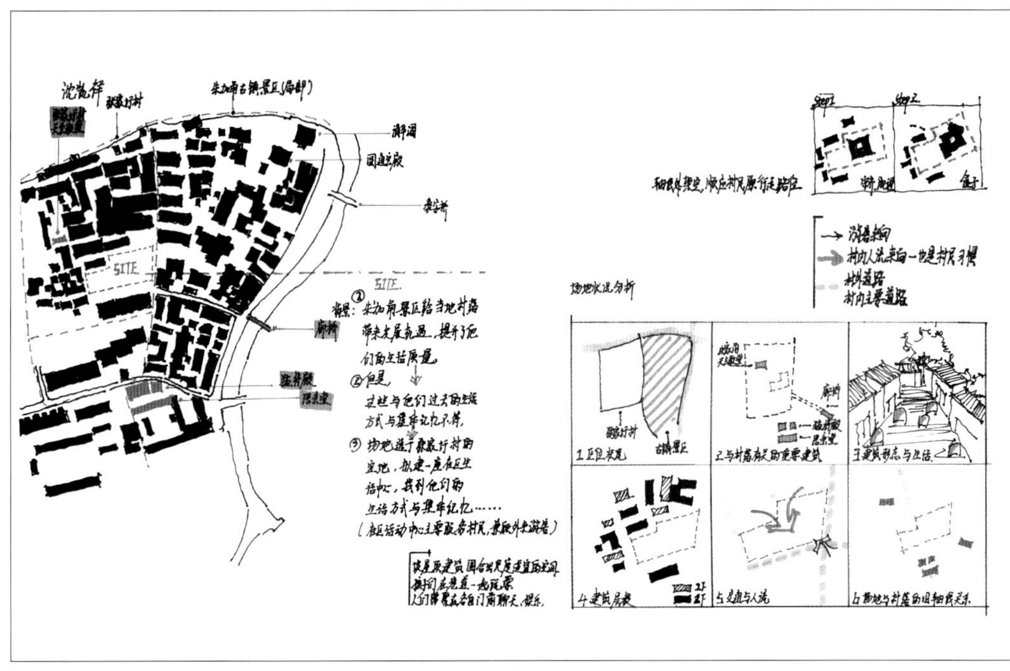

图 2.10–1

图 2.10–1：以回字形平面呼应周围村落的肌理，再在场地中引入几条轴线顺应村民原来行走路径，回应此地村民的集体记忆。

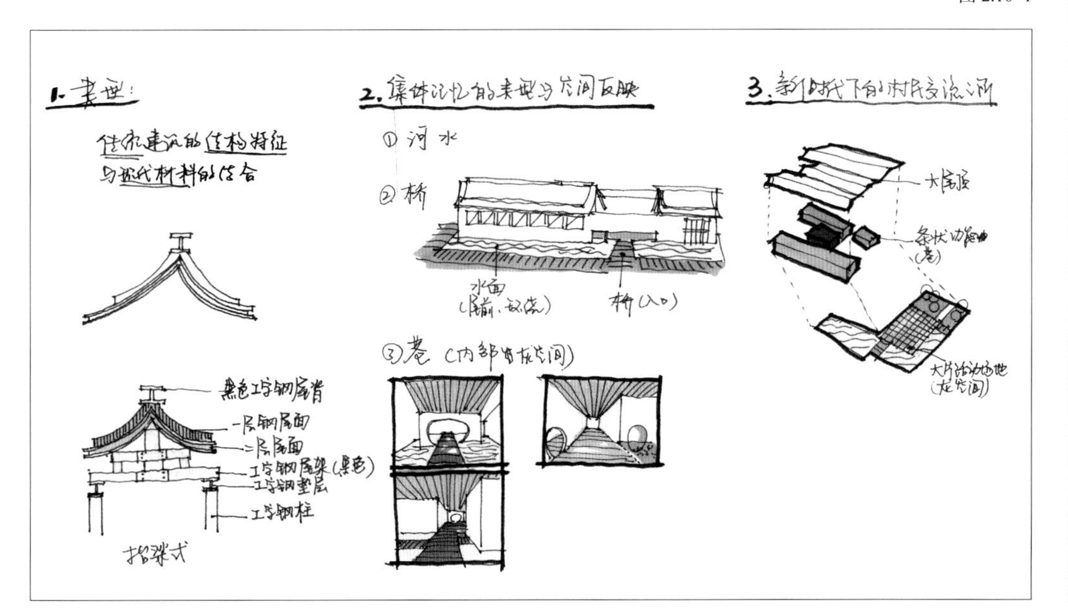

图 2.10–2

图 2.10–2：通过河、水、桥、巷的现代转译呼应传统文脉，体现集体记忆。

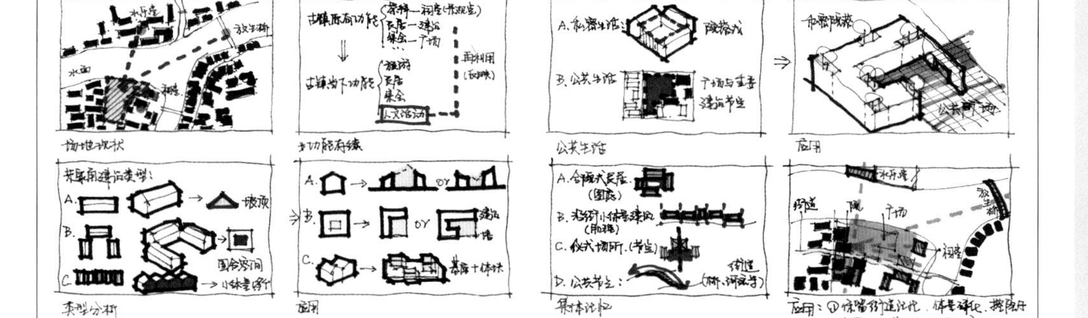

图 2.10–3

图 2.10–3：通过对古镇文脉的分析，提取出传统文化中生活空间及建筑类型。将其转译到新的建筑中，实现对集体记忆的回应。

图 2.10–4：通过选取古镇中跨河的地块，并将提炼的古镇空间及公共生活置入其中，形成对古镇肌理的修补及集体记忆的呼应。

图 2.10–4

图 2.10–5：通过对日常生活中集体记忆场所的提炼，将其改编转译运用到新建筑中，唤醒人们集体记忆的同时，进行新旧建筑的对话。

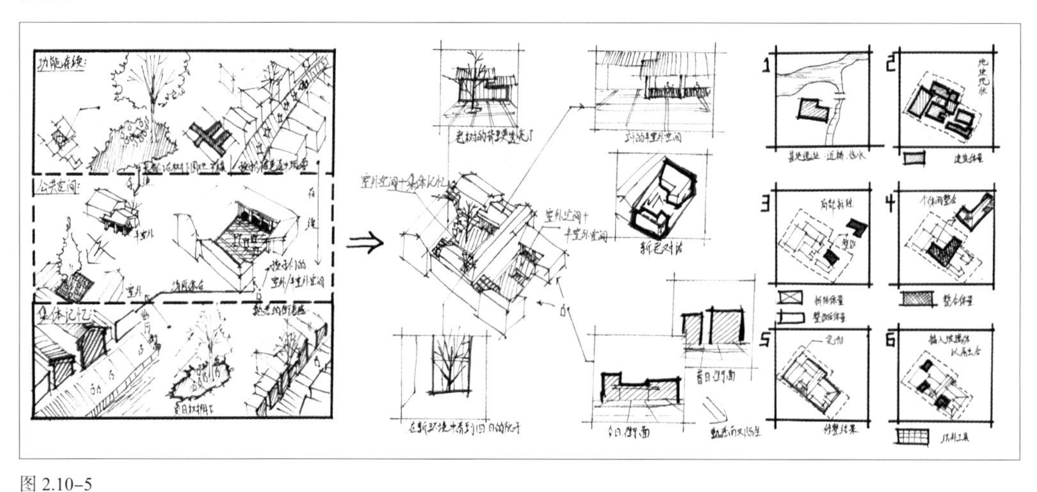

图 2.10–5

图 2.10–6：通过保留原有公共空间并置入新功能，形成对原有生活场景的呼应。同时通过平台向景观面打开，与室外景观相互渗透。

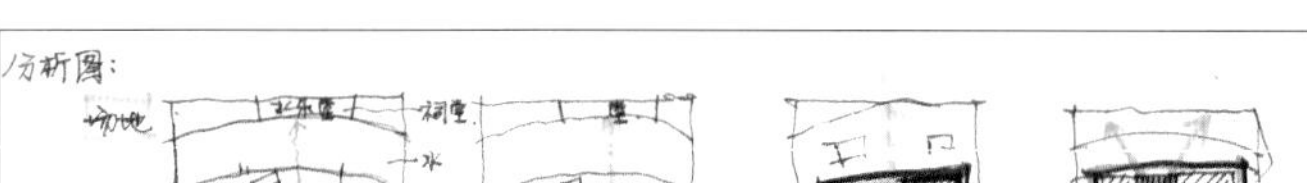

图 2.10–6

图 2.10–7：通过戏台的加入和轴线关系的塑造重现过往码头生活，同时对现有建筑与景观进行保护。

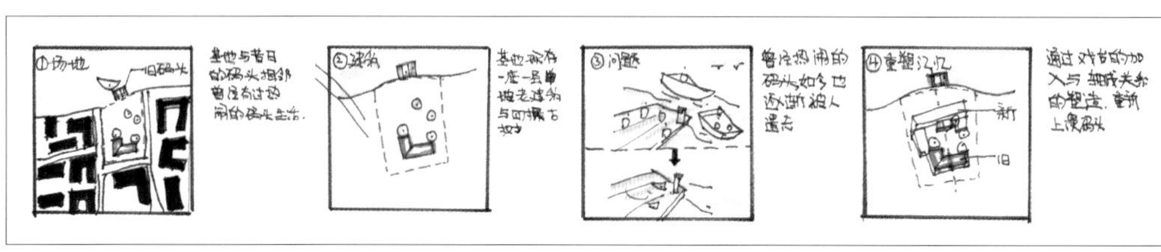

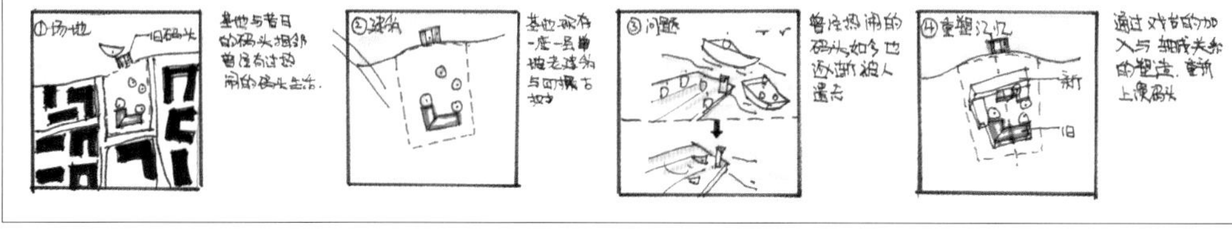

图 2.10–7

2.11 综合分析

分析图不仅分析设计相关的某个方面，还可以将建筑功能、结构、空间、生态、景观呼应等集合起来综合分析。

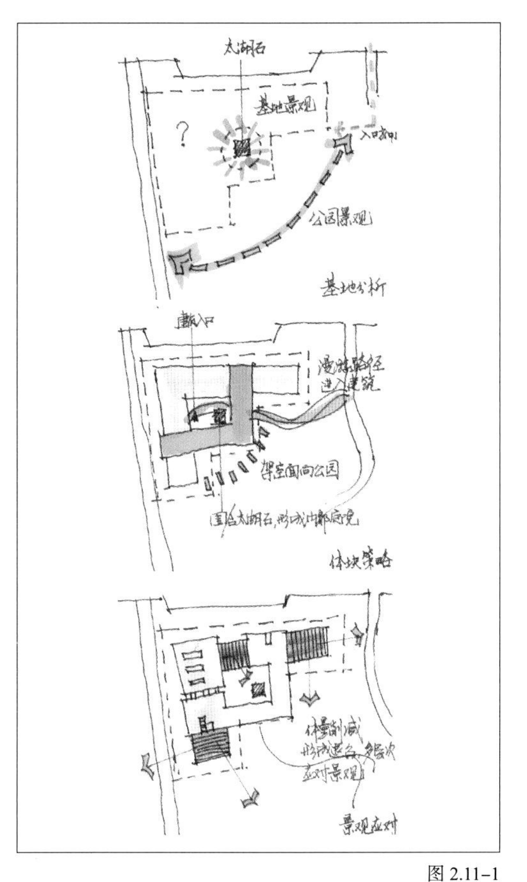

图 2.11–1

图 2.11–2

图 2.11–3

图 2.11–4

图 2.11–5

图 2.11–1：通过L形体块旋转叠加形成丰富的架空和露台空间，及与景观的渗透。

图 2.11–2：通过高低体块的错动退让现有建筑，形成主入口及朝向景观的平台，再通过层高不同的功能组合处理地形高差。

图 2.11–3：考虑校园景观及城市街道两个景观界面，以老厂房为核心形成公共广场。形态上提取老厂房的单元体量，形成新建筑低层单元式的形体组合，顶层叠加竖向体量，保证街道界面完整的同时营造出错落有致的建筑形体。

图 2.11–4：通过切割手法形成朝向城市及操场的院落，再通过体量的叠加容纳不同类型的功能。

图 2.11–5：通过对场地的切割形成功能不同的场地及建筑用地。形体上用二层L形与一层小体块的穿插呼应湖景。

图 2.11–6：

1）建筑围合树木并进行形体优化；

2）再通过架空形成对景观的渗透；

3）在架空之处建立外部路径以联系基地内老建筑，同时通过坡屋顶呼应周边建筑形态。

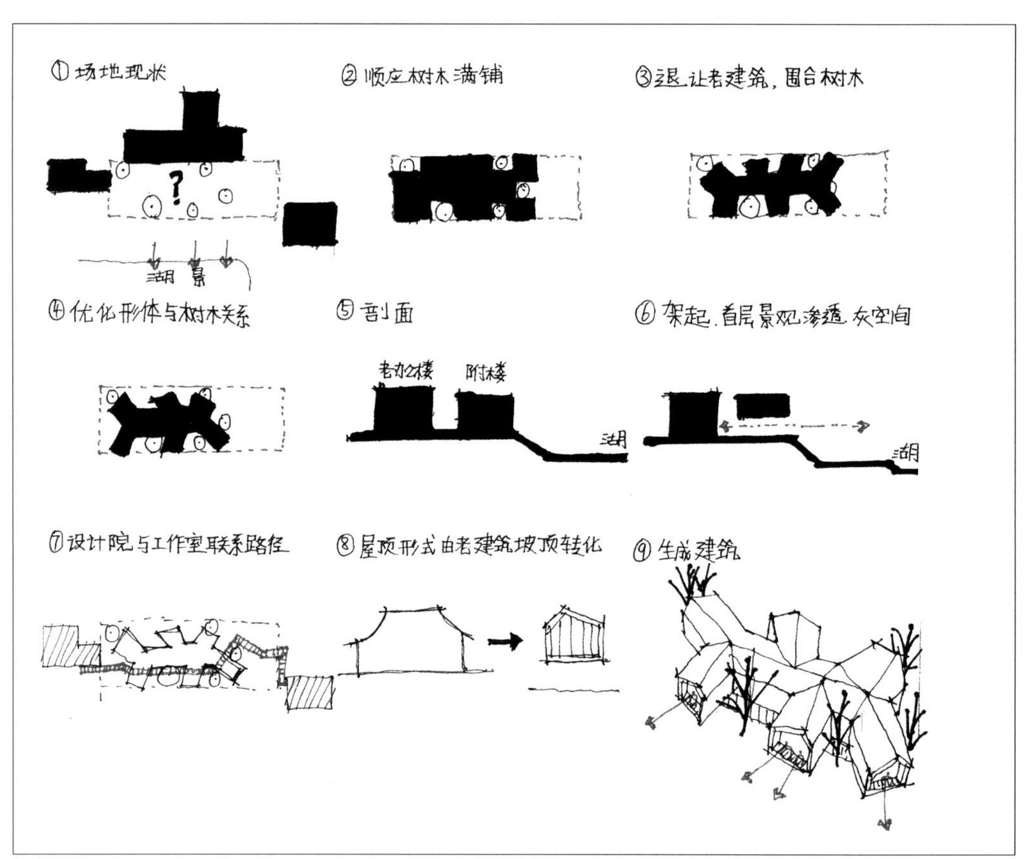

图 2.11–6

图 2.11–7：

1）顺应坡地砌筑建筑；

2）一层形成台阶展览；

3）二层架空呼应周边景观；

4）三层设计反坡的看台呼应湖面。

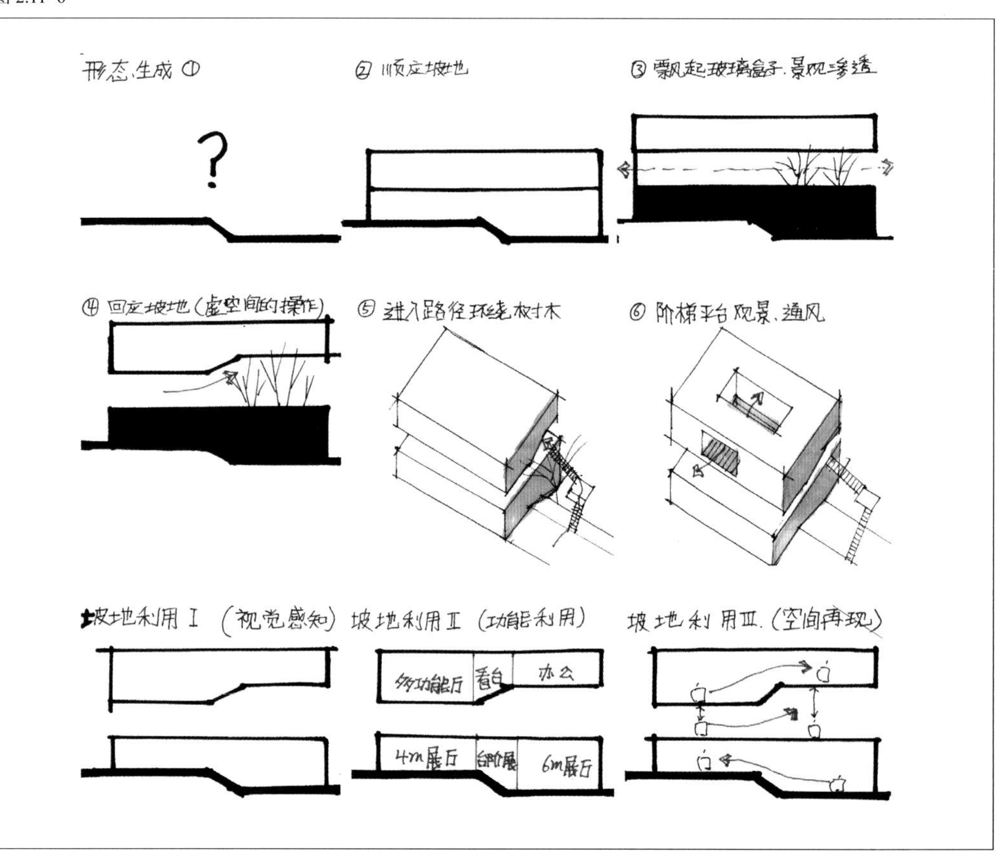

图 2.11–7

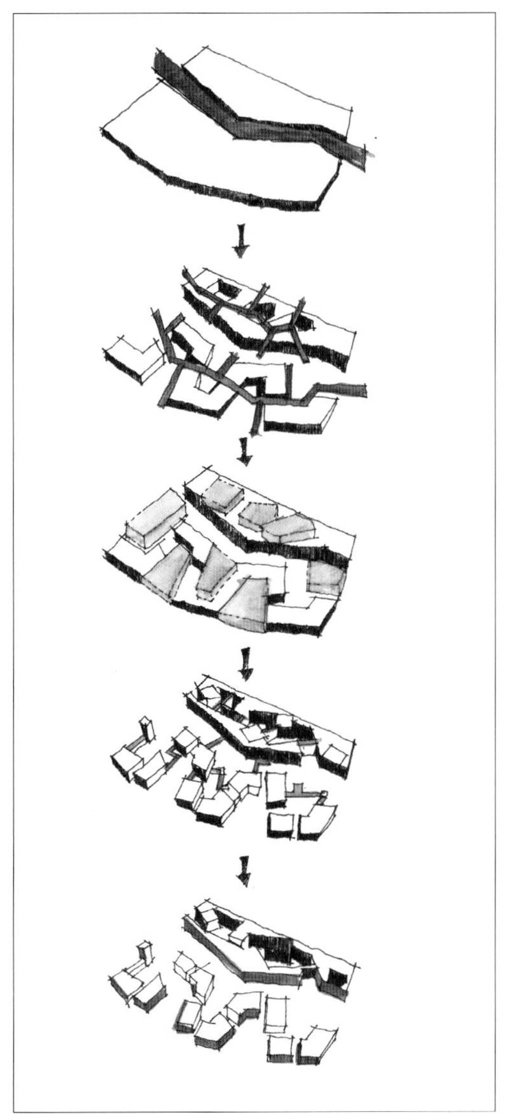

图 2.11–8

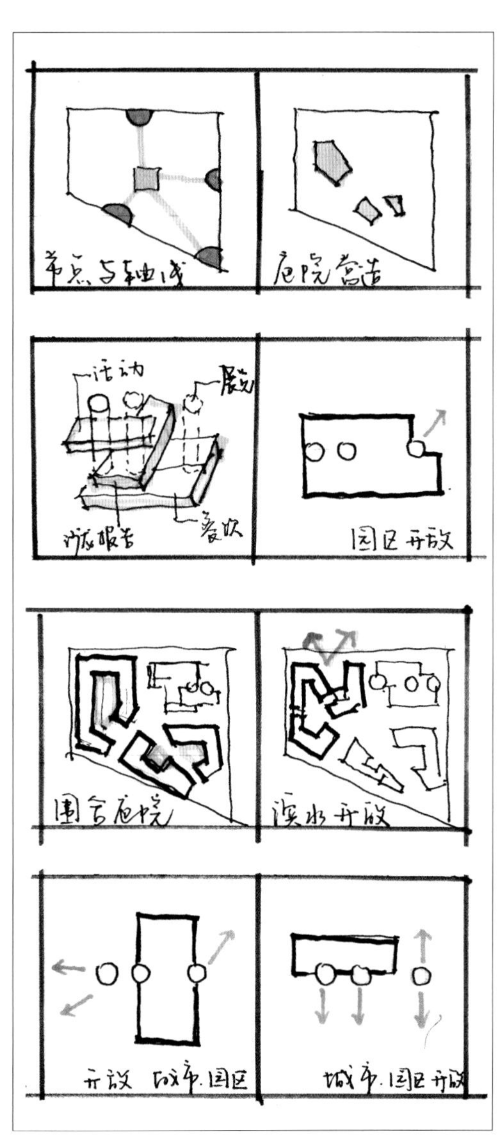

图 2.11–9

图 2.11–8：

1）在用地范围内置入主街；

2）通过挖庭院和折线的处理获得采光以及对景观的开放，同时建立次街和分支；

3）将建筑形体切碎，并通过连廊串连体块。

图 2.11–9：规划上道路、节点、轴线、庭院对地块进行划分，再进行局部形态的变异。会所建筑主要考虑对保留圆筒的利用及对城市景观的影响。

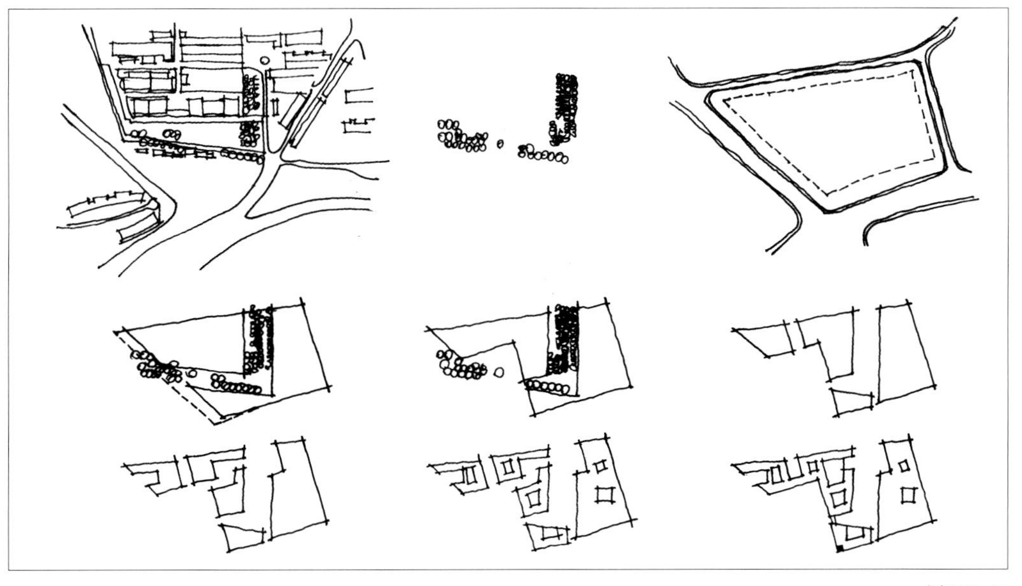

图 2.11–10

图 2.11–10：通过切割手法，逐步将建筑由大到小进行细化，并形成不同层次的外部和内部空间来呼应景观。

图 2.11-11：功能上将私密体量面向景观设计，公共体量沿街设计，形成动静分区。空间上设计大台阶廊道呼应景观。

图 2.11-12：通过新老建筑的形态呼应和加减操作，形成统一的建筑形象。

图 2.11-13：通过 U 形体量的反向叠加形成景观平台和灰空间。

图 2.11-14：通过形体的叠加以及表皮的围合来生成完整的建筑体量和丰富的灰空间。

图 2.11-15：建筑每个楼层的中庭轮廓不一，上下贯穿连成一体。图书馆的地上共 6 层，每 2 层为一段，自下而上、由动而静分为 3 个主要功能区域，各区域功能都得到了有效发挥。

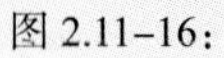

图 2.11-16：

1）内部大台阶应对坡地；

2）二层观景平台呼应景观；

3）三层围合体块获得充分的采光和交往空间。

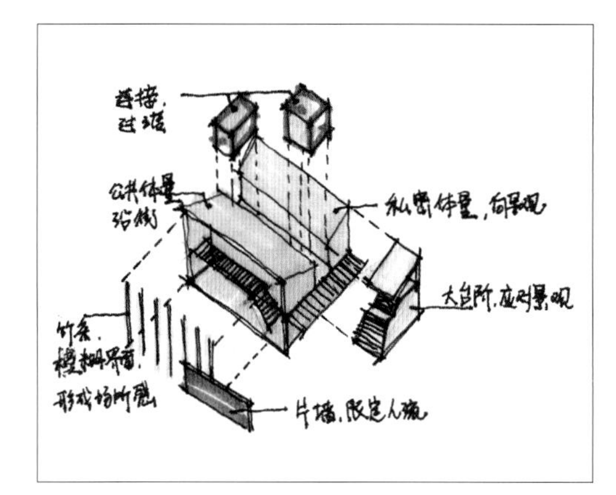

图 2.11-11

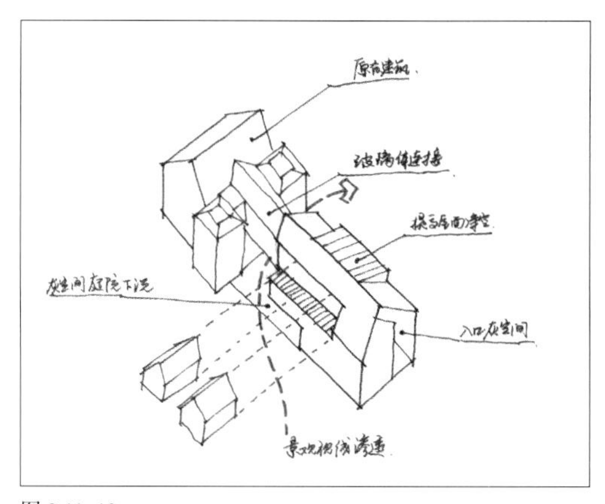

图 2.11-12

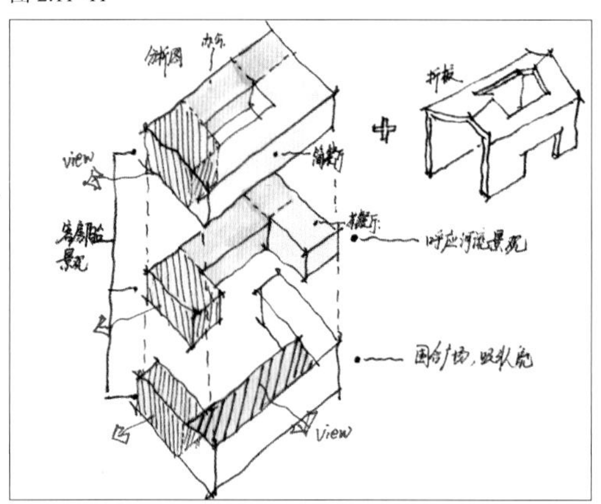

图 2.11-13

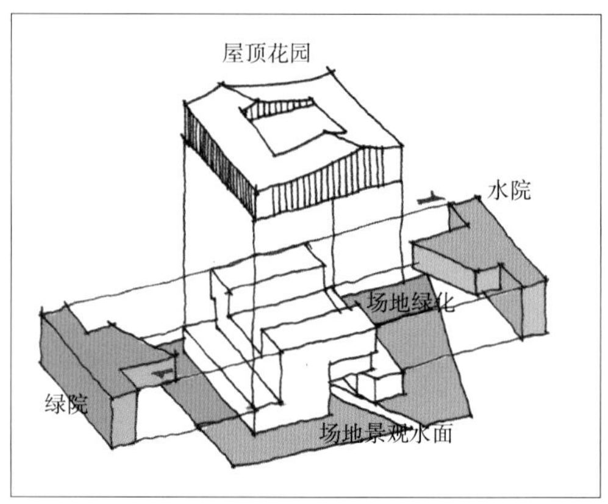

图 2.11-14

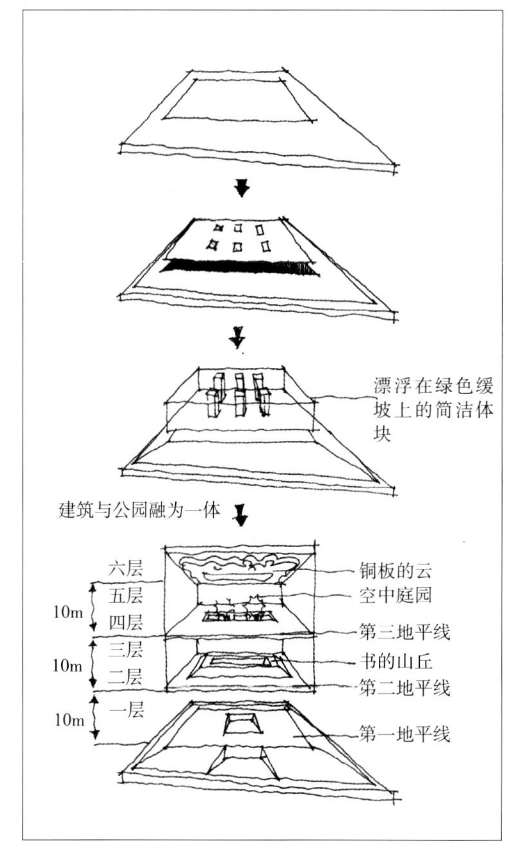

图 2.11-15

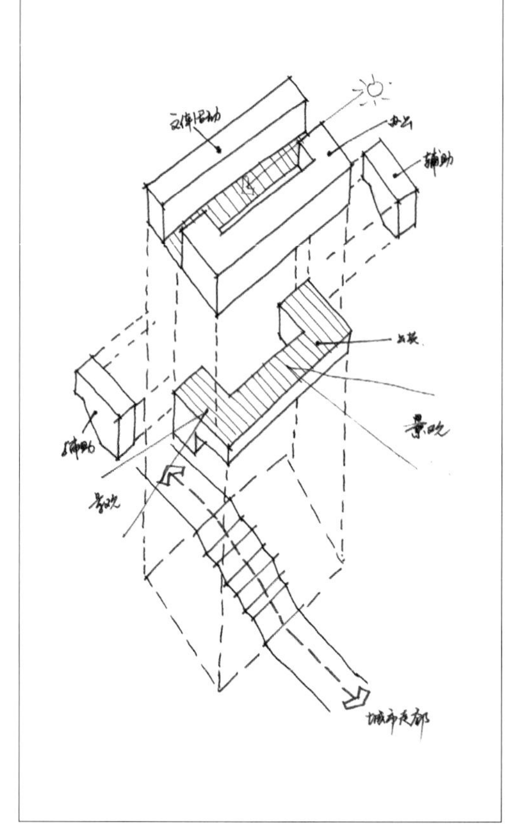

图 2.11-16

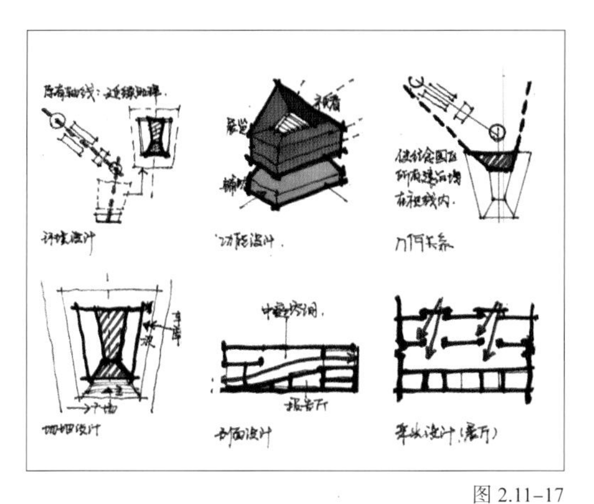

图 2.11–17

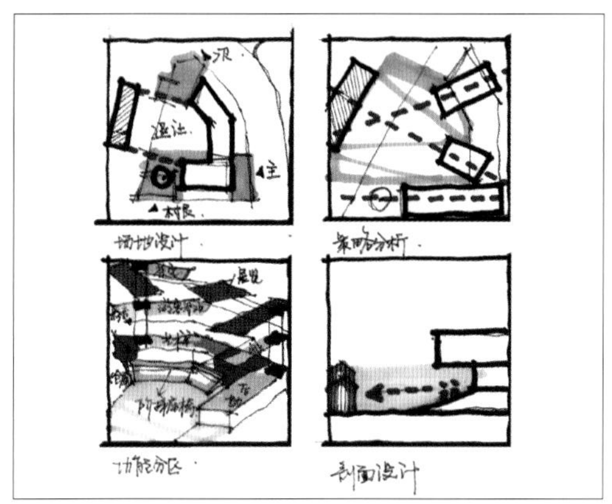

图 2.11–18

图 2.11–19

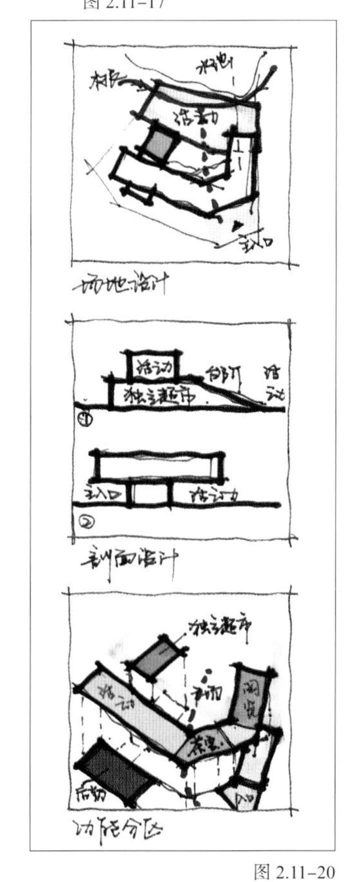

图 2.11–20

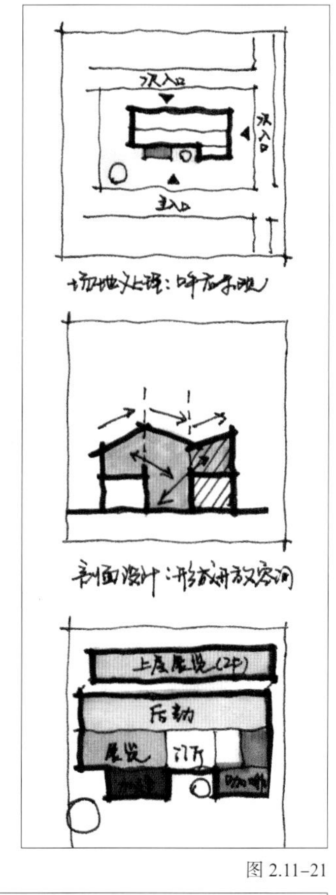

图 2.11–21

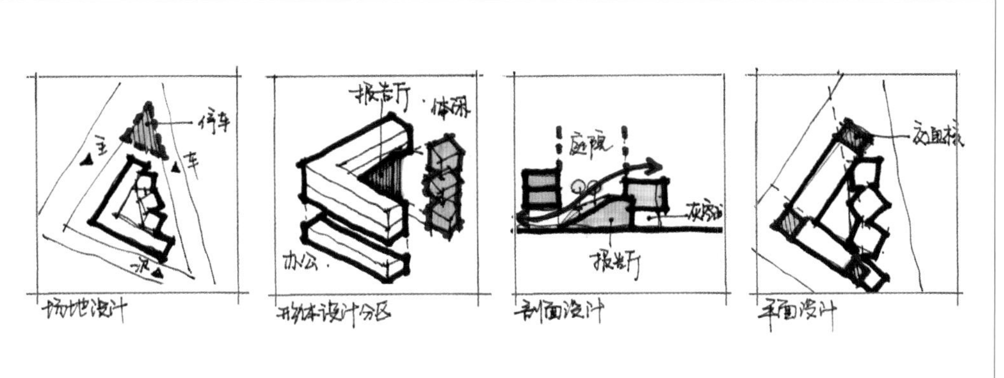

图 2.11–22

图 2.11–17：通过轴线控制、肌理延续、视线延伸的手法生成建筑形体，形成层次丰富的展示空间。

图 2.11–18：通过围合、退让、轴线、架空等操作形成新建筑对古树及祠堂的呼应。

图 2.11–19：通过剖面台阶式空间顺应地形高差，通过斜向平面朝向湖面打开，通过 U 形平面围合古树。

图 2.11–20：通过 U 形、架空、台阶等操作呼应湖面景观，并划分出主入口及活动场地。功能剖面分区，并充分利用景观。

图 2.11–21：通过连续的坡屋顶的新体量围合古树，并与旧厂房形成新的整体。功能上剖面分区，并将公共空间围绕古树布置。

图 2.11–22：通过三角形呼应场地，三角形两边布置均等的标准化房间，另外一边布置开放的大房间，形成功能的划分。交通核设计在平面端点及转折处，符合规范。剖面上利用报告厅设计屋顶花园。

图 2.11-23：通过分析基地环境生成体量，并根据功能的需求改变大小体块的高度，形成高低起伏的外形。最后，通过庭院的置入形成两个回字形体量。

图 2.11-24：通过大台阶、平台、洞口回应祠堂及古树，内部以三角形中庭为中心设计环形展览流线。

图 2.11-25：通过 V 形体量呼应地形，并对体量进行退台操作呼应景观，再用围墙围合，形成丰富的灰空间。

图 2.11-26：通过 L 形体量退让现状建筑，在对其进行切割进行露台呼应景观，最后置入庭院外解决通风采光。

图 2.11-27：规划上通过路径将地块进行切割，形成各组团区块。并对其进行围合操作形成各幢单体建筑。会所建筑对保留树木的围合、错动使其对城市界面形成一定的暴露，成为城市景观。并形成城市人行道与滨江步道的联系。

图 2.11-28：高差地形上的建筑扩建，通过高差处理、节点生成、院落处理、交通设置等设计，形成新旧建筑在各个层面的联系与共生。

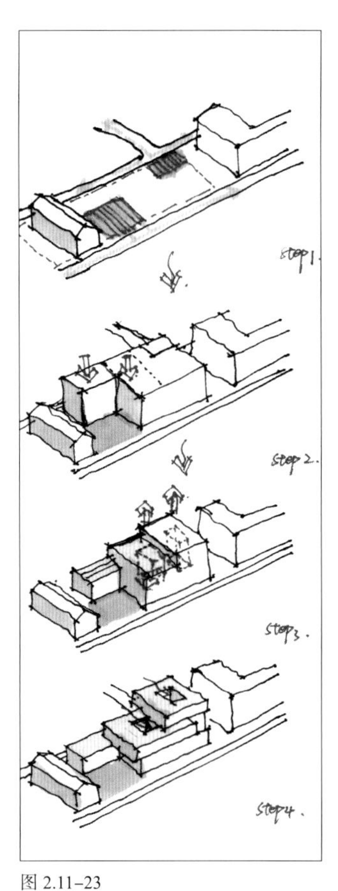

图 2.11-23

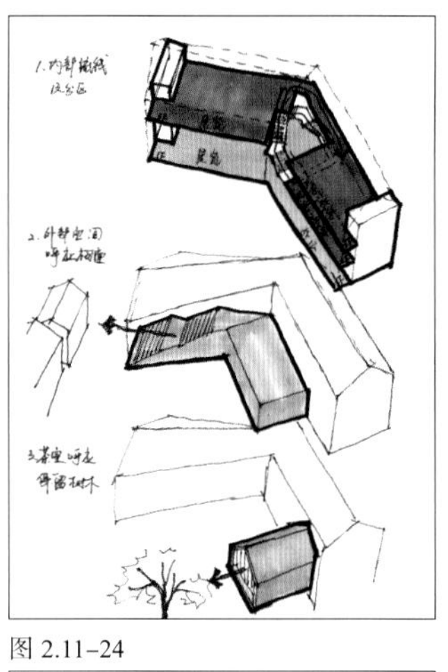

图 2.11-24

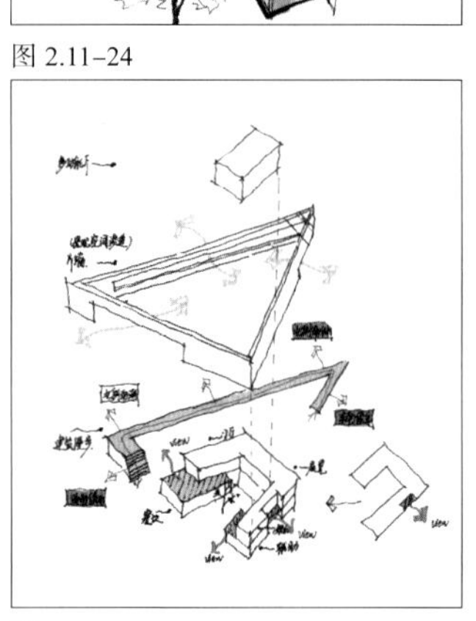
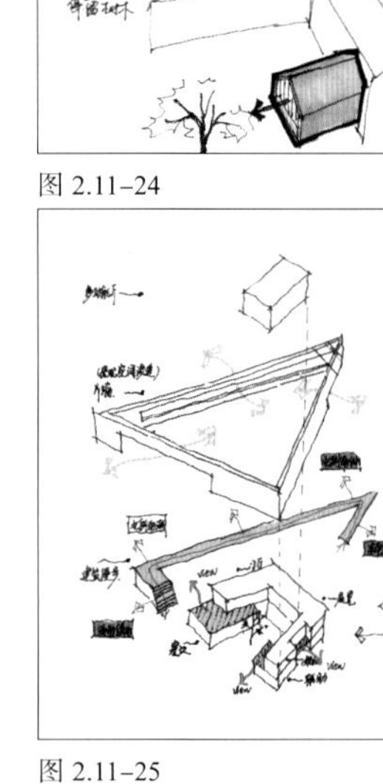

图 2.11-25

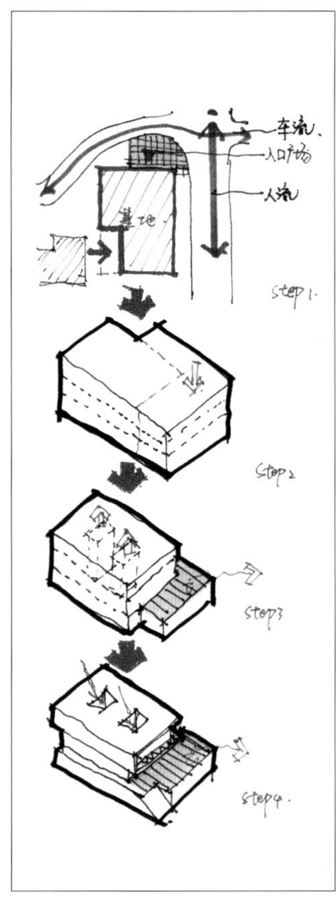

图 2.11-26

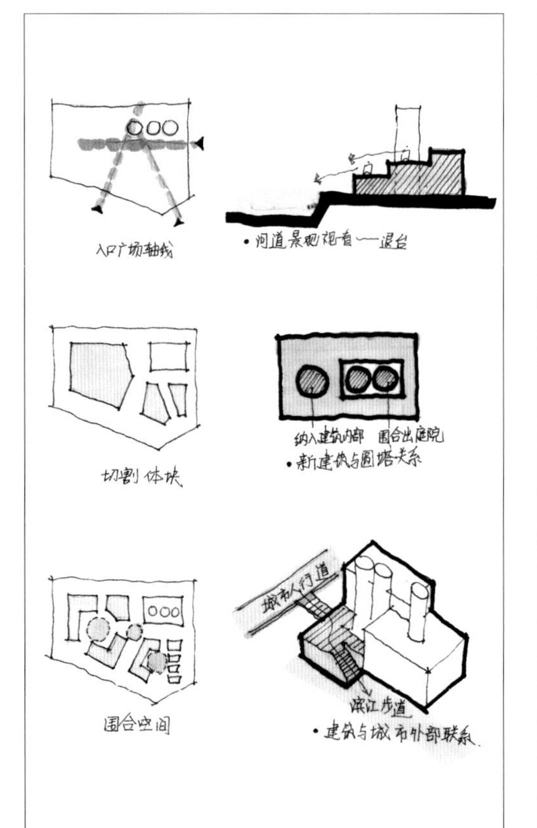

图 2.11-27

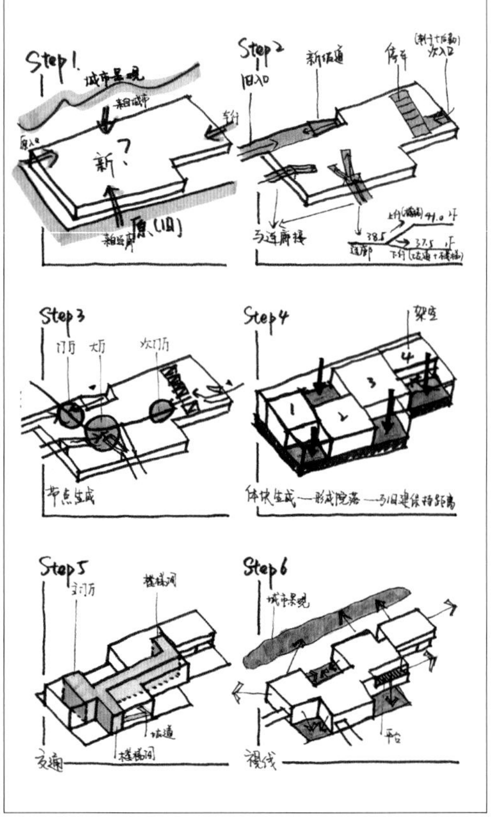

图 2.11-28

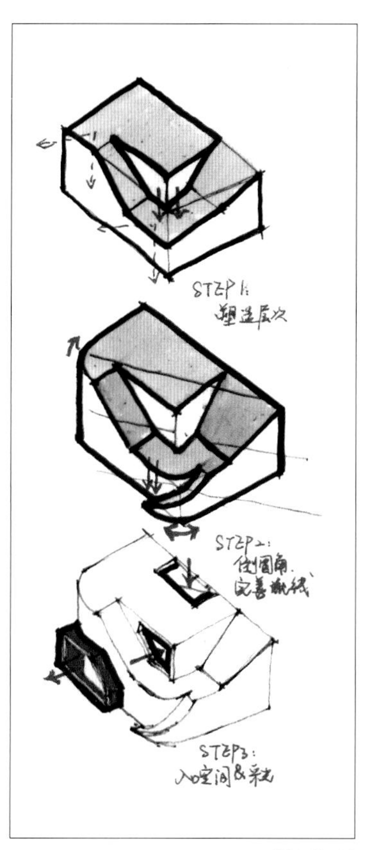

图 2.11-29

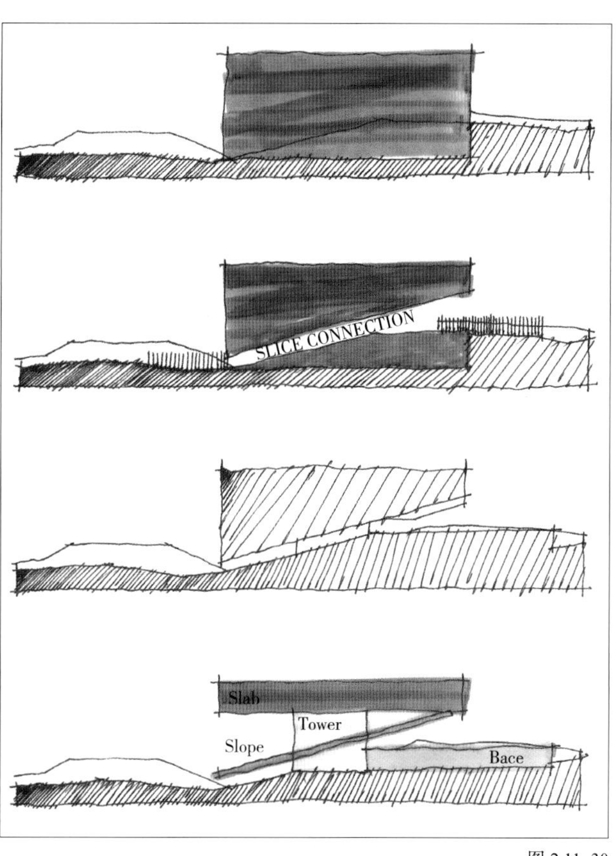

图 2.11-30

图 2.11-29：通过对体量的拉扯及穿插操作形成与汽车坡道呼应的屋顶斜面以及采光空间，同时加以倒圆角的处理，形成与汽车转弯半径呼应的形态。

图 2.11-30：通过报告厅和展厅的台阶空间顺应坡地，使建筑整体架立于坡地之上，中间通过交通盒支撑。

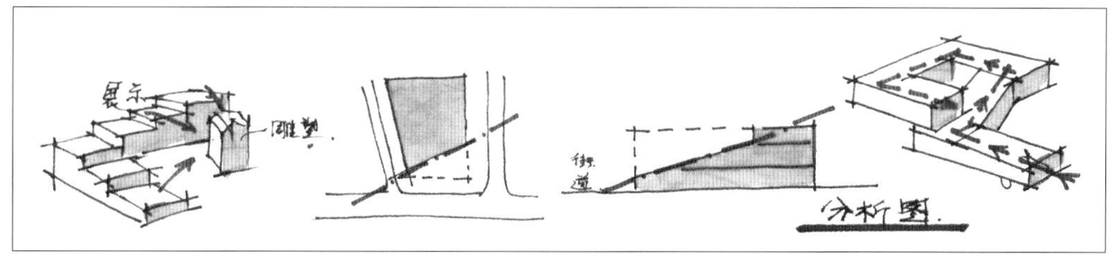

图 2.11-31

图 2.11-31：通过旋转的台阶展览呼应雕塑，平面和立面的斜向切割形成对道路转角的呼应。

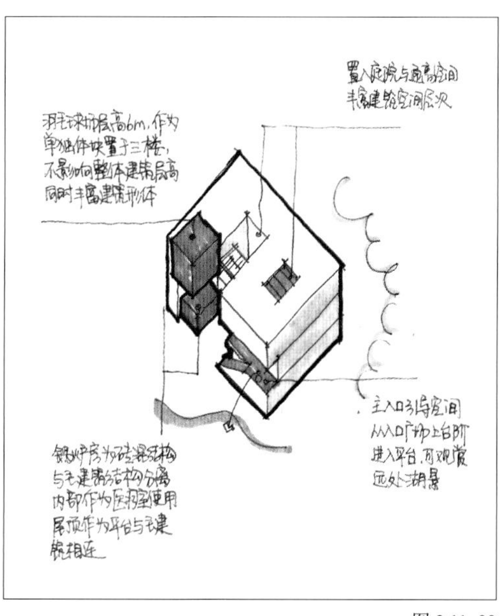

图 2.11-32

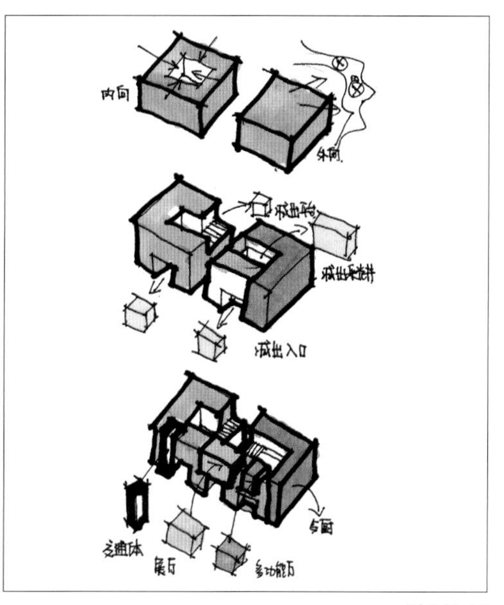

图 2.11-33

图 2.11-32：内向与外向体块分解布置了中庭空间及朝向景观的餐饮功能。在对其进行加减操作形成室外剧场及两者的形态与空间关联。

图 2.11-33：通过 U 形体量呼应南侧湖面，将保留的锅炉房和大空间的羽毛球作为特殊形态主入口及庭院，丰富了建筑空间。

2.12 局部透视

局部透视主要用来表达建筑细部或者内部空间效果。

图 2.12-1：对应水塔的台阶及对水塔的遮挡、开放等多种角度观看场景。

图 2.12-2：通过木平台中的小庭院，形成对树木的保护策略。

图 2.12-3：观看城市景观的灰空间。用取景框将城市收纳其中。

图 2.12-4：对应水塔的轴线空间。将水塔形成轴线末端的景观。

图 2.12-5：入口的架空空间。通过室外楼梯引导人流，形成丰富的空间变化。

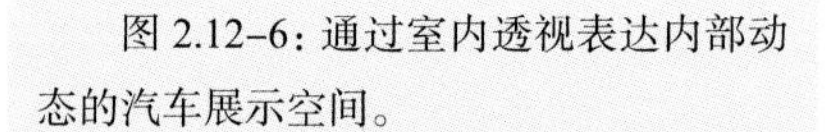

图 2.12-6：通过室内透视表达内部动态的汽车展示空间。

图 2.12-7：通过剖轴测表达建筑内部空间。

图 2.12-8：通过局部剖透视表达建筑内部空间。

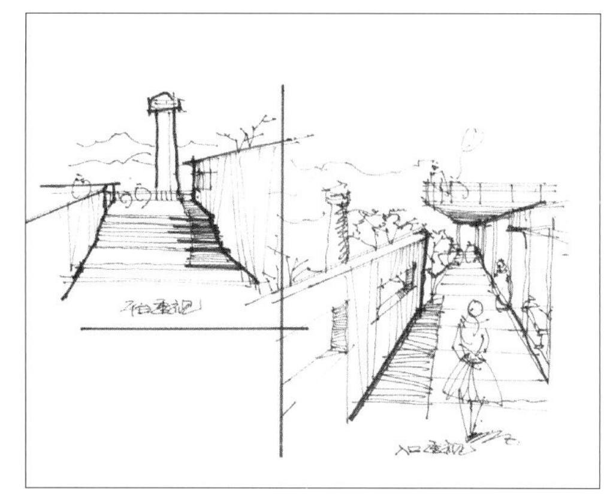

图 2.12-1

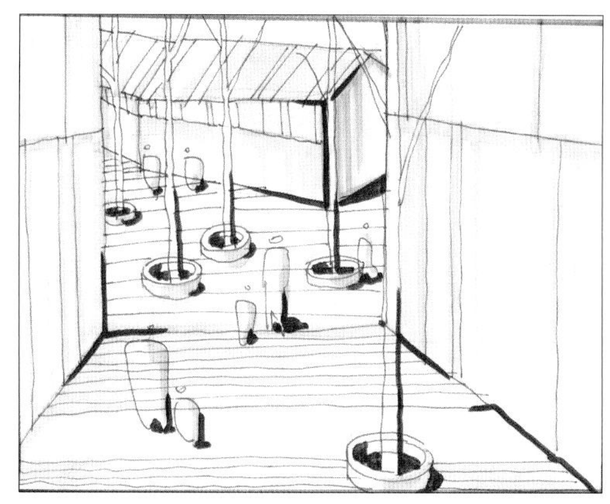

图 2.12-2

图 2.12-3

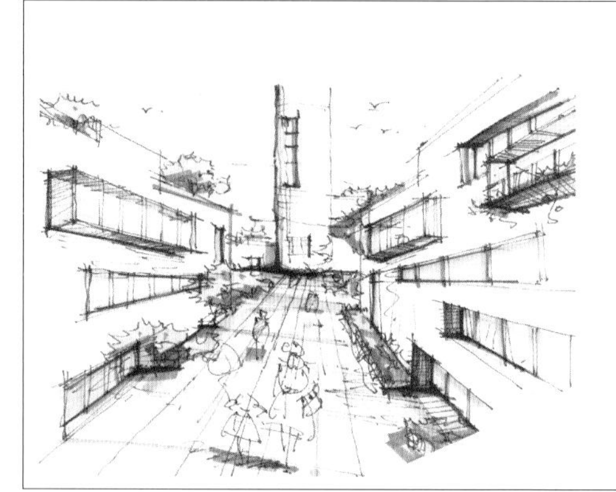

图 2.12-4

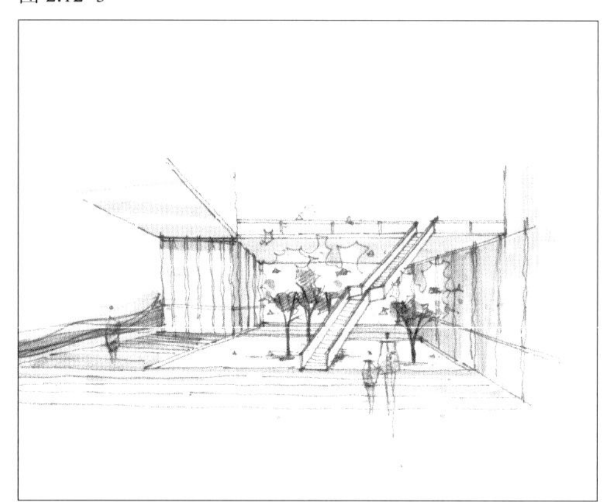

图 2.12-5

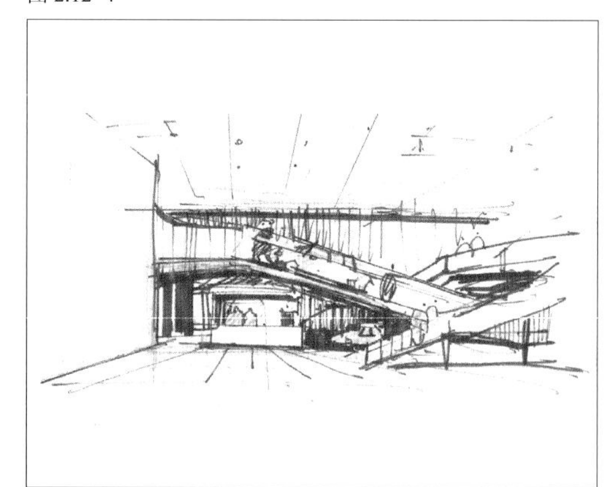

图 2.12-6

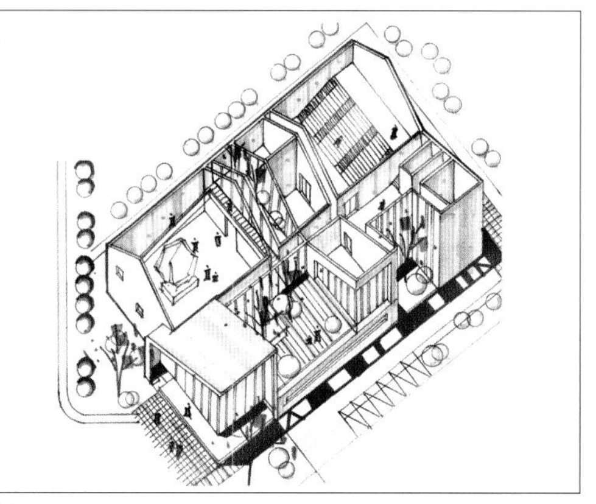

图 2.12-7

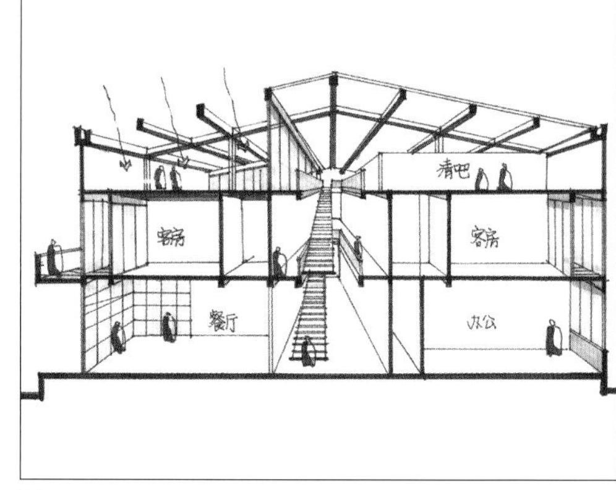

图 2.12-8

参考文献

[1] 中国建筑学会等主编，建筑设计资料集（第三版）第 1 分册 建筑总论 [M]，北京：中国建筑工业出版社，2017：93.

[2] 建筑退让规定 [EB/OL]. https：//wenku.baidu.com/view/ef8dccdcd0d233d4b14e6968.html?sxts=1532496189227，2018-07-15.

[3] GB50352-2005，民用建筑设计通则 [S].

[4] 闫寒，建筑学场地设计 [M]，北京：中国建筑工业出版社，2006.

图片来源

① 图 1 中国建筑学会等主编，建筑设计资料集（第三版）第 1 分册 建筑总论 [M]，北京：中国建筑工业出版社，2017：93

② 图 2 中国建筑学会等主编，建筑设计资料集（第三版）第 1 分册 建筑总论 [M]，北京：中国建筑工业出版社，2017：93

③ 图 3 闫寒，建筑学场地设计 [M]，北京：中国建筑工业出版社，2006：286

④ 图 4 GB50352-2005，民用建筑设计通则 [S]

⑤ 图 5 GB50352-2005，民用建筑设计通则 [S]

⑥ 图 6 中国建筑学会等主编，建筑设计资料集（第三版）第 1 分册 建筑总论 [M]，北京：中国建筑工业出版社，2017：103

⑦ 图 7 中国建筑学会等主编，建筑设计资料集（第三版）第 1 分册 建筑总论 [M]，北京：中国建筑工业出版社，2017：104

⑧ 图 8 闫寒，建筑学场地设计 [M]，北京：中国建筑工业出版社，2006：288

⑨ 图 9 闫寒，建筑学场地设计 [M]，北京：中国建筑工业出版社，2006：197

⑩ 图 10 GB50352-2005，民用建筑设计通则 [S]

⑪ 图 11 李昊，周志菲，城市规划快题考试手册 [M]，武汉：华中科技大学出版社，2011：30

⑫ 图 12 闫寒，建筑学场地设计 [M]，北京：中国建筑工业出版社，2006：214

⑬ 图 13 闫寒，建筑学场地设计 [M]，北京：中国建筑工业出版社，2006：215

⑭ 图 14 闫寒，建筑学场地设计 [M]，北京：中国建筑工业出版社，2006：215

⑮ 图 15 闫寒，建筑学场地设计 [M]，北京：中国建筑工业出版社，2006：219

⑯ 图 16 闫寒，建筑学场地设计 [M]，北京：中国建筑工业出版社，2006：211

⑰ 图 17 闫寒，建筑学场地设计 [M]，北京：中国建筑工业出版社，2006：229

⑱ 图 18 总平面设计相关规范 [EB/OL]. https：//wenku.baidu.com/view/cd21446b178884868762caaedd3383c4bb4cb41a.html，2018-07-12

⑲ 图 19 张庆顺，民用建筑防火设计图示综合解析 [M]，北京：中国建筑工业出版社，2018：9

⑳ 图 20 闫寒，建筑学场地设计 [M]，北京：中国建筑工业出版社，2006：293

㉑ 图 21 李昊，周志菲，城市规划快题考试手册 [M]，武汉：华中科技大学出版社，2011：37

㉒ 图 22 闫寒，建筑学场地设计 [M]，北京：中国建筑工业出版社，2006：295

㉓ 图 23 李昊，周志菲，城市规划快题考试手册 [M]，武汉：华中科技大学出版社，2011：32

㉔ 图 24 李昊，周志菲，城市规划快题考试手册 [M]，武汉：华中科技大学出版社，2011：29

㉕ 图 25 李昊，周志菲，城市规划快题考试手册 [M]，武汉：华中科技大学出版社，2011：43

㉖ 图 26 中国建筑学会等主编，建筑设计资料集（第三版）第 1 分册 建筑总论 [M]，北京：中国建筑工业出版社，2017：123

㉗ 图 27 李昊，周志菲，城市规划快题考试手册 [M]，武汉：华中科技大学出版社，2011：35

㉘ 图 28 李昊，周志菲，城市规划快题考试手册 [M]，武汉：华中科技大学出版社，2011：43

㉙ 图 29 李昊，周志菲，城市规划快题考试手册 [M]，武汉：华中科技大学出版社，2011：32

㉚ 图 30 中国建筑学会等主编，建筑设计资料集（第三版）第 1 分册 建筑总论 [M]，北京：中国建筑工业出版社，2017：96

㉛ 图 31 李昊，周志菲，城市规划快题考试手册 [M]，武汉：华中科技大学出版社，2011：94

机构简介

迪优尼设计学院（www.duni-edu.com）致力于建筑、规划、景观、艺术领域的设计培训和资讯分享，为设计相关人士提供交流互动的平台，下设手绘、考研、游学、留学等相关业务品牌，旨在传播“设计的力量”。

这里既是海内外设计师、名校学子、设计爱好者分享设计学习和实践心得的开放论坛，也是由强大教研团队、完善教学体系和丰富教学资源共同支撑的创新学院，以期为中国设计教育打开形式创新、资源整合的大门。

旗下合作品牌：

几凡设计教育（www.shjifan.com）成立于2005年，总部位于上海市，在北京、广州、南京、西安、杭州、长沙、武汉、天津、重庆、青岛、合肥等地开设有分支机构。几凡设计教育专注于建筑设计教学研究与实践，依托名校教育教学理念与资源，打造建筑学专业优质第二课堂。

凡加方案手绘是以设计为导向的先锋手绘教育品牌，倡导以设计教学引导手绘表现，以多样化的教学模式打造最适合于设计专业学生的手绘训练营，以科学的教学体系和丰富的体验活动为低年级学子开启设计之门。

顶点设计留学联合国际知名设计学府和事务所，传播国际设计文化与资讯，为有志于海外留学者提供优质指导和绿色通道。

设计营递是以设计游学和思想分享为主体的设计交流平台，以深入、独特的视角展示优秀设计师的思考与实践；关注设计现场，组织海内外设计游学与Workshop。

迪优尼设计学院

几凡设计教育